JN312978

深海魚
― 暗黒街のモンスターたち ―

ブックマン社

Deep-sea Fishes — Monsters of Underworld

はじめに

深海は光がほとんど届かず、しかも何十、何百気圧という水圧がかかる超過酷な暗黒の世界です。そこには浅海の魚とは比べようもない極めて特異な形をした魚、ユニークな器官をもった魚、風変わりな生態を示す魚、鮮やかな色をした魚などがたくさん棲んでいます。深海という特異な環境に適応して進化してきたものたちです。これらの魚は日ごろ私たちが見慣れている魚とはほど遠く、まったく違ったイメージを与えます。そのモンスターと呼ぶにふさわしい奇抜な姿をした魚たちを特異に発達したパーツごとに分けて集めてみると、変身のわけが見えてきます。ここでは同じパーツをもっている魚は、特に同じ血縁でまとまっているわけではありません。ただ、深海という同じ環境に生き、子孫を残していくために生態的に適応し、同じような働きをするパーツを発達させたものたちの集まりなのです。また、本書ではさらに人間というモンスターが食料として利用している深海魚も含めてみました。まだまだ他にも深海に適応した生理的に特殊な働きをもったモンスターはたくさんいますが、紙面の都合で次回にゆずることにします。

今までにも深海生物に関する書物は何冊か出版されていますが、登場する生物はイラストで示されたものが多いようです。生態写真が掲載されているものもありますが、それは限られた種で、その数も極めて少ないです。そこで、本書では深海生物のなかで、特異な形態や生態を示す種がもっとも多くいる魚類に絞って、できるだけ多くの種を、できるだけ生鮮標本のカラー写真で示しました。生鮮標本写真の無い魚種や、写真で表現できない細かな部位や特殊な機能の「からくり」についてはスケッチで示しました。また、本文とは別に、深海魚に関する最近の話題や面白い話をコラムとしてところどころにはめ込みました。私は北海道大学で長年国内外の深海魚の調査と研究に携わり、水産関係者や研究者を対象にした写真付きのガイドブックを多数手がけてきました。しかし、それらの本が一般の方の眼に触れる機会はほとんどありませんでした。今回、本書で初めて皆様に紹介することができました。

それではモンスターたちのユニークな姿とそれぞれの働きをイメージしながら、魚屋や水族館では決して見ることのできない迫力をお楽しみください。

目次

はじめに

第1章 暗黒の世界と深海魚

 1. 深海魚ってどんな魚？ 10
 2. 深海ってどこにあるの？ 11
 3. 深海はどうやって区分けするの？ 12

第2章 モンスターたちのオンステージ

本書の見方 16

Ⅰ. 発光

A. 他力発光型
 1. 竿の先端のルアーが光る 19
 2. 大きなコブから発光液を発射 27
 3. 腹や肛門のまわりが光る 28

B. 自力発光型
 1. 体側のレンズが光る 37
 2. 口の中が光る 45
 3. 大きなヘッドライト 46
 4. 鰭の先端が光る 48
 5. 髭が光る 50
 6. しっぽの先が光る 55
 7. 雌雄で違った光を出す 56

Ⅱ. 発音

 1. 雄がラブコール 60

2. 雌雄で愛をささやく　　　　　　　　　　61

Ⅲ. 発電
　　1. 電気をつくる　　　　　　　　　　　　62

Ⅳ. 摂餌
　　1. 大きな口で丸飲み　　　　　　　　　　64
　　2. 小さい口で吸い込む　　　　　　　　　70
　　3. 大きな牙や剛毛状の歯　　　　　　　　73
　　4. ペリカンのような袋状の口　　　　　　78
　　5. 大きな胃袋　　　　　　　　　　　　　82
　　6. 鳥のような長い嘴状の口　　　　　　　85
　　7. 長い腸をぶら下げた子供　　　　　　　88
　　8. おろし金で肉をこそげ取る　　　　　　89
　　9. 突進してはぎ取る　　　　　　　　　　90

Ⅴ. 感覚
　　1. 大きな眼　　　　　　　　　　　　　　92
　　2. 小さい眼、退化した眼　　　　　　　　96
　　3. 望遠鏡のような眼　　　　　　　　　　99
　　4. 長い柄の先に眼　　　　　　　　　　103
　　5. 光の感知器官　　　　　　　　　　　106
　　6. 眼の代わりになる感光板　　　　　　107
　　7. 大きな感覚管　　　　　　　　　　　110
　　8. 長い鰭と長い髭に感覚器　　　　　　114
　　9. よく発達した嗅器官　　　　　　　　118
　　10. 高感度の電気センサー　　　　　　　120

VI. 運動

　　1.　長い鰭　　　　　　　　　　　　　　　124
　　2.　顎に長い髭　　　　　　　　　　　　　128
　　3.　子供のような体　　　　　　　　　　　130

VII. 繁殖

　　1.　雄が雌に寄生する　　　　　　　　　　132
　　2.　交尾をする　　　　　　　　　　　　　138
　　3.　雄から雌に性転換　　　　　　　　　　141
　　4.　雌雄同時に成熟する雌雄同体　　　　　142

VIII. 防御

　　1.　肛門から墨を放出　　　　　　　　　　145
　　2.　発光液を放出　　　　　　　　　　　　146
　　3.　骨板や棘で包まれる　　　　　　　　　147

IX. 色彩

　　1.　赤色　　　　　　　　　　　　　　　　149
　　2.　黒色　　　　　　　　　　　　　　　　154
　　3.　紫色または黒紫色　　　　　　　　　　157
　　4.　無色、淡色、透明　　　　　　　　　　160

X. 特徴的な体形

　　1.　スプーン形　　　　　　　　　　　　　163

2.	ウナギ形	165
3.	ボックス形	170
4.	カレイ形	171
5.	ラットテイル形	176
6.	サメ形	180
7.	エイ形	183
8.	リボン形	185
9.	ぶよぶよ形	188
10.	オタマジャクシ形	191
11.	その他	193

XI. 利用

1.	食料になる	196

謝辞	206
あとがき	207
参考にした文献	208
索引	
・和名索引	212
・学名索引	218

第1章 暗黒の世

界と深海魚

1. 深海魚ってどんな魚？

およそ200m以深の外洋に棲む魚をさし、450科ほどある全魚類のうち約100科以上に見られます。それらは古くから深海に適応して、摂餌、感覚、運動、繁殖などに特異な器官を発達させ、また一方では退化消失させています。これらは一次性深海魚または外洋性深海魚と呼ばれ、本書の主役たるモンスターたちであります。この群には比較的下等な魚類が多く、ウナギ類、ニギス類、ワニトカゲギス類、ヒメ類、ハダカイワシ類、アンコウ類、クジラウオ類などの多くの種が含まれています。一方、もともと大陸棚に生息しており、著しい形態変化をしないで少しずつ深海に生活の場を移動していった一群は二次性深海魚、または陸棚性深海魚と呼ばれています。ヘラザメ類、ツノザメ類、カスミザメ類、ガンギエイ類、タラ類、カレイ類、ゲンゲ類、クサウオ類、イタチウオ類などに見られます。

夜になると餌を求めて浮上し、日中には深海に戻る日周期的な移動をする魚、産卵のために浅海に移動し、子供が成長するにつれて深海に戻る季節的な移動をする魚、逆に一生の大部分を淡水で過ごし、産卵のために深海へ帰る魚もいます。北では浅海に生息し、南では深海に生息するなど、深海魚を水深などによって厳密に定義することは難しいです。ここでは特異な形態や習性をもつ魚を中心にして深海魚を選びました。

COLUMN 001

幻の最深魚類はザラガレイ

マリアナ海溝でトリエステ号が潜水したとき、水深10912mで魚が目視され、ダルマガレイ科のザラガレイ（P.172）と仮に査定されていました。これは水深10000m以上（水圧1000気圧以上）に棲む唯一の脊椎動物ではないかと注目されましたが、残念ながらそれは魚ではなくナマコの類ではないかという結論になりました。この怪記録は幻に終わっています。これが目視ではなくて標本が残っていれば幻で終わることはなかったでしょう。検証するためには標本がいかに大切であるか思い知らされます。

2. 深海ってどこにあるの？

　深海は名前の通り海の深いところですが、何mからそう呼ぶかは見方によって様々です。例えばダイバーが潜水できる最深の深さは約120mですから、それ以深を深海と言うかもしれません。プランクトンの研究者は植物プランクトンの生息深度である約200m以深をさすでしょう。これは光合成が行われるための太陽光線の到達深度と密接な関係があります。しかし、光合成は無理でもかすかな光がさらに深いところまで到達しているので、光を基準にすると深海はもっと深くなります。ある海洋学者は水温で深海を決めると言うかもしれません。外洋では表面から水深数十mまでは海水がよく混じり合って温度差が少ないです。そこから深くなるにしたがって水温が急激に低くなり、水深500〜600mぐらいでほとんど一定になります。特に水温変化が激しい層を水温躍層と呼び、その層を超えると水温は4℃以下となります。そこは水深400〜600mに見られるので、それ以深を深海と定義するかもしれません。地質学者はどうでしょうか。彼等はなだらかに続いていた大陸棚が急に深みへ傾斜するところから深海と言い、そこはおよそ200m以深です。このように深海の定義は様々でありますが、一般的には地質による定義が使われ、深海とは浅い沿岸域と区別する水深200mより深い外洋の海のことをさします。

COLUMN 002

海の深さクイズ

　陸地で最も高い所はエベレストの8848mであり、海で最も深い所はマリアナ海溝のチャレンジャー海淵10920mであることは皆さんもご存知かもしれません。ではそれらの凸凹を平らにならすと地球はどのようになるでしょうか？　なんと地球が水深約3000mの海で覆われ、陸地は完全に消えてしまうのです。では海中の凸凹だけをならすとどれくらいの深さになるのでしょうか？　答えは約3800mです。驚くべきことに、水深1000mよりも深い海の面積は海全体の88%を占めているそうです。深海世界の広大さがよくわかります。"海は広いな大きいな月が昇るし、日が沈む……行ってみたいなその国"続いて"海は広いな深いなあ""行ってみたいな深い海"と歌いたくなります。

3. 深海はどうやって区分けするの？

外洋海底部では、沿岸から沖合に向かって水深200m付近までのなだらかな沿岸の底の部分を大陸棚と言います。そこから急に深くなり、その海底斜面のことを大陸斜面と言います。大陸斜面は水深200mから1000mまでの上部大陸斜面と1000mから3000mまでの下部大陸斜面に分かれます。水深3000mから6000mまでは比較的なだらかな海底であり、そこを深海底と言います。さらに深海底が裂けて淵のように落ち窪んでいる部分があります。そこが超深海底です。

海底部から離れて、外洋部の深海は水深200mから1000mまでの中深層、1000mから3000mまでの漸深層、3000mから6000mの深海層、6000m以深の超深海層の4層に分かれます（図1）。

● **上部大陸斜面・中深層**(200～1000m)

太陽光線はわずかに届くか、またはほとんど届かず、植物プランクトンはいません。動物プランクトンは存在しますが、その量は表層域に比べて著しく少ないです。この層の底またはその近くにはツノザメ類、タラ類、マトウダイ類、キンメダイ類、アオメエソ類、キホウボウ類など極めて多くの種類が棲んでいます。中深層域にはハダカイワシ類、ワニトカゲギス類、ヨコエソ類などの発光器をもった外洋性深海魚が多く見られます。そのうち500mぐらいまでの中深層域に棲むハダカイワシ類、ヨコエソ類などのように、夜間浮上する動物性プランクトンを追って表層近くまで遊泳してくる日周的垂直回遊をする魚が多くいます。

● **下部大陸斜面・漸深層**(1000～3000m)

水温は1～5℃、水圧は100気圧を超えます。斜面の傾斜は緩くなり始めます。斜面に生息する魚類の種数や科数は上部に比べて著しく少なくなります。とは言え、ツノザメ類やヘラザメ類など

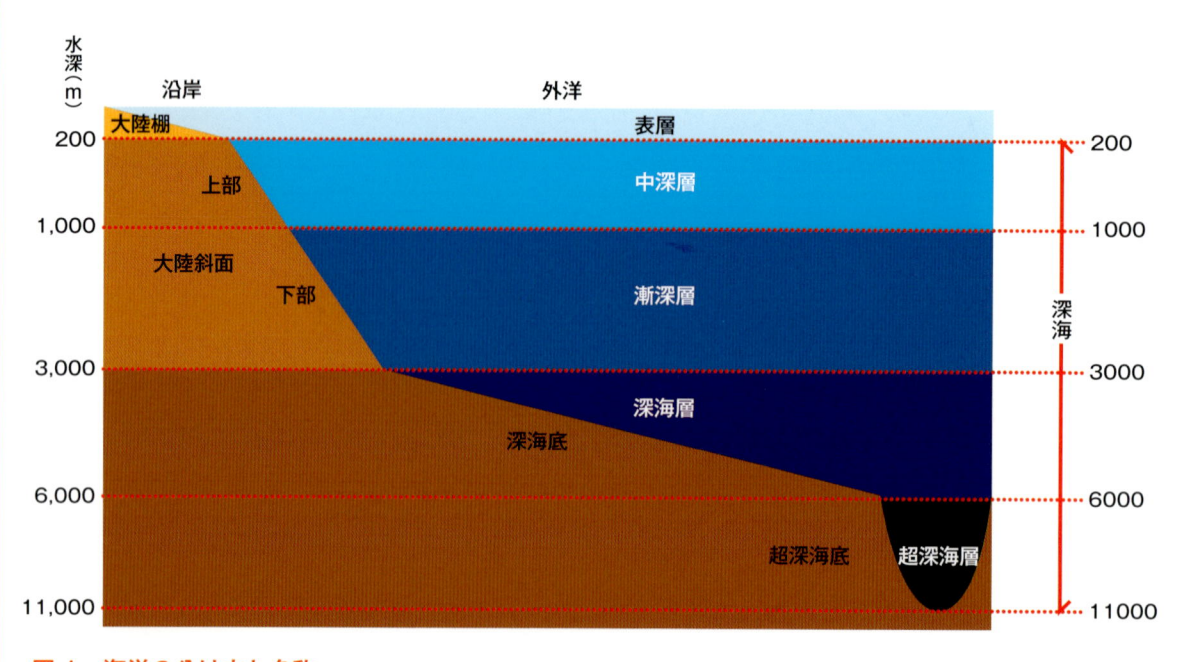

図1　海洋の分け方と名称

の小型のサメ類、ソコダラ類、イタチウオ類、ホラアナゴ類、トカゲギス類、クサウオ類、ゲンゲ類などまだ多くの種類が棲んでいます。漸深層に棲む外洋性深海魚類の多くはゆったりとした浮遊生活によく適応し、眼、鱗、筋肉、骨格が退化的で、感覚器がよく発達しています。チョウチンアンコウ類、クジラウオ類、フクロウナギ、フウセンウナギ、ハダカイワシ類、セキトリイワシ類など深海魚を代表する多くの魚が棲んでいます。中でもチョウチンアンコウ類は80種ほど棲み、ルアー、発光器、寄生雄、長い鰭、あご髭などを備えた風変わりな姿をした種類が多くいます（P.21 図6）。

● 深海底・深海層 (3000～6000m)
深海底は勾配が極めて緩いもっとも広大な海底部で、地球表面積の半分以上を占めます。水温は1.6～1.8℃、300気圧を超える圧力は魚類にとっても限界に近いようです。魚類は著しく少なくなり、アシロ類、ゲンゲ類、ソコダラ類、クサウオ類などの特殊化の進んだ種類が海底近くにまばらに棲んでいるに過ぎません。

● 超深海底・超深海層 (6000～11000m)
想像を絶する水圧の世界です。水温は2.0～1.1℃ほどです。そこにはソコダラ類のシンカイヨロイダラ(6500m)、クサウオ類のコンニャクウオ属のカレプロクタス ケルマデセンシス（ケルマデック海溝6660～6770m）やシュードリパリス アンブリストモプシス（千島─カムチャツカ海溝7230m、日本海溝7579m）、アシロ類の一種バソギガス プロフンディシムス（スンダ海溝7160m）やヨミノアシロ（プエルトリコ海溝8370m）と極めて少ない限られた種が生息しているのみです。プエルトリコ海溝から採集されたヨミノアシロの水深8370mはたぶん最深の記録です（図2）。

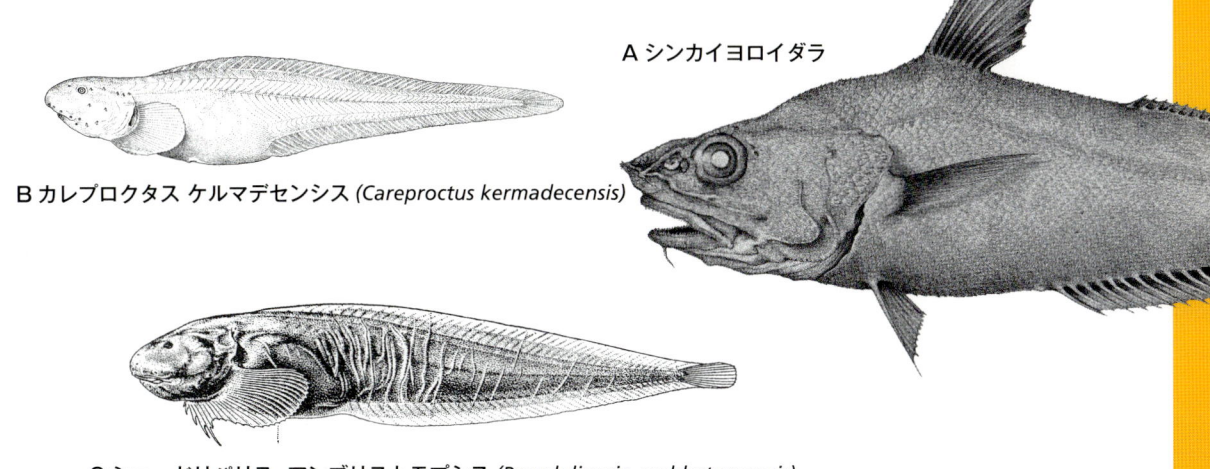

A シンカイヨロイダラ

B カレプロクタス ケルマデセンシス (Careproctus kermadecensis)

C シュードリパリス アンブリストモプシス (Pseudoliparis amblystomopsis)

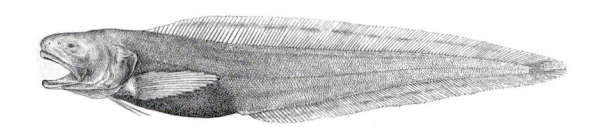

D バソギガス プロフンディシムス (Bassogigas profundissimus)

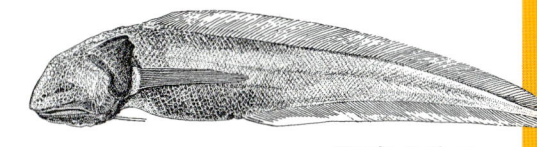

E ヨミノアシロ

図2　6500m以深の超深海に棲む魚類
（A Iwamoto & Stein 1974、BD Nielsen 1964、C Andriyashev 1955、E Nielsen 1977より）

深海の生活に適応して発達した特異な器官、機能、生態などは分類群を越えていろいろな魚に認められます。それらを発光、発音、発電、摂餌、感覚、運動、生殖、防御、色彩、体形、及び利用の11項目から紹介します。さらにその項目を58のキーフレーズにわけ、該当する特徴、機能をもつ深海魚を選んで写真で示し、その種の特徴、生態、水深、分布などを簡単に解説しています。各フレーズの理解を助けるために、たくさんの図や写真を使って説明しています。また、フレーズの深海魚に関連した話や最近のトピックなどを扱った37のコラムをところどころに掲載しました。

それでは、これから暗黒の世界のトビラを皆様と一緒に開くことにしましょう。

第2章

モンスターたちのオンステージ

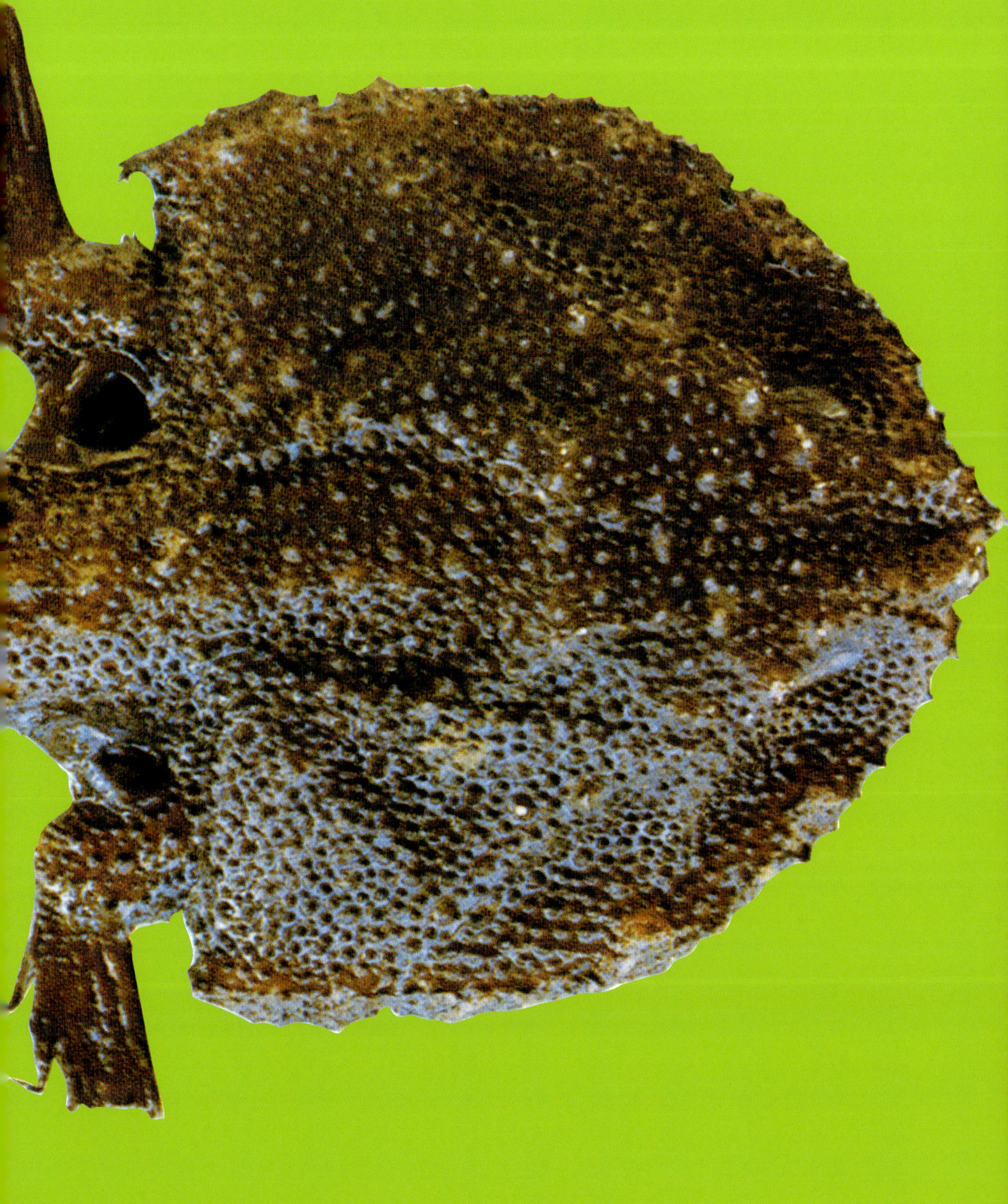

本書の見方

　一つの器官が別の器官と機能が共通する場合には（例えば発光のルアーは摂餌と関係し、腹面の発光器は防御と関係）、どちらか一方で述べて重複を避けました。

　1種でいろいろな機能を備えている深海魚がいる場合には、詳しい魚の解説は1ヵ所にしか出していません。しかし、すぐにその魚の情報を得ることが出来るように、小さい写真と一緒に掲載されているページを示しています。

　図の出典は各図の説明のすぐ後ろに示しています。詳しい情報は「参考にした文献」から探すことができます。

　解説した写真の出典は本書の最後にまとめて「索引」の中で示しています。

　本書ではできる限り専門用語の使用を避けましたが、解説スペースの制約上やむを得ず使用した用語があります。P.17の用語の説明と図を参考にしてください。

解説の見方

1 — ペリカンアンコウ ●●○○ — 2
3 — *Melanocetus johnsoni*
4 — クロアンコウ科
5 — 体は球形に近く、尾柄は短い。吻は短く、その上から竿が出る。その先端におよそ球形のルアーがあり、その頂部に小さいイボ、その後部に皮弁がある（P.20 図5D）。眼が小さく痕跡的である。口は著しく大きく、下顎は前に突出する。両顎の歯は牙状で内側に湾曲し、大小不同の歯が一列に並ぶ。水深100～2000mに棲む。東北地方太平洋、沖ノ鳥島周辺海域；太平洋、インド洋、大西洋に広く分布する。写真個体は体長9.3cm。

001 — 6

1. **和名**：日本で使われている標準名です。日本にいない種は出典で与えられている和名、和名のない種は学名のカナ書きです。
2. **生息深度**：P.12 図1 に準じて、●水深1000m以浅、●水深1000～3000m、●水深3000～6000m、●水深6000m以深に色分けしています。生息深度の目安にしてください。
3. **学名**：世界で共通に使われている学術名です。
4. **科**：解説した種が属しているグループ名です。コラム18（P.108）を参照してください。
5. **解説**：体の特徴、生息深度、分布、写真の個体の大きさを共通して記述しています。一部の種では生態的な情報、利用などを付加しています。

　体の特徴は重要なものに限定しています。生息深度は文献、漁獲記録などから引用しました。それほど厳密な数値ではありません。分布は最初に日本での分布域を示し、「；」で区切って世界の分布域を示しています。写真個体の大きさは基本的には体長で示していますが、尾鰭の付け根がはっきりしないサメ・エイ類、ソコダラ類などでは全長、体盤長で示しています。用語の説明と図を参照してください。

6. 本書で紹介している魚にすべて通し番号をつけました。索引から探すときに利用してください。

用語の説明

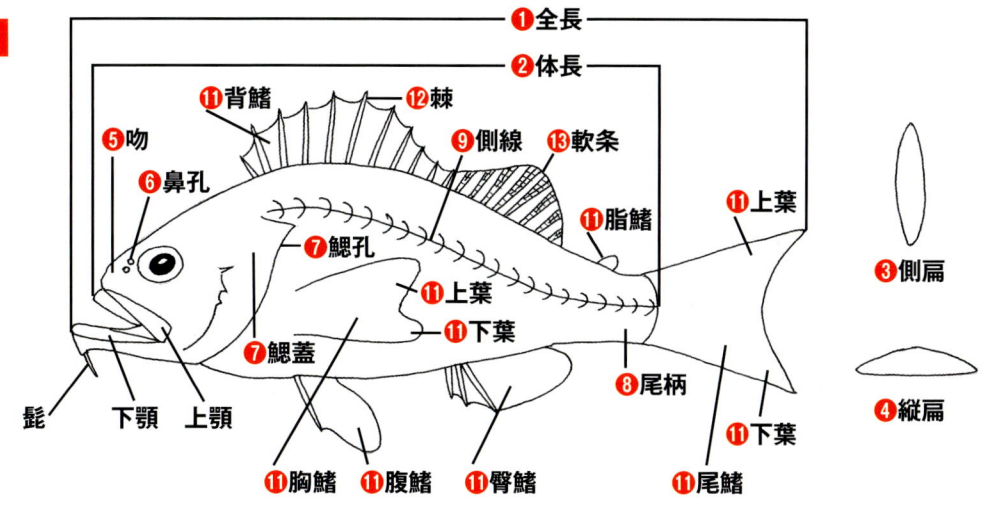

（図：魚の各部名称）
❶全長　❷体長　❸側扁　❹縦扁　❺吻　❻鼻孔　❼鰓（鰓孔・鰓蓋）　❽尾柄　❾側線　❿鰾　⓫鰭（背鰭・胸鰭・腹鰭・臀鰭・尾鰭・脂鰭・上葉・下葉）　⓬棘　⓭軟条　髭・下顎・上顎

<主な用語>

❶**全長**…体の最前端から尾鰭の後端までの長さ。

❷**体長**…吻端から尾鰭を支える骨の後端（尾鰭の付け根）までの長さ。

❸**側扁**（そくへん）…左右から押しつぶした状態。左右の幅が上下の高さより狭い。

❹**縦扁**（じゅうへん）…上下に押しつぶした状態。上下の高さが左右幅より低い。

❺**吻**（ふん）…上顎の前端から眼までの部分。

❻**鼻孔**（びこう）…鼻の穴。ふつう片側に前鼻孔と後鼻孔の２個ある。

❼**鰓**（えら）…呼吸器官。鰓の蓋の内側にあり、外から見えない。鰓の蓋のことを鰓蓋（さいがい）、飲み込んだ水を出す部分を鰓孔（さいこう）という。

❽**尾柄**（びへい）…尾鰭の付け根の部分。

❾**側線**（そくせん）…感覚器官。体の両側を線状に走り、餌、仲間、敵などが出す水流、水圧の変化を感知する。位置、数は種によって異なる。

❿**鰾**（うきぶくろ）…浮力を調節する器官で、中の空気量で体の比重を調節する。その他に呼吸、発音、聴覚などに使う種もある。

⓫**鰭**（ひれ）…主に運動器官。対をなす胸鰭（むなびれ）と腹鰭（はらびれ）、対でない背鰭（せびれ）、臀鰭（しりびれ）および尾鰭（おびれ）がある。また胸鰭、尾鰭の上部分を上葉、下部分を下葉という。

⓬**棘**（きょく）…鰭を支える骨質の刺で、極めて硬く、刺さると痛い。

⓭**軟条**（なんじょう）…鰭にある柔らかい骨質の筋で、細かな節（ふし）があり、先端部で分枝する。

<その他の用語>

体盤長（たいばんちょう）…エイ類では、吻端から胸鰭（体盤）の末端までの長さ。

脂鰭（あぶらびれ）…背鰭の後ろにあり、棘や軟条がない膜状の鰭。一部の魚に見られる。

腹吸盤（ふくきゅうばん）…左右の腹鰭が膜でつながってできた吸盤。深海魚ではクサウオ類に見られる。

尖頭（せんとう）…歯の先端が山形に尖っていること。

円鱗（えんりん）…表面や後縁がなめらかで、刺をもたない鱗。

櫛鱗（しつりん）…表面や後縁に刺をもった鱗。

楯鱗（じゅんりん）…サメ類やエイ類に見られる鱗で、構造は歯と同じ。

卵胎生（らんたいせい）…基本的には体内の子供は母体から栄養を受けない。卵を生む卵生、母体から栄養などを受ける胎生と区別する。

仔魚（しぎょ）…孵化してから卵黄を吸収し尽くし、全ての鰭の鰭条（棘と軟条）が生えそろうまで。

I. 発光

魚類の発光について知ると、様々な目的に利用されていることに驚かされます。それらを整理すると次のようになります。

カムフラージュ：上から降り注ぐかすかな光で、体の輪郭が見えないように、腹面に並んだ発光器から弱い光を出すことで魚体を消します。

サーチライト：頭にある発光器で前方を照らし獲物を探します。

暗視野スコープ：眼の下にある発光器から赤色の光を放つことで青、緑色の獲物の発見を助け、捕らえることができます。

ルアー(疑似餌)：発光することで獲物をおびき寄せます。

驚かせて隠れる：発光物質を煙幕のように噴出して驚かせて、捕食者から姿をくらまします。

同種・雌雄を識別、テリトリーの表示：発光器の形、配列、数などの差によって認識します。

発光器にはバクテリアの光を借りて光る他力発光型(共生発光型)と自分の力で光る自力発光型の2つのタイプがあります。

COLUMN 003

光の誘惑

チョウチンアンコウ類は暗闇の中で光るルアーから、その名が由来しましたが、発光の観察例は少ないです。オニアンコウの一種は採集されたときにルアーから光る粘液を出して、ルアーを覆い尽くしたと報告されています。1967年に鎌倉の海岸に生きたチョウチンアンコウが打ち上げられ、江ノ島水族館で飼育されました。発光生物の大家・故羽根田弥太博士によると、8日間の生存中、ルアーは絶えず青白く光り、魚体を刺激すると竿を立て、前方に向かって発光物質を噴き出したそうです。ルアーに付属した肉質の突起物は連続して発光し、さらにルアーから垂れ下がった糸状物の各先端が光りました。それらの役割について博士は次のように考えました。竿を動かすとその先端がきらきらと豆電球のように光り、そこに小魚が集まります。頃合いを見て、ルアーの本体から発光物質を放出し、小魚の目がくらんだすきに大きな口で飲み込むのではないか。いずれの世界も光の誘惑は恐ろしいものです。

A. 他力発光型

この発光器は管状または袋状で、その中に発光バクテリアが共生しています。発光器は体の表面や消化管と管でつながり、バクテリアを外部から取り入れているのです。バクテリアは発光器の内壁の腺細胞から栄養をとります。発光器の内側には光が体内へ拡散するのを防ぐ反射板が、外側には半透明の筋肉からなるレンズがあります。魚はバクテリアの発光で光を放ちます。

1. 竿の先端のルアーが光る

　チョウチンアンコウ類は、背鰭の1番目の軟条が他の背鰭条から離れて竿（イリシウム＝誘引突起）のように前方に伸び、その先端に膨らみ（エスカ＝擬餌）があり、そこが発光します。エスカをルアーにして魚をおびき寄せたり、フラッシュのように発光させて魚を驚かせて小魚を捕まえたり、敵を驚かせ退散させたり、発射した発光物で体を隠したりします。

　ルアーの発光器官には球状体の中心にバクテリア培養室があり、色素層で裏打ちされた反射層で取り囲まれています。その背方に前室があります。球状体は背半部が半透明で光を発射します。また背後方に外に開く孔が開いていて発光物を放出することができます。球状体の先端から出ている突起物や糸状物は光ファイバーのような構造をもち、中心に光を導く組織が通っていて、球状体と同様に反射層と色素層で包まれ、先端が窓になっています。外から培養室にバクテリアを取り入れ、発光腺で酸素と栄養を与えて発光バクテリアを培養します。光は反射層で先端へ導かれ、前室を通り、突起物中の光道を経て窓から発します（図3）。

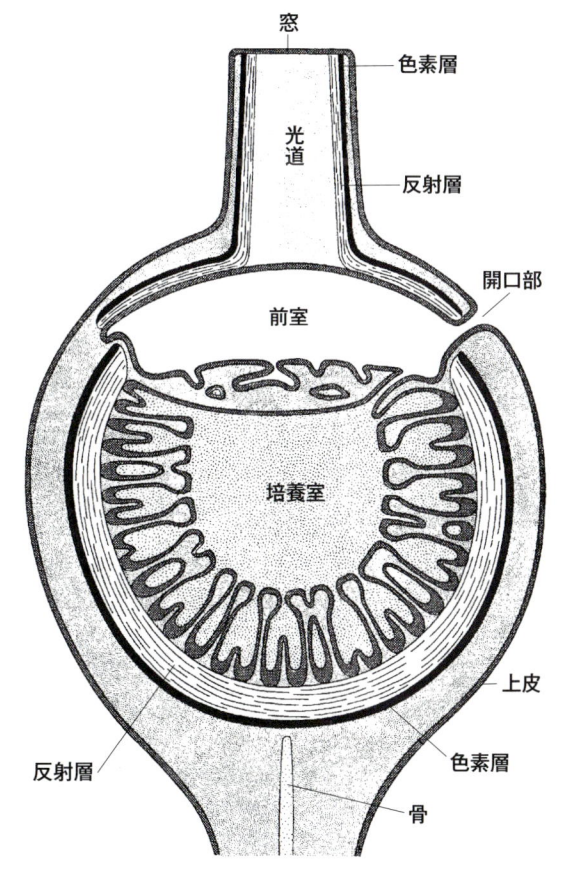

図3　チョウチンアンコウ類のルアーの発光器の構造模式図（Pietsch & Orr 2007 より改変）

1. 竿の先端のルアーが光る

　竿の長さ、ルアーの形と大きさは種類や成長段階で極めて多様性に富み(図5)、それぞれの種は独特の方法で、ルアーを動かしたり、竿を曲げたり、縮めたりしてルアーを口近くまで引き寄せたりします。中にはルアーを口内へ引き込む種もあります。

　海底に棲む"驚異の魚"という属名をもつサウマティクチス アクセリ (*Thaumatichthys axeli*) は前方に突出した上顎の先端に、発光するルアーをぶら下げています。餌となる生物が集まってくるとルアーを口内へ折り曲げて餌生物を誘い込みます。上顎の縁辺に湾曲した長い歯が生えています。靭帯を引っ張ってバネ仕掛けのようにして大きく開いた口は餌生物が触れた刺激で閉まり、餌生物を口内に閉じ込めることができます。これは縁辺に長い棘をもった2枚の葉を閉じて獲物を捕らえる植物、ハエトリソウに似ています。これはルアーとがま口を組み合わせてできた面白い装置です(図4)。

　ほとんどのチョウチンアンコウ類では竿は伸縮できませんが、ビワアンコウは竿をいっぱいに伸ばし、ルアーを光らせて餌生物が集まるのを待ちます。小魚が集まってきたところで、竿を引き寄せます。この竿は折りたたみ式釣竿ではなく、旧式の1本竿のために竿の後端は体の背面から出している鞘に収められ、体の後方へ飛び出します(P.135)。ラシオグナサス アンフィランファス (*Lasiognathus amphirhamphus*) でも同様の方法で竿を鞘に収めることができます(P.25)。

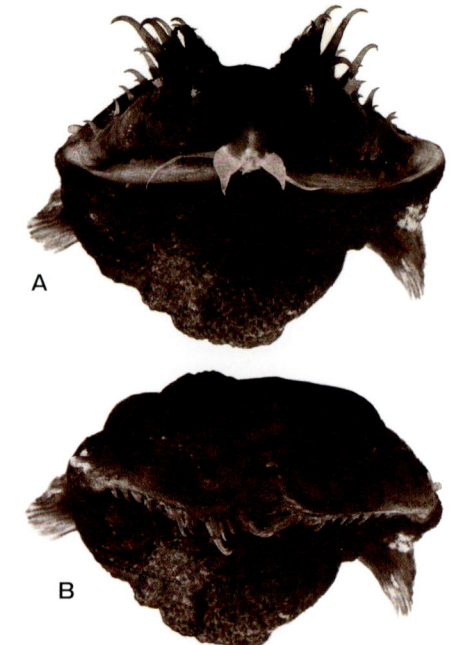

図4　サウマティクチス アクセリのハエトリソウ式餌の取り込み方　AC 口を開く、B 口を閉じる
(Bertelsen & Struhsaker 1977 より)

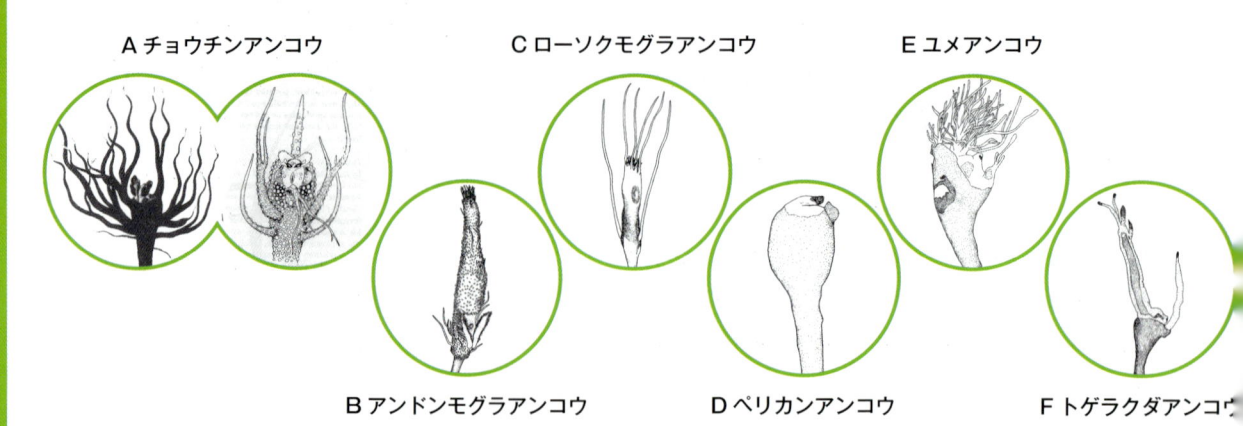

A チョウチンアンコウ　C ローソクモグラアンコウ　E ユメアンコウ
B アンドンモグラアンコウ　D ペリカンアンコウ　F トゲラクダアンコウ

ミツクリエナガチョウチンアンコウ科　　　　　　　　　　ヒレナガチョウチンアンコウ科

ラクダアンコウ科　　　オニアンコウ科　　　シダアンコウ科

チョウチンアンコウ科　　サウマティクチス科　　クロアンコウ科

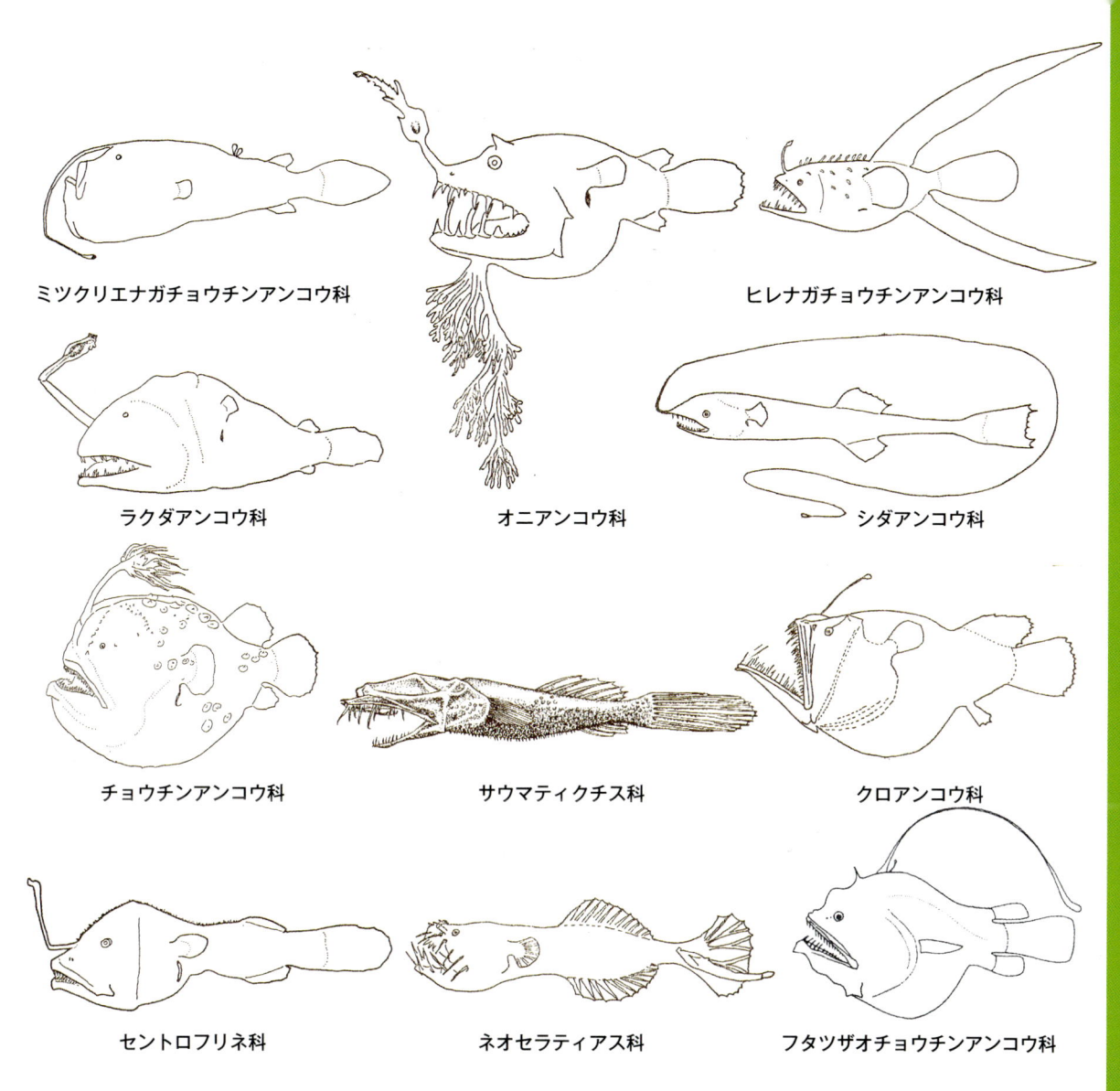

セントロフリネ科　　ネオセラティアス科　　フタツザオチョウチンアンコウ科

図6　チョウチンアンコウ類の仲間
（荒井・上野 1980 より、Pietsch 2005 より）

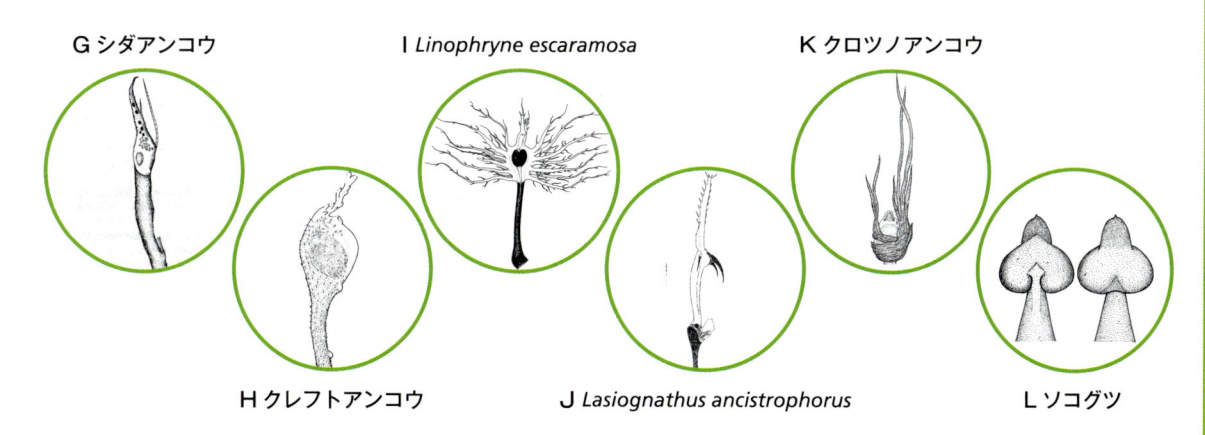

G シダアンコウ　　　I *Linophryne escaramosa*　　　K クロツノアンコウ

H クレフトアンコウ　　J *Lasiognathus ancistrophorus*　　L ソコグツ

図5　多様なチョウチンアンコウ類のルアー
(A Bertelsen & Krefft 1988; BCDEFG 尼岡原図 ; H Bertelsen, Pietsch & Lavenberg 1981; I Bertelsen 1982;
J Pietsch 2005; K Machida & Yamakawa 1990; L Amaoka & Toyoshima1981)

ペリカンアンコウ ●●○○
Melanocetus johnsoni

クロアンコウ科

体は球形に近く、尾柄は短い。吻は短く、その上から竿が出る。その先端におよそ球形のルアーがあり、その頂部に小さいイボ、その後部に皮弁がある（P.20 図5D）。眼が小さく痕跡的である。口は著しく大きく、下顎は前に突出する。両顎の歯は牙状で内側に湾曲し、大小不同の歯が一列に並ぶ。水深 100 〜 2000m に棲む。東北地方太平洋、沖ノ鳥島周辺海域；太平洋、インド洋、大西洋に広く分布する。写真個体は体長 9.3cm。

001

チョウチンアンコウ ●○○○
Himantolophus groenlandicus

チョウチンアンコウ科

体は球形で、多くの棘のある骨板が散らばる。口は大きく上向きに開く。頭の上にある竿は太く短くて、先端に球形のルアーを備える。ルアーから約 10 本の長い糸状物が突出する（P.20 図5A）。体長は雌では 60 cm ほどになるが、雄では 4 cm ぐらいにしかならない。雄は体が細長く、両顎に歯がなく、嗅器官がよく発達する。雌に寄生しない。水深 800m 前後に棲む。北海道から相模湾；太平洋、大西洋に広く分布する。写真個体は体長 16cm、雌。

002

ビワアンコウ ●○○○
Ceratias holboelli

ミツクリエナガチョウチンアンコウ科

詳しくは P.135 参照

003

ダナラクダアンコウ ●●○○
Danaphryne nigrifilis

ラクダアンコウ科

体は球形。口はほとんど水平に開き、上・下顎におよそ70本の歯がある。頭の背面が前方に突出し、その先端から長い竿を出す。その長さは体長の約40%。ルアーは丸く、1対の太い円錐状の突起と大きな平たい突起をもつ。腹鰭はない。鱗がなく、皮膚は円滑である。雄は雌に寄生しない。水深1000mあたりに生息する。大西洋、西部太平洋に分布するが、日本からは知られていない。写真個体は体長9.8cm。

004

ユメアンコウ ●●○○
Oneirodes bulbosus

ラクダアンコウ科

体は球形で、体表に鱗がなく裸である。口はほとんど水平に開く。吻端から短い竿が飛び出し、先端に球形のルアーがあり、多数の長い糸状の突起をもつ（P.20 図5E）。水深およそ600～1310mに棲む。網走沖；オホーツク海、ベーリング海に分布する。写真個体は体長12.8cm。

005

スピニフリネ ズハメリ ●●○○
Spiniphryne duhameli

ラクダアンコウ科

体は細長く、球形ではない。眼は著しく小さい。口は眼を超えて開かない。竿は比較的短く、ルアーは先端部に多数の糸状物をもつ。両顎には細長く、湾曲した大小の歯があり、下顎には50本以上の歯がある。水深0～2500mから捕らえられた。中部太平洋、東部北太平洋に分布する。日本からは知られていない。写真個体は体長11.7cm。（Pietsch & Baldwin 2006より）

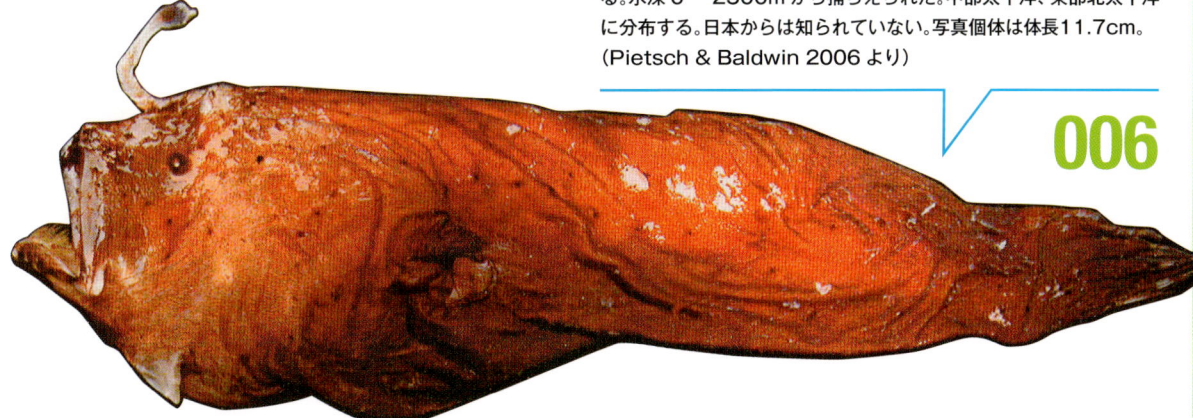

006

アンドンモグラアンコウ ●●○○
Gigantactis perlatus

シダアンコウ科

体は円筒形で、ぶよぶよしている。吻は下顎より前に突出し、その先端から長い平たい竿が伸びる。ルアーは円錐状で、先端に多数の糸状物が群がり、基部に1対の羽状の突起がある（P.20 図5B）。水深670～2000mに棲む。世界から10個体ほどしか知られていない。東北地方の太平洋；東部太平洋、中部大西洋の南半球に分布する。写真個体は体長19cm。

007

008

ローソクモグラアンコウ ○●○○
Gigantactis elsmani

シダアンコウ科

体は細長く、やや側扁し、微小な棘で覆われる。吻は突出し、先端から体長のおよそ1.2倍の長い竿が伸びる。ルアーは卵円形で、基部に1対、先端部に2対の長い糸状突起が出る（P.20 図5C）。眼は著しく小さく、退化する。口はほとんど水平に開き、両顎に多数の牙状歯がある。水深1290～1300mに棲む。東北地方の太平洋；大西洋と東部太平洋の南半球に分布する。写真個体は体長35cm。

シダアンコウ ●●●○
Gigantactis vanhoeffeni

シダアンコウ科

体は円筒形で微小な棘で覆われる。吻端から長い竿が伸び、体長よりいくぶん長い。ルアーは先端に向かって細くなり、下方に1対の糸状突起がある（P.21 図5G）。上顎は下顎より前方に突出する。両顎に強い牙状の歯が並ぶ。眼は著しく小さい。水深300〜5300mに棲む。東北地方以南の太平洋；大西洋、太平洋、インド洋に分布する。写真個体は体長27.8 cm。

009

ヒガシオニアンコウ
○●○○
Linophryne coronata

オニアンコウ科

詳しくはP.129参照

010

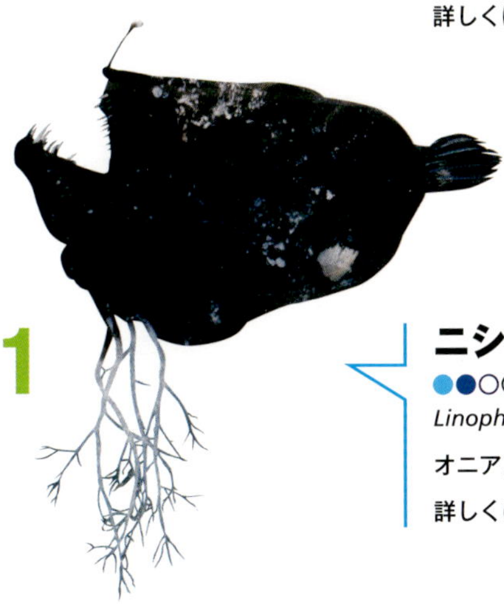

011

ニシオニアンコウ
●●○○
Linophryne algibarbata

オニアンコウ科

詳しくはP.53参照

ラシオグナサス アンフィランファス ○●○○
Lasiognathus amphirhamphus

サウマティクチス科

体は細長い。頭部は極めて大きく体長の60%以上ある。頭の頂部に2対、眼の下方に2本の鋭い棘がある。口は大きく、眼の近くまで開く。上顎は下顎よりも著しく前方に突出する。頭の背面の深い溝から竿が前方に伸びる。その長さは体長の約50%。竿を収める鞘が頭の後方に突出する。ルアーは先端から長い突起を出し、途中に2本の鋭いカギ爪がある。この属には4種知られている。大西洋、ハワイ近海、東部太平洋に分布し、日本からは報告されていない。水深1200〜1305mから捕らえられた。写真個体は体長15.7cm。（Pietsch & Orr 2007より）

012

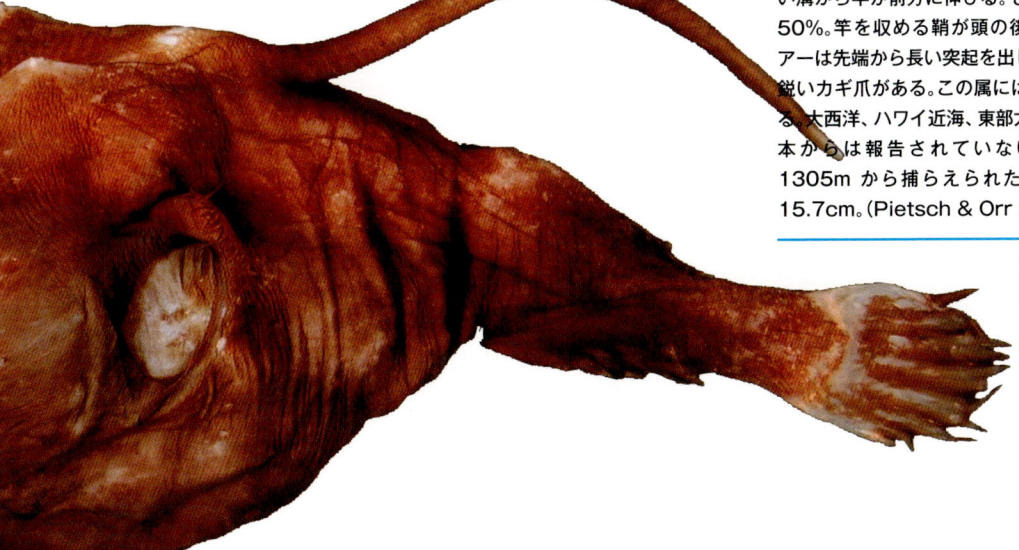

サウマティクチス アクセリ ○○●●
Thaumatichthys axeli

サウマティクチス科

頭と体の前部は扁平で幅広い。上顎は長い湾曲した歯をもち、短い下顎の前端を著しく越えて前方に伸びる。左右の上顎は互いに広く分離し、上下できるように頭骨と蝶番状につながる。竿は左右の上顎をつないでいる膜の腹側から口蓋部の前に突出する。ルアーには内部に黒い球形の発光体があり、そこから1対の無色素で、先端が尖った、触手状の糸状突出物が出る（P.20 図4）。突出物の形態は個体により様々である。ルアーに歯がある。口角の近くに小さい眼がある。水深 3570～3695m に生息する。日本からは知られていないが、雌は東部太平洋のサンディエゴとコスタリカ沖からトロール網で捕らえられた。2個体しか知られていない。図の個体は体長 36.5cm、雌。(Bertelsen & Struhsaker 1977 より)

013

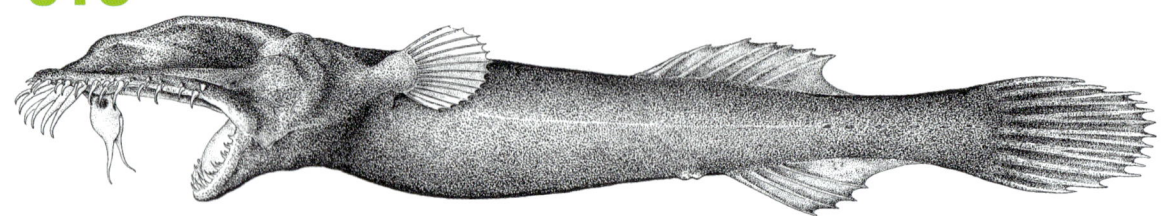

ニシユメアンコウ
●○○○

Oneirodes macrosteus

ラクダアンコウ科

体は丸く、ほとんど球形。吻端近くから長い竿が伸び、その長さは体長の 37% ほどである。竿の先端のルアーにはたくさんの糸状の突出物が出る。口はおよそ水平に開き、両顎に40本余りの歯がある。雄は雌に寄生しない。水深 810m ぐらいに棲む。日本からは知られていない。北・中部大西洋に分布する。写真個体は体長 12.2cm。

014

COLUMN 004

モグラアンコウの和名の由来

　1978年に東北地方沖の太平洋で深海魚の調査をしたときに、トロール網で3種のシダアンコウ科魚類が採集されました。これらの魚は日本から初記録で、世界でも数個体しか報告されていない珍種でした。私はこの魚の顔を下から眺めてすぐに、名前を思いつきました。鼻が尖って突き出し、口が頭の下に開き、口からは大きな歯が覗いていました。「これはモグラにそっくりだ！！モグラアンコウにしよう」大きな円筒状のルアーをもった種にアンドンモグラアンコウ、細い枝が数本出ているものにローソクモグラアンコウ（P.20 図5B・C、P.24）、そして尾鰭が長く伸長しているものにオナガモグラアンコウと命名しました。地中の暗黒の世界に棲むモグラは深海魚の名前にぴったりだと自画自賛しています。

2. 大きなコブから発光液を発射

　ミツクリエナガチョウチンアンコウは背鰭の前方の背中に2～3個の大きな卵形のこぶを背負っています。このコブはルアーの発光体によく似た構造をしています。黄白色の発光液は外に開く孔から糸状に発射され、それがバラバラに分散して無数の光の点となって広がります。ルアーと同じ働きをすると考えられています。

015
ミツクリエナガチョウチンアンコウ
●○○○
Cryptopsaras couesii
ミツクリエナガチョウチンアンコウ科
詳しくはP.136参照

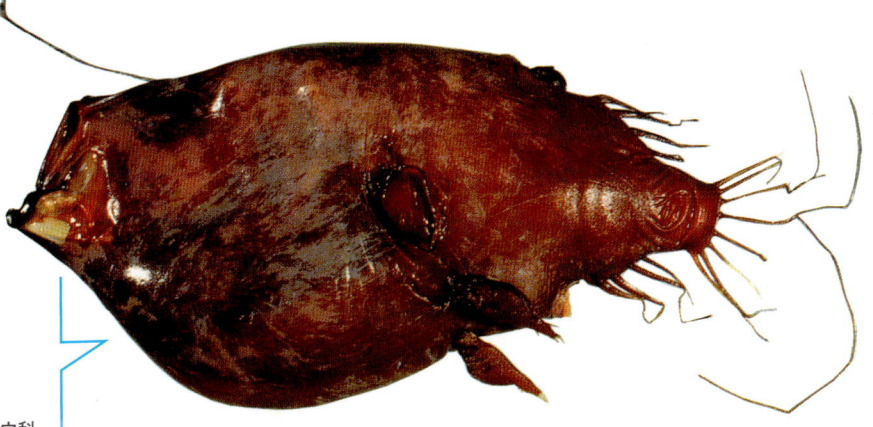

COLUMN 005
チョウチンアンコウ類の二人の大家

　デンマーク大学博物館にチョウチンアンコウ類の研究者として有名なBertelsen（バーテルセン）がいました。彼はこの類の魚一筋に多くの研究論文を発表し、中でも1951年のThe Ceratioid Fishes（チョウチンアンコウ亜目の魚類）は有名です。サンディエゴの魚の個体発生と系統に関するシンポジウムで初めて彼にお会いした時、初対面にもかかわらず、顔を見てすぐに彼であることがわかりました。耳が大きく張り出し、長い顎髭をたくわえ、パイプをくわえた風貌はオニアンコウを連想するに十分だったからです。
　もう一人はワシントン大学のPietsch（ピイッチ）教授です。彼とは長年の友人で、私の定年退職前の5年間、一緒に千島列島の生物調査に行きました。彼の優しい丸い顔つきと頭の格好はユメアンコウにそっくりです。
　魚の研究者の間では自分の専門とする魚に似てくると一人前になったと言われています。彼等はその類の大家であることでこの噂を証明しています。私の研究室を出た学生にもサメ、カワハギ、トクビレ、ゲンゲ、カレイ、カジカ、クサウオ、ニベ、アイナメ、コチ、タラなど、このことを実証してくれる博士はたくさんいます。私はヒラメ・カレイ類を専門に研究しています。アンコウなら丸々としていてよいですが、ヒラメやカレイには、あまり似たくはありません。

3. 腹や肛門のまわりが光る

　浅海域に棲む魚に多く見られます。深海魚ではソコダラ類が有名で、ほとんどの種類がこのタイプの発光器をもっています。肛門前方の腹中線上に種によって異なるいろいろな形の発光器をもち、外部からでもよく見ることができます。

　スジダラ属の種類では肛門から腹鰭の前方まで黒い帯状の発光器があり（P.29 図8E）、3個のレンズをもっています。2個は発光器の前端と後端に、他の1個は前端のレンズと発光体の間にあり、光を外側のレンズに送り込みます。マンジュウダラ属の種類では腹鰭の間に光を出す2個の窓があり、内側に反射層を備えています（P.29 図8C、図9）。ソロイヒゲでは小さい発光器が肛門の直前にありますが、若魚では外から見ることはできません。内部での光は鱗や皮膚を通して出ます。ソコダラ類にはこれら以外にも腹面に様々な発光器が見られます（図8）。アオメエソ類は緑色の眼をもつのでこの名前が付けられていますが、このうちのアオメエソには肛門を取り囲んだ溝があります。その最深部にひだを備え、そこに発光バクテリアが棲み着いています。この発光器は非常に単純にできているので、最も初期の発光器ではないかと考えられています（図7B・C）。この発光の波長を緑色眼が良く感じることができるように相互に作用しながら進化したのではないかと推測されています（図7A）。このように発光器は種によって形が変化に富んでいるので、光は種の認識のためにも使われ、群れを作ったり求愛に役立てたりしているようです。その他に、ソコダラ類では発光液を噴出して敵を驚かすのに使われています（P.146 Ⅷ.防御参照）。ハリダシエビス類では腹側面の銀白色帯と肛門のまわりの黒色帯が発光器です。腹側面に沿って長く伸びていることから、カムフラージュとして使われているようです（P.33）。

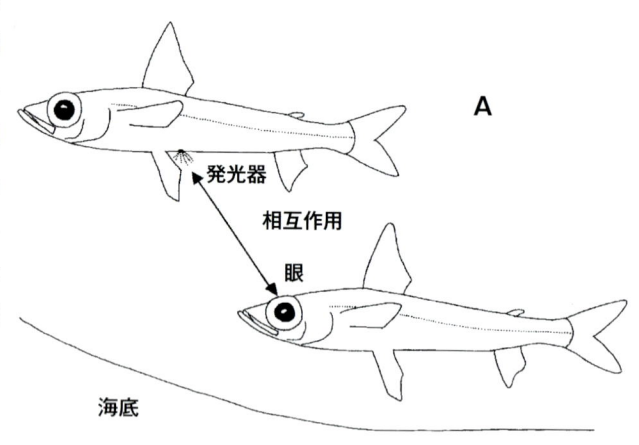

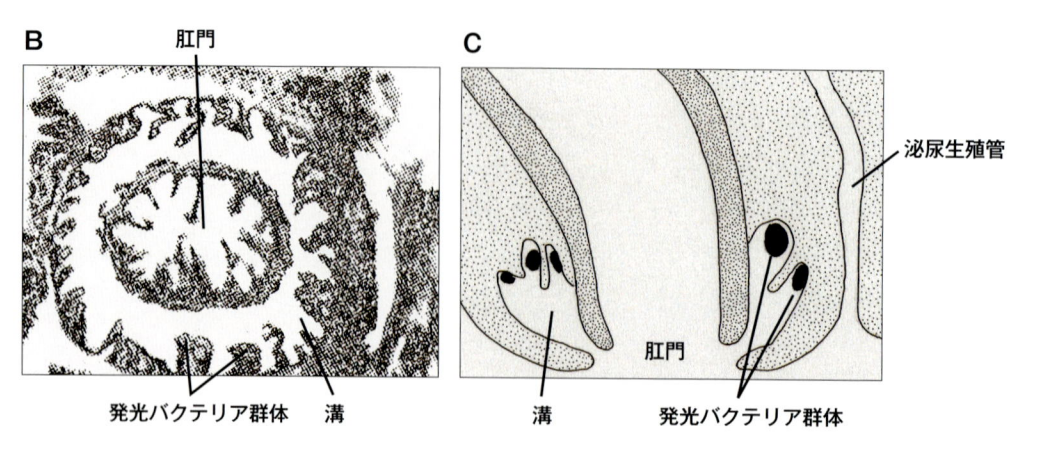

図7　アオメエソの発光器　A 発光器と緑色眼の関係、B 発光器の横断面、C 縦断面の模式図
（A 宗宮1980より改変、BC 宗宮1980より略写）

A オニヒゲ　　B キュウシュウヒゲ　　C ニホンマンジュウダラ

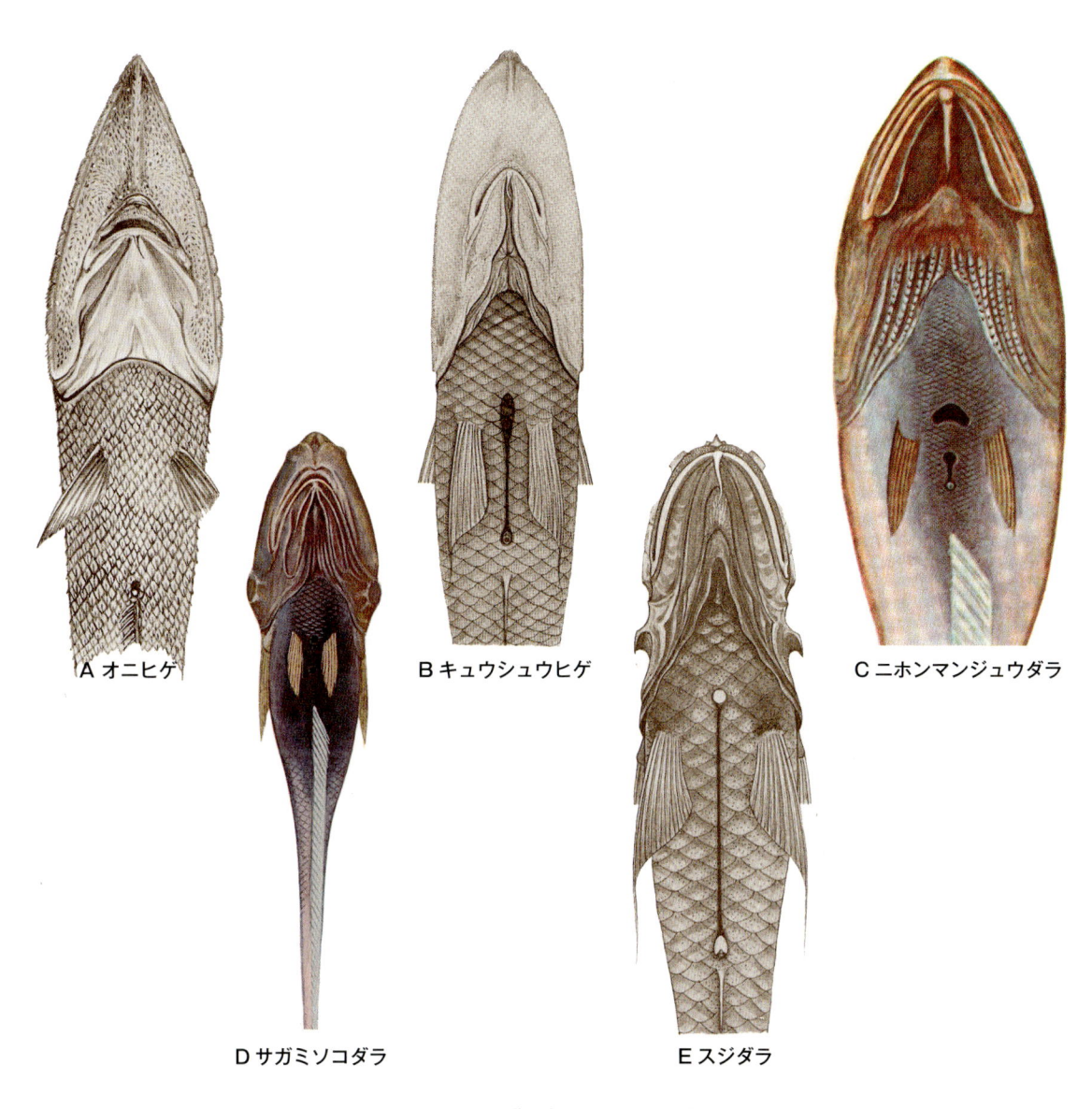

D サガミソコダラ　　E スジダラ

図8　種によって異なるソコダラ類の腹面の発光器（Okamura 1970 より）

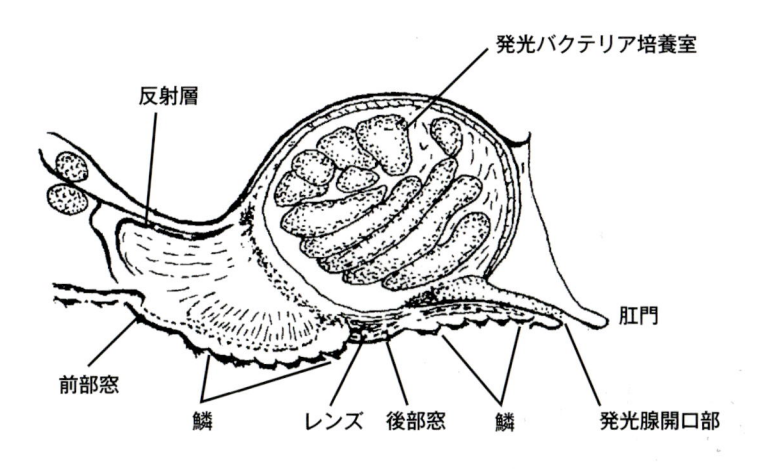

発光バクテリア培養室
反射層
前部窓
鱗　レンズ　後部窓　鱗　発光腺開口部
肛門

図9　ニホンマンジュウダラの発光器の模式図（Haneda 1938 より改変）

アオメエソ ●○○○
Chlorophthalmus albatrossis
アオメエソ科
詳しくは P.197 参照

016

チゴダラ ●○○○
Physiculus japonicus
チゴダラ科
体は細長く、腹部で高い。吻は丸く、突出しない。口は眼の後ろまで開く。両顎の歯は小円錐歯で、歯帯をつくる。下顎の先端に短い髭がある。背鰭は二基。背鰭と臀鰭の基底は長い。腹鰭の外側の 2 軟条は糸状に伸びる。小さい鱗がほとんど全身を覆う。腹面に丸い黒色の発光器があり、そこには鱗がない。水深 150～650m に棲む。東京湾以南、東シナ海に分布する。写真個体は体長 35.4cm。

017

カナダダラ ●○○○
Antimora microlepis
チゴダラ科
頭は小さく、縦扁する。吻端は尖り、側方に張り出す。第 1 背鰭は伸長する。臀鰭は 1 基で、基底が長く、中央部でくぼむ。腹鰭の外側の鰭条は伸びる。口はやや下面に開く。下顎の下端に髭がある。腹部は黒く、発光器があるとされているが、確認されていない。水深 500m 以深に棲む。関東以北の太平洋岸；オホーツク海、北太平洋に分布する。写真個体は体長 32.9cm。

018

019

ムスジソコダラ●○○○
Caelorinchus hexafasciatus

ソコダラ科

体は腹部で高く、尾部は紐状で、だんだん細くなる。頭の隆起線はよく発達する。口は頭の下面に開く。下顎の先端に短い髭がある。両顎には円錐歯が帯状に並ぶ。鱗は六角形状で、表面に数列の小棘が放射状に並ぶ。肛門のまわりとその前に発光器がある。体に6～7本の帯状斑がある。水深336～910mに棲む。1982年に新種として九州・パラオ海嶺から報告された。写真個体は全長43cm。

020

サガミソコダラ●○○○
Ventrifossa garmani

ソコダラ科

体は側扁し、細長い。尾部は紐状。吻は少し突出し、角張る。口は頭の下面に開く。下顎の腹面に短い髭がある。発光器は極めて小さく円形で、腹鰭の基部の間、肛門のかなり前方にある。水深300～700mに棲む。南日本の太平洋岸、東シナ海に分布する。写真個体は全長21cm。

021

ヤリヒゲ●○○○
Caelorinchus multispinulosus

ソコダラ科

体は細長く、やや側扁し、尾部は紐状。吻は突出し、先端に鋭い棘がある。口は小さく頭の下面に開く。下顎の先端に短い髭がある。発光器は著しく長く、咽の先端近くから肛門まで達する(P.29 図8D)。水深300m前後に棲む。駿河湾、若狭湾以南、東シナ海に分布する。写真個体は全長33cm。

COLUMN 006

釣餌に魚の発光バクテリアを使う

ポルトガルのリスボン近くの漁村ではソコダラの一種の腹を押さえて、肛門から出る発光液を魚肉に塗った状態で数時間おき、繁殖した発光バクテリアで光る魚肉を餌にして魚を釣る漁法があります。これと同じようなことをインドネシアのバンダ島の漁師が行っているそうです。同じようなアイデアが洋の東西を問わず見られて面白いです。日本のブラー(餌付きルアー)の発想につながるのでしょうか。

022

スジダラ ●○○○
Hymenocephalus striatissimus

ソコダラ科

頭と腹部はやや肥大し、尾部は強く側扁し、紐状に延長する。口は頭の前端に開き、眼の後縁下に達する。頭頂に鳥冠状隆起が発達する。長い発光器が肛門の直前から腹鰭の前方まで伸び、その前後端に外部レンズを備える。前のレンズは完全な円形で、後部レンズより大きい。後部レンズの後縁は二葉状になる（P.29 図8E）。水深300〜500mに棲む。南日本の太平洋岸、九州・パラオ海嶺、東シナ海に分布する。写真個体は全長18cm。

023

キシュウヒゲ ●○○○
Caelorinchus smithi

ソコダラ科

頭には固くて強い隆起がある。吻は長く突出し、先端は尖る。口は吻の下面にあり、眼の後縁下まで開く。両顎の歯は歯帯を形成する。下顎の下面に短い髭がある。発光器は肛門の前にあり、短く、眼窩径の半分以下。水深300〜610mに棲み、底生魚、底生小動物を食べる。日本近海では普通に見られる。西日本の太平洋岸；西部太平洋の暖海域に分布する。写真個体は全長28cm。

キュウシュウヒゲ ●○○○
Caelorinchus jordani

ソコダラ科

体はよく側扁し、尾部は長い紐状。頭には弱い隆起がある。吻はやや短く、吻の前端に鈍い3尖頭の棘がある。口は頭の下面にあり、眼の後縁下まで開く。両顎の歯は歯帯を形成する。下顎端に短い髭がある。発光器は腹鰭基底より前にあり、やや長く、およそ眼窩径に等しい（P.29 図8B）。水深143〜380mに棲む。駿河湾以南、東シナ海に分布する。写真個体の全長は19cm。

024

025

ソロイヒゲ ●○○○
Caelorinchus parallelus

ソコダラ科

頭はいくぶん縦扁し、硬くて強い隆起が発達する。吻は強く突出する。口は頭の下面に開き、眼の後縁下に達しない。肛門の直前に、小さい黒い三日月型の発光器がある。幼魚では外部から発光器が認められない。水深 650～990m に棲む。南日本の太平洋岸、東シナ海に分布する。写真個体は全長 40cm。

026

ニホンマンジュウダラ ●○○○
Malacocephalus nipponensis

ソコダラ科

詳しくは P.60 参照

ミナミハリダシエビス ●○○○
Aulotrachichthys sajademalensis

ヒウチダイ科

体は側扁する。口は斜めで、眼の後縁近くまで開く。両顎には絨毛状の歯帯がある。腹鰭から臀鰭始部までの腹縁に 8 枚の大きい鱗が並び、各鱗には後方に向かう棘をもつ。頭部は薄い膜で覆われる。腹部の皮下には銀白色帯があり、腹鰭から尾柄の中間付近まで伸びる。同様の帯は胸鰭基底と喉部にも見られる。肛門のまわりに黒色帯がある。水深 300m 付近に棲む。九州・パラオ海嶺；インド洋に分布する。写真個体は体長 11cm。

027

オニヒゲ ●○○○
Caelorinchus gilberti

ソコダラ科

詳しくは P.176 参照

028

COLUMN 007

約130年前に相模湾から発見された深海魚

1879年、お雇い教師としてドイツからやってきたDöderlein（デーデルライン）は東京に滞在していた2年間で、多くの海産動物を採集してもち帰りました。その中で魚類標本はストラスブール動物博物館に273個体、ウィーン自然史博物館に390個体、そしてフンボルト大学自然史博物館（ベルリン）に54個体保存されています。私はこれらの標本を調査した際、ホテイエソ、ミヤコヒゲ、ハシキンメなどの深海魚が非常に綺麗な状態で保存されているのに驚かされました（図10）。ラベルには新種とされた学名と一緒にEnoshimaやTokio、1883と記されていました。相模湾は急に深くなるところが多く、地形が変化に富み、陸からすぐに1000mを越す海底にまで落ち込んでいるところもあります。そのために深海魚が浅いところに現れやすいのです。この辺にはソコダラ、ヒウチダイ、チゴダラなどの深海魚を漁獲して名物料理にしているところもあります。大都会の近くで多くの深海魚や深海生物が捕れるところは大変珍しく、魚の研究者としては世界遺産に登録したいところです。

ホテイエソ

ミヤコヒゲ

ハシキンメ

図10　1883年に新種として発表された相模湾から採集された深海魚

一番長い名前をもつ魚

1字の名前の魚はありませんが、2字ではアユ、ブリなどがあります。アジ、ハゼ、タイ、サバなど皆さんがよくご存知の2字魚のほとんどは前にマ（真）が付き3字魚です。それから順次4字から15字までの名前が続き、16字のミツクリエナガチョウチンアンコウで最長となります。語幹のチョウチンアンコウに、動物学者であった箕作（ミツクリ）博士の名前と長い竿（柄長＝エナガ）が合わさってできました。最近、伊豆で捕らえられたヒレナガチョウチンアンコウ類の一種がケナシヒレナガチョウチンアンコウと命名されました。これも16文字ですが、まだ学名がありません。以前、南シナ海の魚類を研究していたときに体が著しく細長く、受け口で、下顎に髭をたくわえ、尾鰭が長い奇妙なカワハギ類の一種に和名を付けなければならなくなりました。遊び心で同僚と考えた末、もっとも長い名前にしようと言うことになり、付けた名前は五、七、五調のウケグチノホソミオナガノオキナハギでした。17字は最長ですが、この魚は日本からまだ捕れていません。後日、友人と私の間のお遊びでオマエソレデモカワハギカと下の句がつきました。

昔、外国では名前は説明調で、落語のジュゲムジュゲム……のようでした。カレイの仲間の呼び名は「ざらざらの鱗をもった菱形の平たい魚」だったそうです。それでは大変不便でしたので、われわれの名前のように姓と名の2語で表示する学名がリンネによって考えられました。それが現在も使われている二名式命名法です。例えばウナギは *Anguilla japonica* です。*Anguilla* は属名と言い、それは姓に相当します。元々の意味はヘビでしたが、ヘビのように長い体のウナギに使われました。*japonica* は種小名といい、名に相当します。「日本の」という意味です。つまり二名式の意味は「日本のウナギ」ということになります。日本にいるもう一種のオオウナギは *Anguilla marmorata* で大理石模様のあるウナギです。同じ姓を名乗ることで両種の血縁が極めて濃いことを示しています。

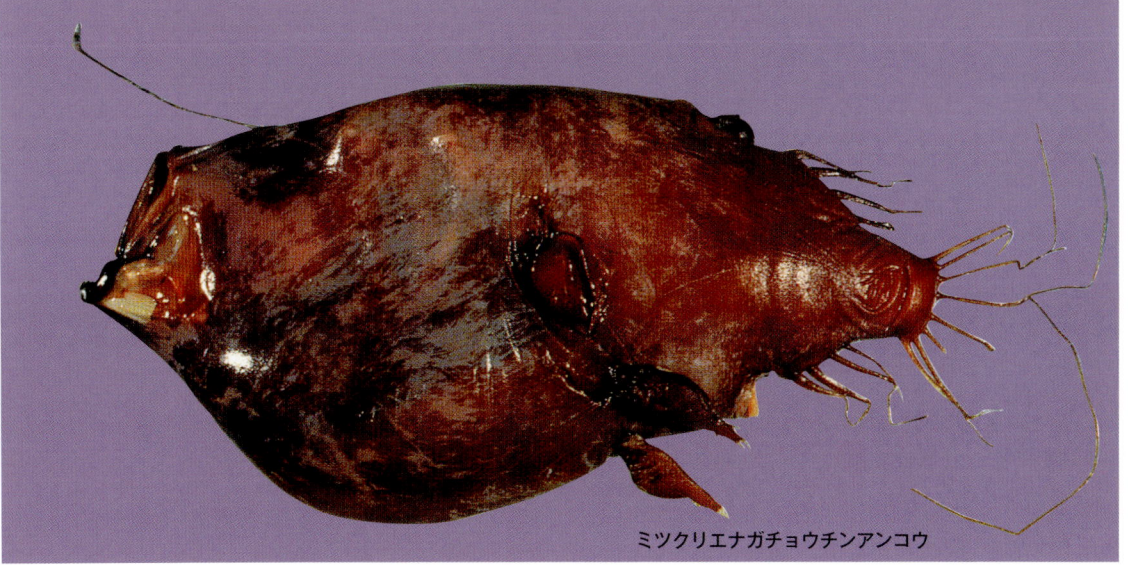

ミツクリエナガチョウチンアンコウ

B. 自力発光型

多くは外部に露出する球状発光器を備え、その内部にある発光細胞内でルシフェリンとルシフェラーゼの化学反応で発光します。発光器は体表からレンズ、発光細胞、反射層、色素層からなり、発光器は外部からよく見えます。レンズと発光細胞の間に色フィルターを備えた種もあります（図11）。また、体表に肉眼では見えないが無数の微小で単純な発光器を備えている種もあり、神経によってコントロールされ青白い光を発します。それら以外にも、体外に露出しない発光腺や発光器が体内にあり、体外、消化管、筋肉中などに発光液を分泌して、光るものもあります。

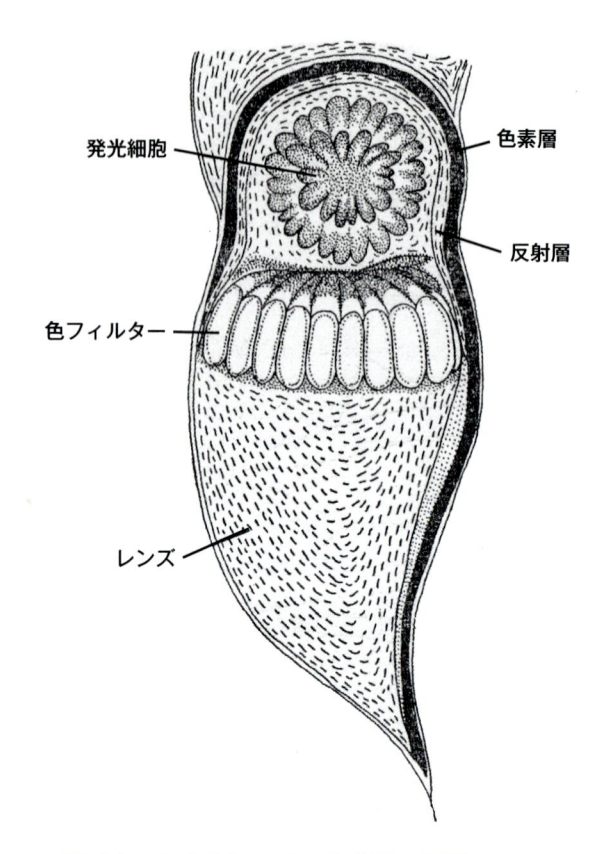

図11　ホウネンエソの発光器の断面
（Haneda 1952 より）

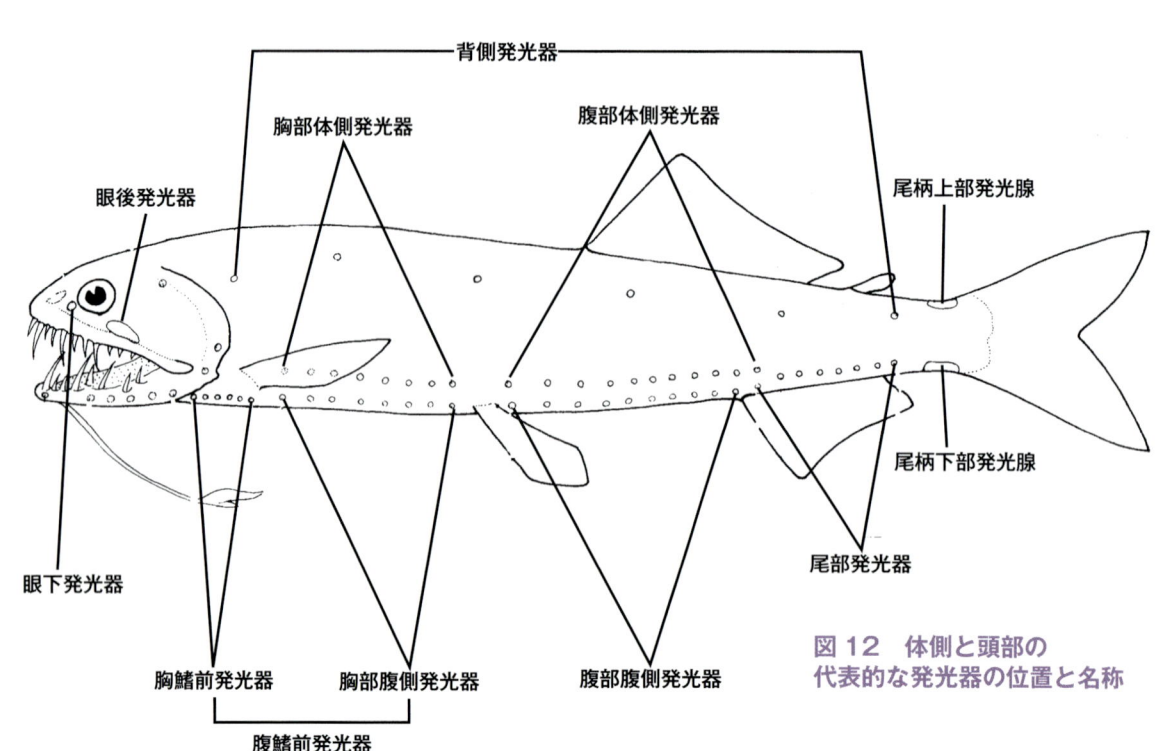

図12　体側と頭部の代表的な発光器の位置と名称

1. 体側の レンズが光る

　ハナメイワシ科、ヨコエソ科、ムネエソ科、ギンハダカ科、ホウライエソ科、ワニトカゲギス科、トカゲハダカ科、ホテイエソ科、ホウキボシエソ科、ミツマタヤリウオ科、ソトオリイワシ科、ハダカイワシ科など深海魚を代表する魚は、体の喉部から尾部の間の側面から腹面に1～数列に発光器が水平に並びます（P.36 図12）。位置、数、大きさ、構造、色彩などは種により多様です（図13）。

　カラスザメ類、カスミザメ類などのサメ類は極めて小さい発光器が体表面にあります。

　上から降り注ぐかすかな光の中では、下から狙っている魚に、体の輪郭が見えてしまうので、腹面から弱い光を出すことで体を消すこと（カムフラージュ）ができます。上からの光の強さに合わせて発光の強さを調節することができるようです。発光器の種的な差異は種の認識に使われています。

ヨコエソ科

ムネエソ科

ギンハダカ科

トカゲハダカ科

ワニトカゲギス科

ホウライエソ科

ホテイエソ科

ミツマタヤリウオ科

ホウキボシエソ科

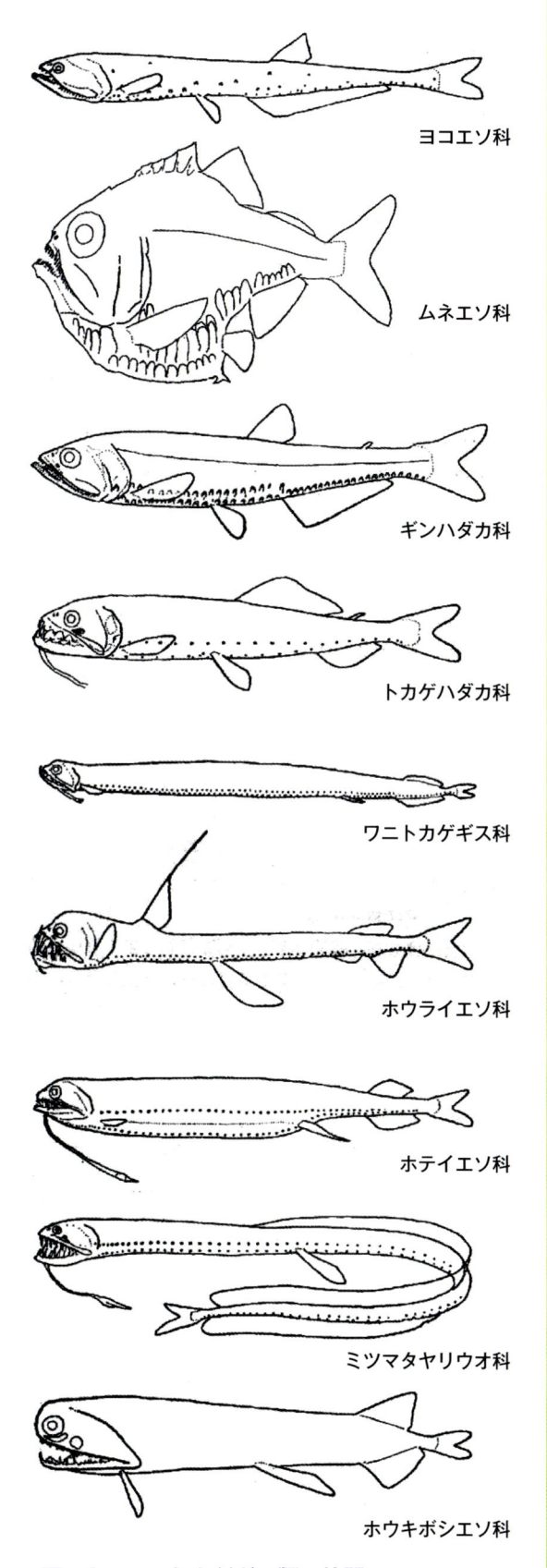

図13　ワニトカゲギス類の仲間
（荒井・上野 1980 より）

フジクジラ ●○○○
Etmopterus lucifer

カラスザメ科

発光器は体の腹面のほかに、尾部、尾鰭の側面では帯状に、体の背中線、体側中央では点状に並ぶ。発光器の部分は黒い。体長 60cm ほどの小型のサメである。体は円筒形で、頭部はやや扁平。上顎歯は 5 尖頭で、下顎歯は 1 尖頭。背鰭は二基あり、それぞれの鰭の前に棘がある。水深 200 〜 900 m に棲む。太平洋側の日本各地；西部太平洋、インド洋、シナ海、南大西洋に分布する。写真個体は全長 33.5cm。

029

030

クロハナメイワシ ●○○○
Sagamichthys schnakenbecki

ハナメイワシ科

体は側扁する。上顎の先端に前方を向く牙状突起がある。胸鰭の上方に袋状の器官がある。項部の鱗は逆向きに生える。側線鱗の中央は筒状に変形する。体の腹面に帯状と小円形の発光器がある。水深 365 〜 850m に棲む。大西洋中部と北部に分布する。日本からは知られていない。写真個体は体長 12.6cm。

031

オオヨコエソ ●●○○
Sigmops elongatum

ヨコエソ科

体は細長く、側扁する。腹部に 2 列の発光器があり、体側発光器は 13 〜 15 個、腹鰭前発光器は 15 個。尾部発光器は 21 〜 23 個。体全体に微小な発光器がある。脂鰭がある。水深 250 〜 1200m に棲む。東北地方以南の太平洋側；太平洋、インド洋、大西洋の熱帯・亜熱帯海域に分布する。写真個体は体長 23.8cm。

トガリムネエソ ●○○○
Argyropelecus aculeatus

ムネエソ科

体は著しく側扁し、腹部は著しく下方へ突出した手斧形である。口はほとんど垂直に開く。眼は多少望遠眼で、上方を向く。背鰭の前によく発達した三角形の骨板が突出する。腹縁に沿って12個の桃色の発光器が並び、その上方および臀鰭の上方に同様の発光器が並ぶ。水深100〜600mに棲む。八戸沖、九州・パラオ海嶺、小笠原諸島海域；太平洋、インド洋、大西洋の熱帯、亜熱帯域に広く分布する。この科には世界から42種ほど知られ、多様の体形をしている（P.41 図14）。写真個体は体長6.9cm。

032

COLUMN 009

魚の名前の中に何人の七福神がいますか？

エビス、ダイコク、ホテイ、ベンテン、ビシャモン、ジュロウジン、フクロクジュ……魚の名前には、これら七福神のうち誰が登場するのでしょうか。エビスザメ、エビスガジ、エビスシイラ、エビスダイ、エビスハダカなど「エビス」は圧倒的に多く、他にもエビスダイの仲間にアヤメエビス、サクラエビス、テリエビス、ヤセエビス、ハリダシエビス、オキエビス、カイエビスなどがいます。形が似ているだけではなくて、鮮やかな赤色系の色合いがタイを連想させ、エビスさんに結びついているようです。また、この魚が捕れると豊漁になるというめでたいシンボルとしての意味もあるようです。したがって、エビスベラ、エビスニシン、エビスフナなど地方名の中にも多く見られます。ホテイではホテイウオ、ホテイエソおよびホテイイトヒキダラがあり、やはり、いずれもお腹がふっくらと大きく膨らんでいることに由来しています。ダイコクではダイコクサギフエとダイコクハダカがいます。後頭部が盛り上がっており、ダイコクがかついでいる袋を連想させます。ベンテンではベンテンウオです。長い大きな背鰭と臀鰭がベンテンの黒いヘアースタイルに似ているからでしょう。ビシャモン、ジュロウジンおよびフクロクジュはありませんでした。これら3神は水がお嫌いのようです。

オオホウネンエソ ●●○○
Argyropelecus gigas

ムネエソ科

体は著しく平たくて、高い。口は小さく上向きに開く。発光器がほとんど連続して体の腹側面に沿って並ぶ。背鰭の前に7個の高い骨板があり、腹鰭の前に2本の棘がある。水深500〜1000mに棲む。南太平洋、インド洋、大西洋に分布する。写真個体は体長8.7cm。

033

リュウグウハダカ ●○○○
Polymetme elongata

ギンハダカ科

体は長く、側扁する。腹部に2列、尾部に1列の明瞭な発光器が並ぶ。体側発光器は17個、腹鰭前発光器は18〜19個、尾部発光器は22〜23個。体は銀白色で、発光器は赤橙色。水深250〜430mに棲む。相模湾以南；インド・西部太平洋の亜熱帯から温帯域に分布する。この科には日本から10種ほど知られている。写真個体は体長15.8cm。

034

ヒガシホウライエソ ●●○○
Chauliodus macouni

ホウライエソ科

体は長く、側扁する。背鰭は体の前半部に位置する。頭は小さい。口は大きく、長くて強い牙状の歯がある。眼の後縁の下方に細長い三角形の発光器がある。体の発光器は小さくて多い。体側発光器は43〜47個、腹鰭前発光器は17〜20個、腹部腹側発光器は24〜28個、尾部発光器は1〜14個。水深75〜2000mに棲む。北海道から駿河湾の太平洋岸、小笠原近海；北太平洋の温帯から亜寒帯海域に分布する。写真個体は体長33.1cm。

035

図 14
ムネエソ科魚類の
様々な体形と発光器

A ナガムネエソ
B ノコバホウネンエソ
C テオノエソ
D ホシホウネンエソ
E トガリムネエソ
F ムネエソモドキ
G ムネエソ

（アルコール漬標本より撮影）

41

ワニトカゲギス ●○○○
Stomias affinis

ワニトカゲギス科

体は細長く、側扁する。背鰭は腹鰭よりはるかに後方で、臀鰭の上に位置する。下顎は上顎より長く、強く湾曲して上を向く。下顎の黒い髭は短く、およそ頭長の半分で、先端に白い球状体をもつ。球状体から 3 本の黒い糸状突起が出る。発光器は小さく、体側発光器は 48〜53 個、腹鰭前発光器は 41〜46 個、腹部腹側発光器 5〜9 個、尾部発光器は 14〜18 個。水深 700m 付近に棲む。東北沖、九州・パラオ海嶺；太平洋、インド洋、大西洋の熱帯から亜熱帯海域に分布する。写真個体は体長 20cm。

036

037

トカゲハダカ ●○○○
Astronesthes lucifer

トカゲハダカ科

体は長く、側扁する。背鰭の始部は腹鰭の後方の上に位置する。鱗はない。下顎は上顎より長い。髭は頭長よりも長い。上顎に 5 本、下顎に 10 本の牙状歯があり、第 2 歯が最大。体側発光器は 39〜41 個、腹鰭前発光器は 28〜30 個、腹部腹側発光器 22〜23 個、尾部発光器は 11〜13 個。水深 300〜815m に棲む。この科には世界から 47 種ほどが知られている。相模湾から沖縄舟状海盆、東シナ海；インドネシア、北西・南西オーストラリアなどに分布する。写真個体は体長 13.3cm。

ホテイエソ ●●○○
Photonectes albipennis

ホテイエソ科

体は細長く、側扁し、柔らかく、鱗がない。背鰭は腹鰭よりもはるかに後方、臀鰭の上方に位置する。眼後発光器は三角形で大きく、頭長の約 1/5〜1/7。髭は頭長より長く、茎部は黒色で白色の端末球状体をもつ。球状体は卵円形で 1 本の黒色糸状物を出す。体表には連続する発光器群があり、その他に微小な発光器がある。水深 350〜1100m に棲む。東北地方太平洋岸以南；西部太平洋温帯から亜熱帯海域に分布する。この科には日本から 35 種ほど知られ、いろいろな髭の形が見られる（P.51 図19）。写真個体は体長 21.4cm。

038

ホウキボシエソ ●○○○
Photosomias guernei

ホウキボシエソ科

口は大きく、眼のはるか後方に達する。下顎の底面の膜はなく、前端と舌部は1本の靱帯だけでつながる（P.66 図30）。両顎歯は大きく、特に下顎の第1と第2歯は極端に大きい。顎に髭がない。体に2列の発光器があり、およそ等間隔に並ぶ。背鰭と臀鰭は体の後部に位置する。腹鰭は体の中央部付近にあり、鰭条は著しく伸長し、臀鰭に達する。水深500〜700mに棲む。東北地方太平洋岸以南、小笠原諸島近海；太平洋、インド洋、大西洋の温帯〜熱帯域に分布する。この科には世界から15種ほど知られている。写真個体は体長11.1cm。

039

ナンヨウミツマタヤリウオ ●○○○
Idiacanthus fasciola

ミツマタヤリウオ科

体は細長く、ウナギ形。体には鱗がない。背鰭の基底は長く、体長の半分以上あり、腹鰭より前方から始まる。臀鰭基底は背鰭の約半分。下顎の髭は頭長の約2倍で、茎部は黒くて細長く、先端に白色の葉状部がある。葉状部の基部に1本の小突起を備える。眼後発光器は非常に小さい。雄は雌よりも小さく、髭をもたない。日本ではミツマタヤリウオ（P.52）より少ない。水深400〜800mに棲む。九州・パラオ海嶺、沖ノ鳥島；太平洋、インド洋、大西洋の熱帯から亜熱帯海域に分布する。写真個体は体長26.2cm、雌。

040

COLUMN 010
奇妙なホウキボシエソ類の親子

ホウキボシエソ類は底が抜けた口をもっている奇妙な深海魚ですが（P.66 図30）、この類の子供も奇妙な姿をしています。弱々しい体に体長の5倍ほどもある腸をぶら下げています（P.88）。これは成魚のように腸を巻いて入れるところがないためだと言われています。長い腸は仔魚がいろいろな餌生物を食べたときに、消化と吸収の効果をよくするために進化したのではないかと言われています。この類の一種、アルティモストミアス ミラビリス（*Ultimostomias milabilis*）の成魚は体長の10倍ほどある長い髭を下顎から伸ばしています（P.51 図18）。長い突出物はいずれも体を大きく見せるためで、護身に役立っているのではないかと考えているのですが、皆さんはどう思いますか？

041 サンゴイワシ ●○○○
Neoscopelus microchir

ソトオリイワシ科

体は少し側扁する。体の腹側面にある発光器は腹鰭の起部までは4列、そこから臀鰭の後部までは2列、そこから尾鰭基底までは1列に並ぶ。それ以外に臀鰭の始部までの腹中線上に1列の発光器がある。発光器は銀白色で、その縁辺は黒い。水深300～500mに棲む。駿河湾以南；太平洋、インド洋、大西洋の暖海域に分布する。写真個体は体長11cm。

042 コヒレハダカ ○●○○
Stenobrachius leucopsarus

ハダカイワシ科

体は側扁し、細長い。体の腹縁に発光器が並び、側線より下方にまばらに散らばる。肛門から3個の発光器が直線状に側線に向かって斜めに上昇する。胸鰭の下方に5個の発光器があり、第4発光器は著しく背方にある。尾柄の上下に7個の長い鱗状発光体がある。水深1250～1310mに生息し、夜間に浮上する。北海道、東北地方沖；北太平洋、ベーリング海に分布する。写真個体は体長7.2cm。

COLUMN 011
ハダカの意味は

深海魚の仲間にはハダカという名称をもつ魚類が非常に多くいます。ハダカイワシ科ではオオメハダカ、ダルマハダカ、トンガリハダカなど85種あるほとんどすべての魚にこの名が与えられています。ハダカエソ科ではハダカエソとハダカを合わせるとヤセハダカエソ、シロナメハダカなど16種。その他にもヨコエソ科のユメハダカ、ネッタイユメハダカ、ユキオニハダカなど8種、ギンハダカ科ではリュウグウハダカ、トカゲハダカ科ではオオトカゲハダカ、ヤモリハダカなど5種、ミズウオ科ではキバハダカです。多くの深海魚は体表面に色素の分布が少ないためにハダカと付けられましたが、それ以外に深海魚は体が柔らかく弱いために、網で獲られたときに鱗や皮膚が剥がれてしまうことが多いという理由もあります。以前、外国の魚類調査で、リュウグウハダカの仲間に和名を与えなければならなくなり、竜宮城にちなんでオトヒメハダカと命名したところ不評だったので、別の名前（ヤリトカゲハダカ／P.52）に変えたことを思い出します。女性のハダカを連想させるようで、よくなかったらしいです。

2. 口の中が光る

　ムネエソ科の魚は口の中の口蓋部のかなり広い部分に多数の小さい発光器をもっています（図15）。この発光器は体外にある他の発光器と違って、個々の発光器を取り巻く色素や反射板もありません。しかし、その内側に幅広い反射帯を共有しています。他の発光器の発光とは関係なく、自然に30分以上安定して光ることができます。この光は餌生物を引き寄せる働きをしていると考えられています。

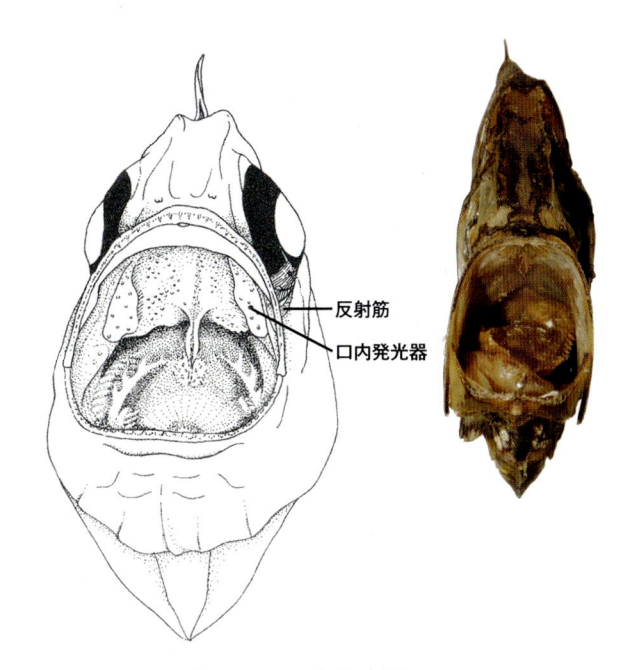

図15　ムネエソの口内発光器（Herring 1977 より）

043

ムネエソ ●○○○
Sternoptyx diaphana

ムネエソ科

体は著しく側扁する。口は上向きに付く。背鰭の前に骨板がある。臀鰭の基底部の上方に三角形の透明な骨板がある。腹縁に10個の発光器が並ぶ。臀鰭に3個の発光器がある。頭部に小さい発光器がある。水深500m以深に棲む。北海道の太平洋岸以南、小笠原近海；太平洋、インド洋、大西洋の熱帯から亜熱帯域に分布する。写真個体は体長3.6cm。

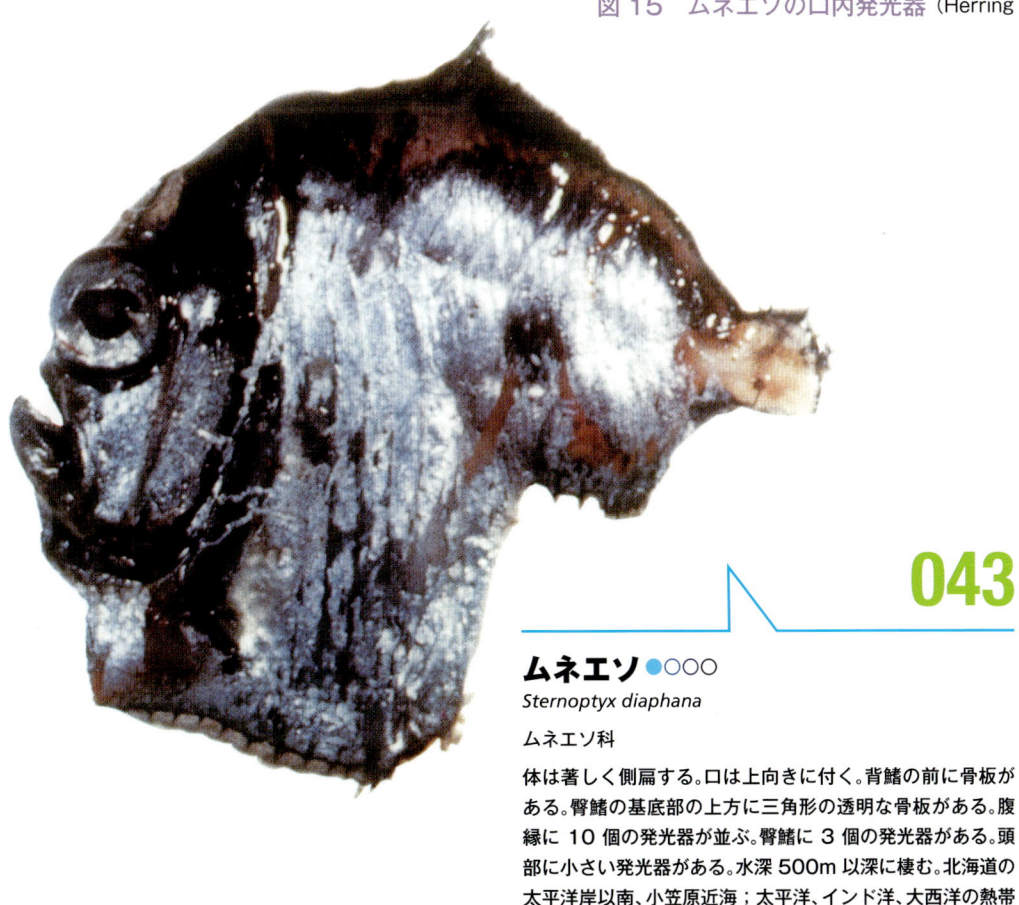

3. 大きなヘッドライト

　ワニトカゲギス類の仲間は、体の腹側面以外に眼の前、後ろ、下に大きな赤色や白色の発光器を備えています。オオクチホシエソ類は眼の下にある大きな三角形の眼後発光器から赤色の光を放ちます。赤色光は周囲に溶け込んで眼に見えない青や緑色の餌となる魚を探し出し、捕らえることができる暗視野スコープの働きをしています。この魚の網膜は赤色に対する感度が優れています。白色の光はヘッドライトとして用いて餌生物を探します。これらの発光器には筋肉が付着し、収縮させると色素層で光の発射面を塞ぐことができるようになっています。また、神経によって光をフラッシュさせるようです。ムラサキホシエソの眼後発光器は前部ではピンク色、後部では白色で、別々の色の光を発射することができます（P.114　コラム19参照）。

シロヒゲホシエソ ●○○○
Melanostomias melanops

ホテイエソ科

眼の後ろに白い大きな三角形状の発光器がある（P.74　図33G）。体の腹側面の腹鰭の前に1列、そこから臀鰭の始部までに2列、それより後ろに1列の小さい発光器が並ぶ。体は長く、少し扁平である。下顎に長い白い髭があり、その長さは体長の30～40%になる（P.54　図20E・F）。背鰭と臀鰭は体の後端部近くにある。水深300～500m付近に棲む。九州・パラオ海嶺；太平洋、インド洋、大西洋に分布する。写真個体は体長28cm。

044

ホテイエソ ●●○○
Photonectes albipennis

ホテイエソ科
詳しくはP.42参照

045

046

ホウキボシエソ ●○○○
Photostomias guernei

ホウキボシエソ科
詳しくはP.43参照

047

クロホシエソ ●●○○
Trigonolampa miriceps

ホテイエソ科

体は側扁する。眼の直後に1個の大きな発光器があり、その後ろに頭の後部に達する筋状の発光組織がある。口は大きく、下顎の髭は頭長より短い。体の腹側面に小さい発光器列がある。背鰭と臀鰭はほとんど対称で、体の後部に位置する。水深1226m以浅に棲む。日本からは知られていない。大西洋に分布する。写真個体は体長18.7cm。

ヒレナガホテイエソ ●○○○
Photonectes gracilis

ホテイエソ科

大きな細長い眼後発光器があり、およそ眼径に等しい。体は極めて細長い。下顎は上顎より飛び出し、上方へ湾曲する。多くの発光器が体の腹側面に並ぶ。胸鰭はない。背鰭と臀鰭の基底は長い。水深850m近くに棲む。西部北大西洋の暖海域に分布する。写真個体は体長15.0cm。

048

ナミダホシエソ ●○○○
Melanostomias pollicifer

ホテイエソ科

眼の後方に卵円形の大きな白い眼後発光器があり、これが涙に見えるため「ナミダ」とつけられた。下顎の髭は頭長より短くて黒い。先端に白色の発光する球状体があり、その先端から細く尖った糸状物が出る。背鰭と臀鰭は体の後部にある。水深350～800mの中深層に棲む。九州・パラオ海嶺；西部太平洋、インド洋の熱帯・亜熱帯海域に分布する。写真個体は体長23.3cm。

049

カリブカンテントカゲギス ●○○○
Melanostomias macrophotus

ホテイエソ科

大きな眼後発光器があり、およそ眼径に等しい。髭の長さは頭長のおよそ2倍。髭の先端近くに球状体の発光器があり、先端部は膜状で多くの小さい発光器がある。体の腹側面に多数の小さい発光器が並ぶ。水深530～945mの中深層に棲む。大西洋のカリブ海からスリナムに分布する。写真個体は体長20.4cm。

050

オオクチホシエソ ●●●○
Malacosteus niger

ホウキボシエソ科

眼の下と後方に発光器があり、眼下の発光器は大きい。体は細長く、やや側扁する。口は著しく大きく、頭とほとんど同じ長さ。下顎には大きな牙状の歯がある。背鰭と臀鰭は体の後端部近くに対在する。水深900～3900mの中・漸深層～深海層に棲む。日本では沖縄舟状海盆；世界の大洋の寒帯から熱帯まで広く分布する。写真個体は体長20cm。

051

4. 鰭の先端が光る

　ホウライエソ類は背鰭第2軟条が著しく長く伸びて、自由に動かすことができるようになっています。この竿の先端に発光器があり、ルアーとして働きます。竿を前方に向けてルアーを口の前で動かし、餌生物を集めます（図16）。ミツイホシエソは胸鰭の第1軟条は他の鰭条と膜でつながらないで、自由に動かすことができます。この軟条の先端近くに白色の長楕円形の発光器があり、これらを点滅させて同種の確認をしたり、下からの捕食者から体を隠す働きをするようです。（図17A）北大西洋産のキロストミアス プリオプテラス（*Chirostomias pliopterus*）では胸鰭に鰭膜がなく、その内の数本に長くて膨らんだ発光器があります（図17B）。

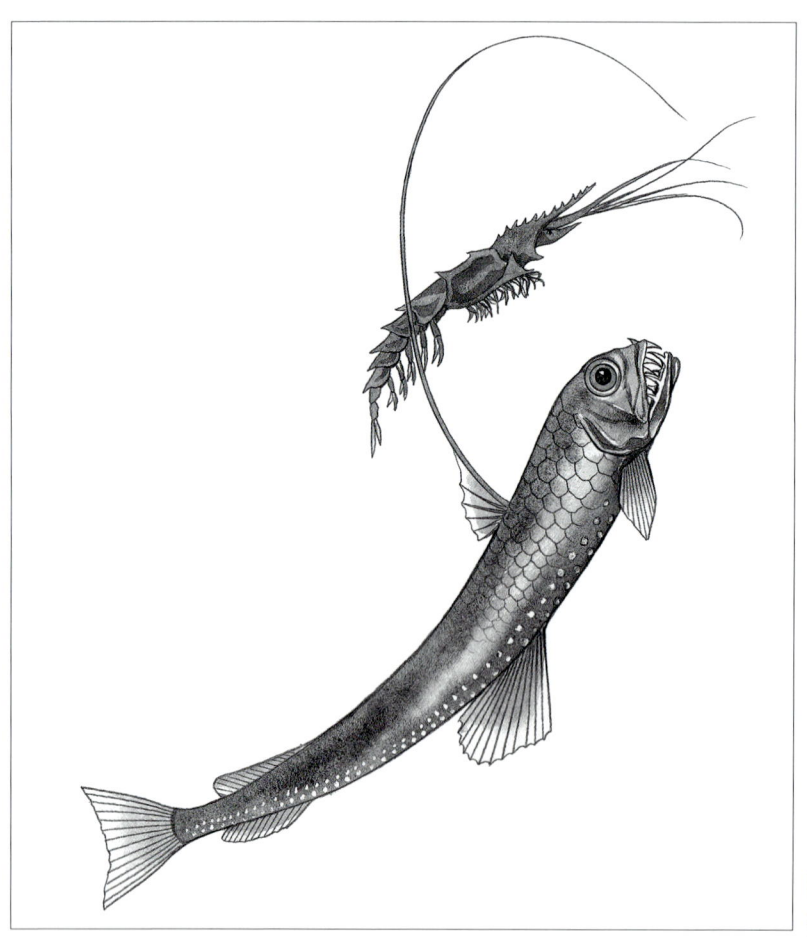

図16
ホウライエソの補食図
（Marshall 1965 より略写）

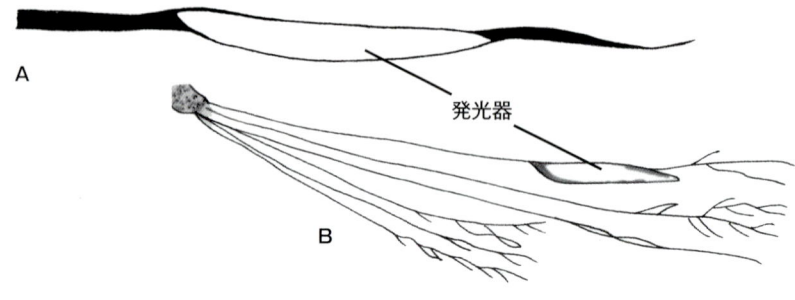

図17 胸鰭にある発光器
A ミツイホシエソ
B キロストミアス プリオプテラス
（Morrow & Gibbs 1964 より略写）

ホウライエソ●●○○
Chauliodus sloani

ホウライエソ科
詳しくはP.75参照

052

ミツイホシエソ●●○○
Opostomias mitsuii

ホテイエソ科

体に鱗がない。下顎の髭は頭より少し長い。下顎の第1歯は長く、上顎の穴に入る。背鰭と臀鰭は尾鰭の前にある。胸鰭は小さく、上部の1軟条が他から離れて伸び、先端に発光器がある（P.48 図17A）。水深250〜1200mの中・漸深層に棲む。東北地方以南の太平洋；北太平洋に分布する。写真個体は体長30.8cm。

053

キロストミアス プリオプテラス●●○○
Chirostomias pliopterus

ホテイエソ科

体は細長く、側扁する。尾柄は極めて短い。下顎の髭は太く短く、頭長のおよそ60〜75%で、先端部で3葉に分かれ、糸状突起を備える。眼後発光器は雄には眼の後方にあるが、雌にはない。上顎歯は2列。胸鰭には鰭膜がなく、数本の鰭条の上に長く膨らんだ発光器がある（P.48 図17B）。体は黒いが、前部では玉虫色に輝く。水深75〜1300mの中・漸深層に棲む。北大西洋に分布する。（Regan & Trewavas 1930より）

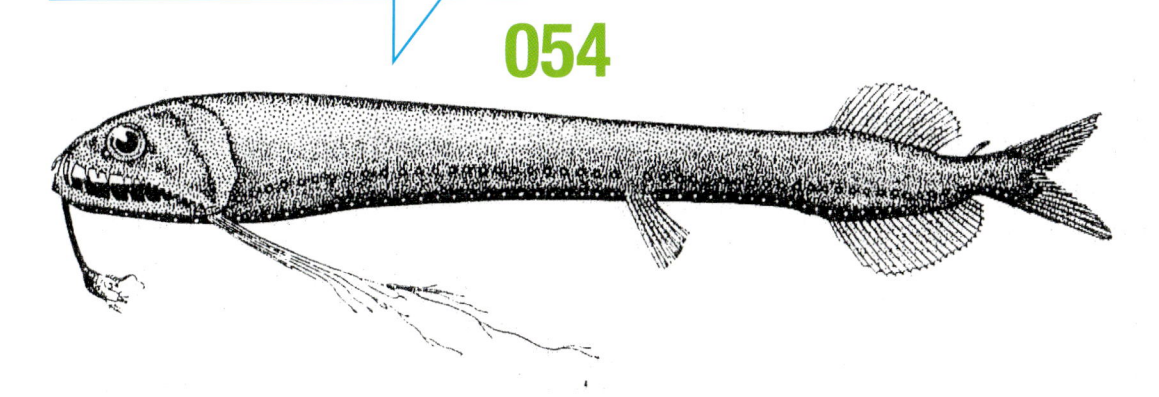

054

5. 髭が光る

　下顎の先端から伸びた髭は細長い紐状のもの、単純に二叉したものから無数に分枝し樹状になったもの、かぶら矢やひょうたんのような小球状体をもつものなど様々な形があります(図19)。ホウキボシエソ科のアルティモストミアス ミラビリス（*Ultimostomias milabilis*）では体長の10倍ほどの長い髭をぶら下げています(図18)。口髭は発光体を備え、ルアーとして餌生物を誘き寄せたり、発光して敵から逃れたり、カムフラージュの補助光として働きます。髭の多様な形態から生じる光の特徴で、種や雌雄の確認をしていると言われています。同種であっても雌雄、成長段階によって髭の形は変化します。髭の形は種の査定に重要な特徴となります。

　オニアンコウでは無数に分枝した樹状の枝の末端に微小な発光器をもち、そこから規則的に鮮青色の光を出します。光は神経ではなくて血液の供給でコントロールされています。顎髭は感覚器の働きもしています（P.114 V.感覚／8.長い鰭と長い髭に感覚器参照）。

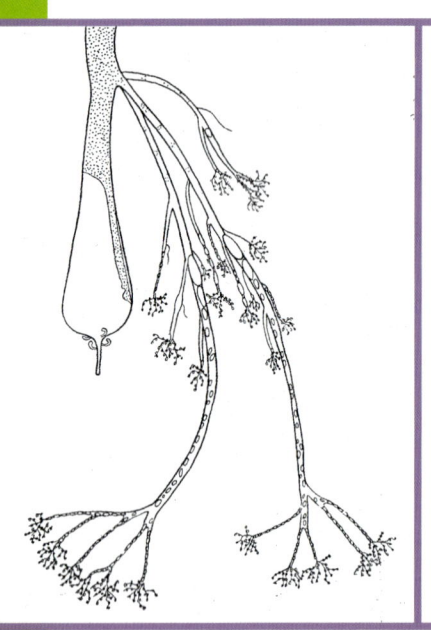

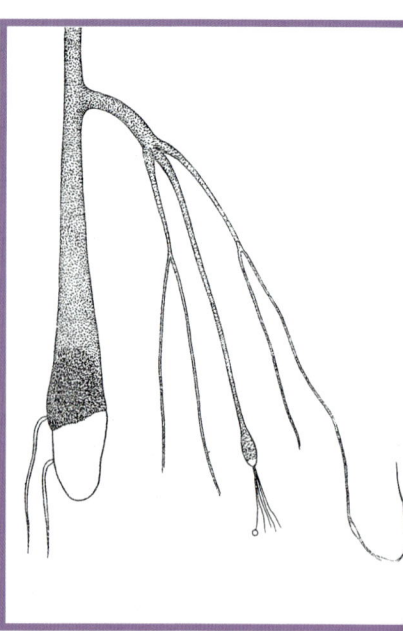

A イトヒキホシエソ　　　B イトメホシエソ　　　C マユダマホシエソ

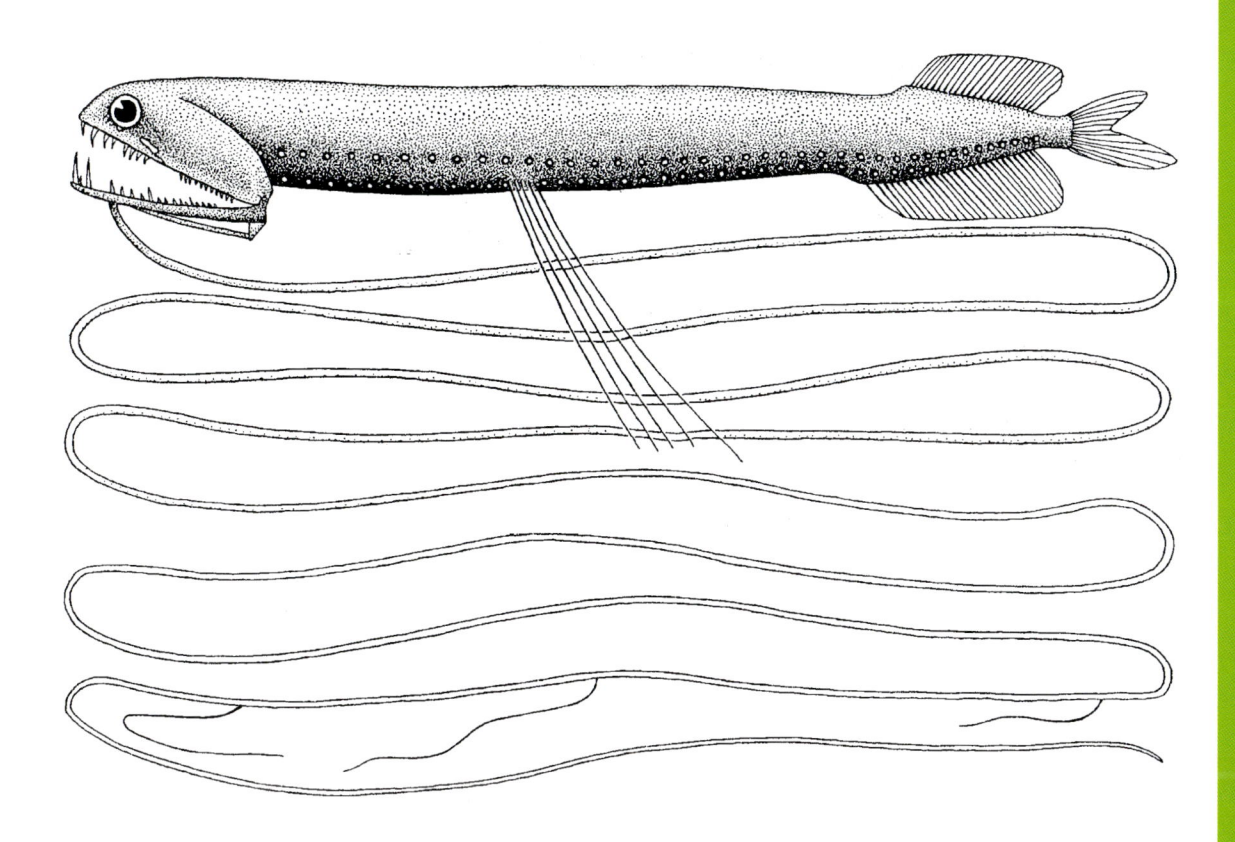

図18 体長の10倍もあるアルティモストミアス ミラビリス（*Ultimostomias milabilis*）の長い髭
（Beebe 1933 より）

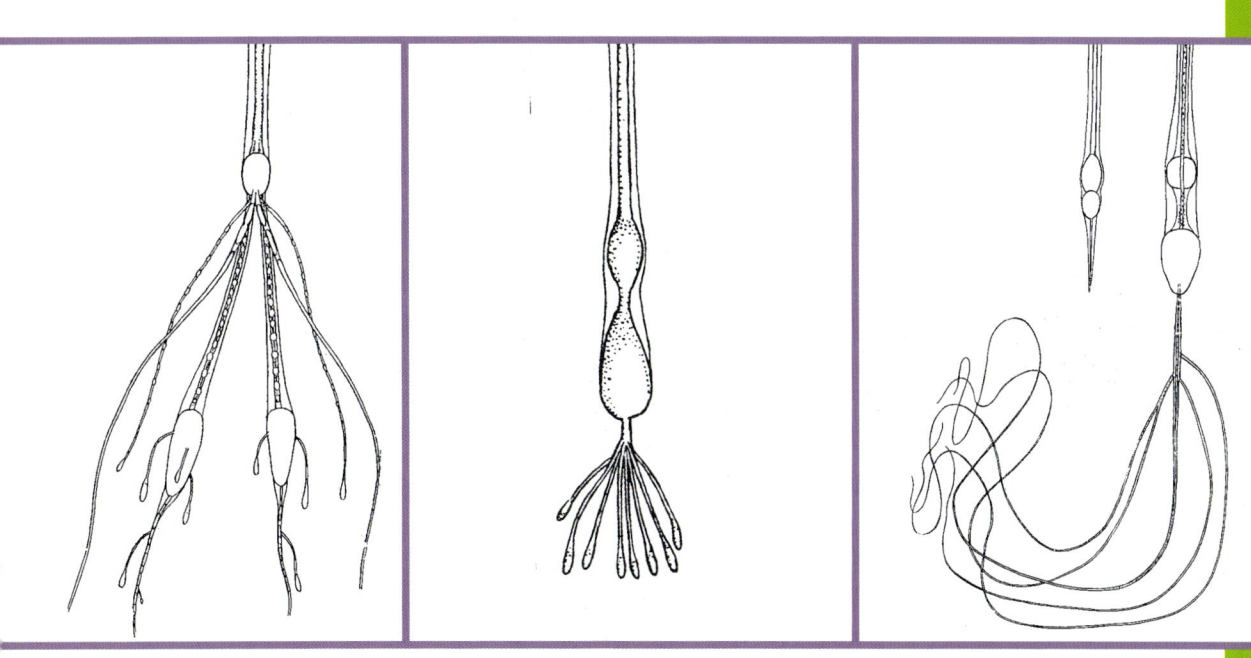

D カザリホシエソ　　　E ユウストミアス オブスクラス　　　F ユウストミアス バイバルボサス
　　　　　　　　　　　　　（*E. obscurus*）　　　　　　　　　（*E. bibulbosus*）

図19 ホテイエソ類の多様に分枝した髭のアート
（A Beebe 1933, BE Regan & Trewavas 1930, CDF Parin and Pokhilskaya 1974 より）

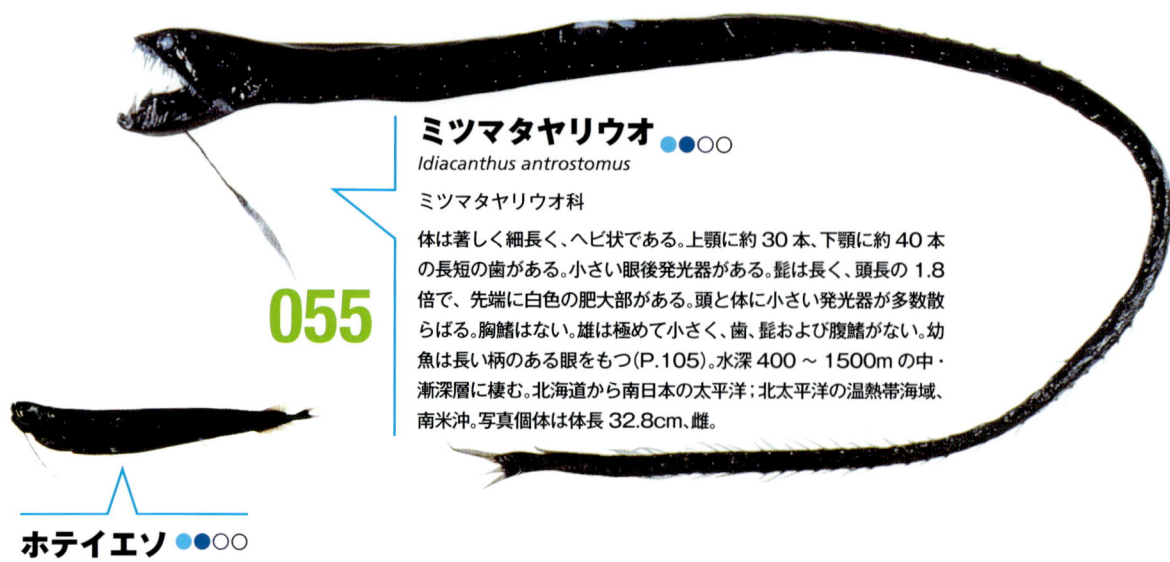

ミツマタヤリウオ ●●○○
Idiacanthus antrostomus

ミツマタヤリウオ科

055

体は著しく細長く、ヘビ状である。上顎に約 30 本、下顎に約 40 本の長短の歯がある。小さい眼後発光器がある。髭は長く、頭長の 1.8 倍で、先端に白色の肥大部がある。頭と体に小さい発光器が多数散らばる。胸鰭はない。雄は極めて小さく、歯、髭および腹鰭がない。幼魚は長い柄のある眼をもつ（P.105）。水深 400〜1500m の中・漸深層に棲む。北海道から南日本の太平洋；北太平洋の温熱帯海域、南米沖。写真個体は体長 32.8cm、雌。

ホテイエソ ●●○○
Photonectes albipennis

ホテイエソ科
詳しくは P.42 参照

056

シロヒゲホシエソ ●○○○
Melanostomias melanops

ホテイエソ科
詳しくは P.46 参照

058

カリブカンテントカゲギス ●○○○
Melanostomias macrophotus

ホテイエソ科
詳しくは P.47 参照

057

ダイニチホシエソ ●○○○
Eustomias orientalis

ホテイエソ科

059

体は細長く、側扁する。下顎の髭は長く、体長のおよそ 50%。先端部に狭い間隔で離れる 2 個の球状体がある。髭の軸は着色し、先端に向かって薄くなる。軸上に丸い小さい筋状斑が並ぶ（P.54 図20A・B）。上顎に 5 本の大きな歯と 14 本の短い歯が、下顎には 15、16 本の歯がある。水深 100〜700m の中深層に棲む。東北地方太平洋、駿河湾、九州・パラオ海嶺、小笠原諸島；西部太平洋の温・熱帯水域に分布する。写真個体は体長 18cm。（藍沢正宏氏提供）

ヤリトカゲハダカ ●○○○
Astronesthes trifibulatus

トカゲハダカ科

060

背鰭は腹鰭の上から始まり、臀鰭より前方にある。下顎に髭があり、先端部に白色の発光器がある。発光器には先端に 1 本の糸状物があり、側面に 1 対の短い糸状物がある。多くの体側発光器が密に並び、尾部発光器が一列に並ぶ。水深 735 m 前後に棲む。沖ノ鳥島、北西太平洋；インド・太平洋の熱帯・亜熱帯水域に分布する。写真個体は体長 13.7cm。

061 キョクヨウフタツボシエソ ○●○○
Borostomias antarcticus

トカゲハダカ科

口は大きく、眼の後縁を越えて後方へ開く。上顎には多くの牙状の歯がある。下顎の髭には先端に黒い球状の発光器があり、1～2本の皮弁がある。眼のすぐ後ろに大きな発光器がある。体側と腹側の発光器は著しく小さい。水深 1226m 以浅に棲む。日本からは知られていない。北緯 40°以北と南緯 32°以南に分布する。写真個体は体長 30.5cm。

062 ヤリホシエソ属の一種 ●○○○
Leptostomias sp.

ホテイエソ科

体は細長く伸びる。下顎の先端の髭は著しく長く、臀鰭の基部近くに達し、その先端に多数の小糸状物を付けた白い発光器がある。水深 550～600m に棲む。日本からは知られていない。スリナム沖に分布する。写真個体は体長 37.1cm。

063 ホソヒゲホシエソ ●●○○
Eustomias bifilis

ホテイエソ科

詳しくは P.116 参照

064 イヌホシエソ ●○○○
Eustomias sp.

ホテイエソ科

体は細長く側扁する。下顎の髭は長く伸び、体長の 50% 以上。髭の先端は糸状に伸びないで、球状体で終わる。球状体の基部に 1 対の糸状突起がある（P.54 図20C・D）。水深 100～400m の中深層に棲む。東北地方太平洋、小笠原諸島の黒潮海域に分布する。この種は和名があるが、正式に記載されていないのでまだ学名がない。写真個体は体長 30cm。（藍沢正宏氏提供）

065 ニシオニアンコウ ●●○○
Linophryne algibarbata

オニアンコウ科

体は短くて高い。誘引突起（竿）は短く、体長の 26% ほどしかない。ルアーは球形で、糸状物などの付属物が付かない。口は水平に開く。下顎の髭は 4 本の幹からなり、その長さは体長よりも長い。それぞれの幹は無数に分枝し、無数の小さい発光器をもつ。両顎にそれぞれ 30 本ほどの歯が並ぶ。体は黒く、髭は白い。雄は雌に寄生する。水深 1000m ぐらいに生息する。オニアンコウは日本にもいるが、ニシオニアンコウは北大西洋に分布する。写真個体は体長 13.5cm、雌。

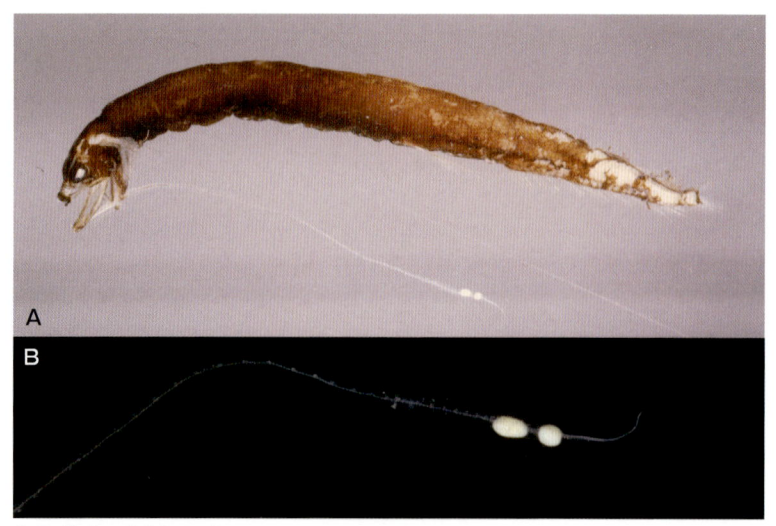

A B ダイニチホシエソ

C D イヌホシエソ

E F シロヒゲホシエソ

図20　ホテイエソ類3種の光っている髭
（藍澤正宏氏提供）

6. しっぽの先が光る

　フクロウナギとフウセンウナギは尾端がへら状あるいは槍状に側扁し、その部分は完全に、あるいは部分的に色素がありません。この部分を尾器官（びきかん）と呼んでいます。この器官の横断面を観察したところ、背縁と腹縁に沿って内側を光細胞のある大きな発光管が走ります。この器官は筋肉が著しく弱いが、極めて太い神経と血管が付随して通っています。また、生きている標本の観察によると、この器官が鮮赤色であることから、発光組織であることがわかりました。そこにはバクテリアによる発光器に見られる管状腺が見あたらないことから、これは自力発光型の発光器です（図21）。この発光器の働きは不明ですが、餌生物を誘き寄せるのに使われているのかもしれません。この魚の特殊な摂餌方法（P.82 Ⅳ.摂餌／5.大きな胃袋参照）と関連しているかもしれません。

066
フクロウナギ ●●●●
Eurypharynx pelecanoides
フクロウナギ科
詳しくはP.79参照

067
フウセンウナギ ○●●○
Saccopharynx ampullaceus
フウセンウナギ科
詳しくはP.82参照

図21 フウセンウナギの尾端の発光器（A）とその部分の横断切片（B）
（Nielsen & Bertelsen 1985より）

背側発光管
背静脈
背髄
背索
腹静脈
腹側発光管
0.1 mm

7. 雌雄で違った光を出す

　発光器の大小、有無、配列状態に明瞭な雌雄差が存在する種がいます。これらの魚では発光が雌雄の判別に使われていることは明らかです。

　ミツマタヤリウオ類の眼後部の発光器は、雄では大きく、雌では小さいか、あるいはこれを欠いています。小さい体の雄は大きな頭部発光器で雌を誘い、求愛するのに使うと考えられています（図22）。

　多くのハダカイワシ類では発光器や発光腺に雌雄差があります。ハダカイワシ類のイバラハダカは雄には尾部背側に6個の鱗状の発光腺をもっていますが、雌にはありません。しかし雌は尾部腹側に3個の輪状の発光腺をもっています（図23）。イタハダカ属の一種ディオゲニクチスラテルナータス（*Diogenichtys laternatus*）の雄は尾部の背側に著しく大きな発光腺をもっています。ハダカイワシ属の一種ディアファス ディアデマータス（*Diaphus diadematus*）では雄の眼の下部にある発光器は雌に比べて著しく大きいです（P.57 図24）。

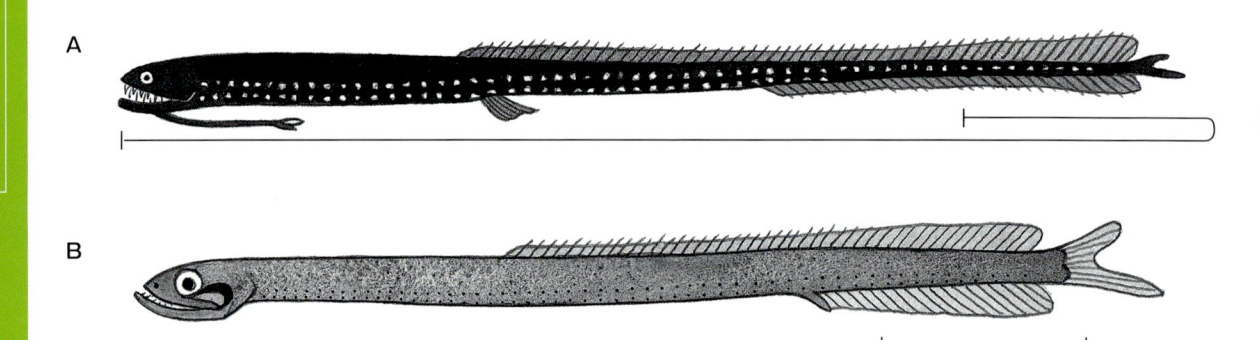

図22　ミツマタヤリウオの雌雄の体長と発光器の比較
A 雌（体長26.7cm）、B 雄（体長3.8cm）の大きな眼後発光器　(Beebe 1934より略写)

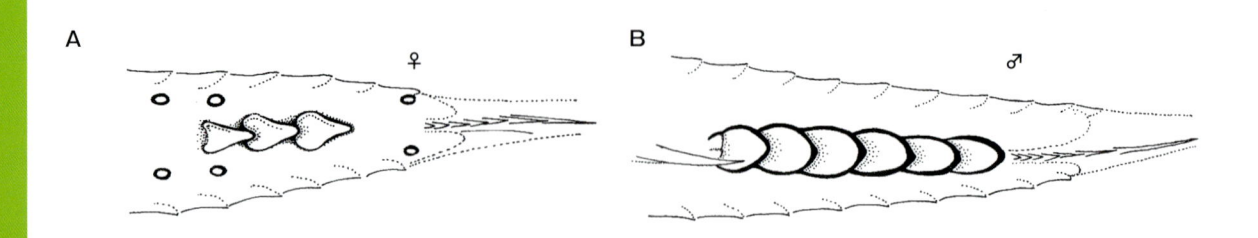

図23　イバラハダカの雌雄で異なる尾柄部の発光腺　A 雌の腹面、B 雄の背面
(Nafpaktitis & Nafpaktitis 1969より)

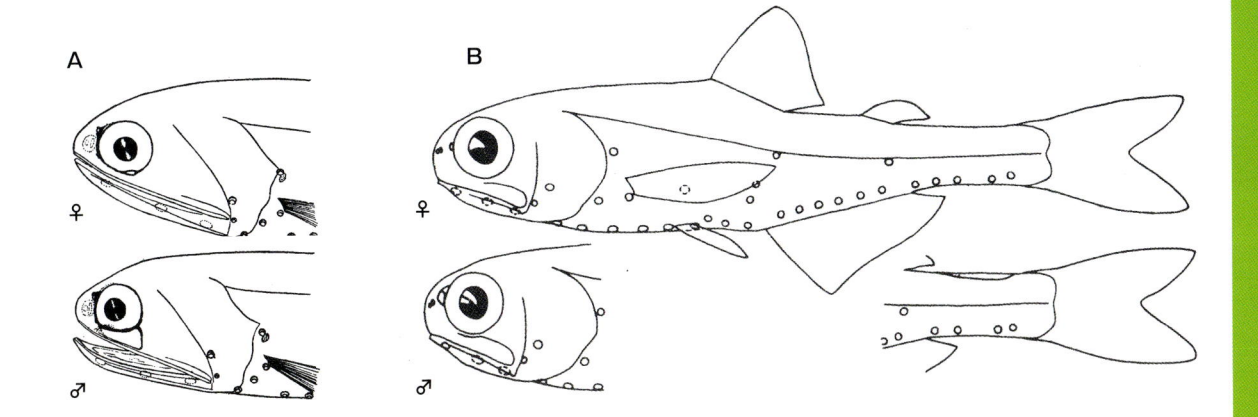

図24 雌雄で異なる発光器
A ディアファス ディアデマータスの眼の下の発光器（Tåning 1932 より）
B ディオゲニクチス ラテルナータスの尾部背側の発光器（Wisner 1976 より）

ミツマタヤリウオ ●●○○
Idiacanthus antrostomus

ミツマタヤリウオ科

詳しくは P.52 参照

068

069

イバラハダカ ●○○○
Myctophum spinosum

ハダカイワシ科

体は前部で高く、尾柄部で著しく細い。吻は丸くて、極めて短い。眼は大きく、頭長のおよそ 1/4。鰓蓋の後背部は鋸歯状。体の腹側面に多数の発光器が並ぶ。尾部の背側と腹側に雌雄で異なる発光腺をもつ。これらの発光腺は体長 3.5cm で出現する。夜には表層近くまで来る。表層から水深 850m に棲む。東北地方沖以南；太平洋、インド洋、大西洋の熱帯・亜熱帯海域に分布する。写真個体は体長 10cm。

070

ナミダハダカ ●○○○
Diaphus knappi

ハダカイワシ科

体は細長く、側扁する。眼は大きく、頭長の1/4以上ある。吻は丸い。眼の前縁下部に大きな卵形の鼻部腹側発光器がある。眼の前縁上部の鼻部背側発光器は極めて小さい。下顎の内列歯は大きくて鋭い。背鰭前縁は腹鰭より前に、臀鰭前縁は背鰭後縁より後にある。水深322～620mに棲む。土佐湾、九州・パラオ海嶺；北西太平洋、南太平洋、西インド洋に分布する。写真個体は体長15.6cm。

COLUMN 012

深海魚の科名に見られる魚の特徴

ニギス類、ヨコエソ類、ワニトカゲギス類、ハダカイワシ類など代表的な深海魚の英名はそれぞれの特徴をよく表していて面白いです。特徴ごとに分けてみますと、歯に注目したものではヨコエソ科は「剛毛の生えた口（bristlemouths）」、トカゲハダカ科は「出っ歯（snaggletooths）」、ヤリエソ科は「サーベル状の歯の魚（saber tooth fishes）」があります。体つきの特徴を示したものではワニトカゲギス科は「鱗のあるドラゴン魚（scaly dragonfishes）」、ホテイエソ科は「鱗のない黒いドラゴン魚（scaleless black dragonfishes）」、ミツマタヤリウオ科は「黒いドラゴン魚（black dragonfishes）」、ミズウオ科は「槍魚（lancetfishes）」、ムネエソ科は「手斧魚（hatchetfishes）」、ハダカエソ科は「バラクダー状魚（baracudias）」などがあり、西洋人はドラゴンがお好きなようです。発光器では、ギンハダカ科は「灯台魚（lighthouse fishes）」、ハダカイワシ科は「ランタン魚（lantern fishes）」が挙げられます。その他にデメニギス科の「樽状の眼（barreleyes）」は樽のような形で飛び出した眼の特徴を表し、デメエソ科の「真珠の眼（pearleyes）」は眼の表面にある白い点の特徴を表しています。発光器と眼はやはり深海魚につきまとう名前です。

風変わりな名前では口の底に膜が張っていない底抜けの下顎の特徴からきたホウキボシエソ科の「締まりのない顎の魚（loose jaws）」、胸鰭を蜘蛛の脚のように広げてプランクトンを感知する特徴からきたチョウチンハダカ科の「蜘蛛魚（spider fishes）」、鱗のないすべすべした真っ黒い頭の特徴からきたセキトリイワシ科の「滑らかな頭（slickheads）」などがあります。和名と比較すると同じ発想の名前も見られますが、日本と外国の注目するところの違いがわかって面白いです。

II. 発音

ニベ類、ホウボウ類、カサゴ類、タラ類など浅海に棲む魚には、発音するものが数多く知られています。ホウボウ類は2種の音を出し、それぞれ求愛と警告に使われています。深海魚の中ではソコダラ類やアシロ類が発音するのではないかと考えられています。それは、ニベ類やホウボウ類と同様に、ドラミング筋と呼ばれる発音に関係した筋肉が鰾(うきぶくろ)に付いているからです。大陸棚斜面に棲むソコダラ類では鰾の前部と体側筋の間に、卵を産むアシロ類では鰾の前端に付着する肋骨と頭蓋骨の間にこの筋肉が発達しています。前の肋骨は筋肉を付着させるため変形しています。筋肉を収縮させることによって鰾の壁に振動を起こして音を出します。また、音を聞くための補助としてソコダラ類では鰾の前端が頭蓋骨の耳石(じせき)が入っているところに直接、アシロ類ではドラミング筋を介して付着しています（図25）。また、これらの魚は聴覚と深い関係がある大きい耳石をもっていると言われています。子供を産むフサイタチウオ類や一部のソコダラ類では雌雄が、卵を産むアシロ類や別のソコダラ類では雄だけがこの筋肉をもっています。発音は求愛行動や位置を確かめることと関係しているようです。深い層に棲むソコダラ類のバケダラ、卵を産むアシロ類のハナトゲアシロなどではこのような筋肉は発達していません。高水圧のために鰾の柔軟性が無くなり、共鳴効果を失っていると考えられています。何か別の手段で求愛しているのかもしれません。

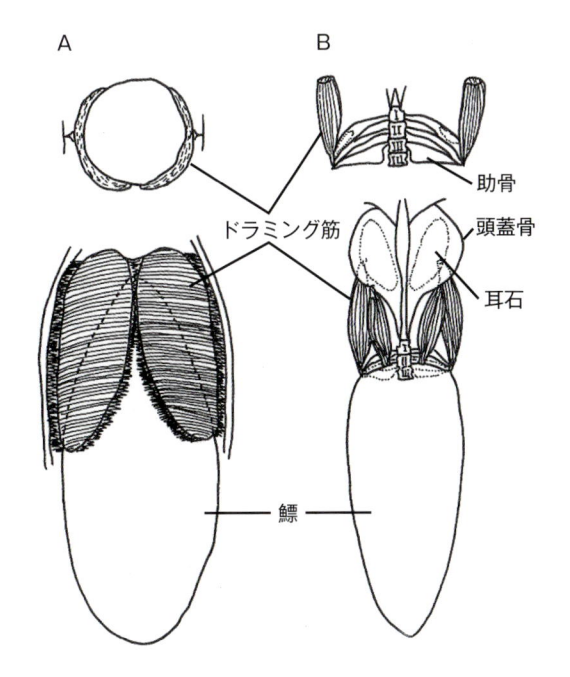

図25　鰾に付いているドラミング筋で発音
A ソコダラ類、スジダラ属の一種 *Hymenocephalus cavernosus*
B アシロ類、クマイタチウオ属の一種 *Monomitopus metriostoma*
上 断面、下 腹面
（Marshall 1967 より略写）

1. 雄がラブコール

大陸棚斜面に棲む多くのソコダラ類および卵を産むアシロ類のクマイタチウオ属やシオイタチウオ属の種の雄は、発音のための大きな筋肉をもっています（P.59 図25）。このことから、繁殖期に雌を呼ぶために使われていると考えられています。

ニホンマンジュウダラ●○○○
Malacocephalus nipponensis

ソコダラ科

頭と腹部はやや大きく膨らみ、尾部は紐状。吻は突出する。口は頭の下面にあり、眼の後縁下まで開く。頭部の隆起縁は弱い。肛門の前に2個の発光窓があり、前部のものは大きな三日月形で、後部のものは小さい円形（P.29 図8C）。水深350～550mに棲む。南日本の太平洋岸、九州・パラオ海嶺、東シナ海に分布する。写真個体は体長47.2cm。

071

クマイタチウオ●○○○
Monomitopus kumae

アシロ科

072

体は細長く、後方に向かって細くなる。吻は口より前方にわずかに突き出す。眼は小さい。口は大きく眼の後縁を越える。上顎は下顎よりわずかに突き出る。腹鰭は糸状の1軟条。水深600～990mに棲む。相模湾以南、沖縄舟状海盆、九州・パラオ海嶺に分布する。写真個体は体長48.5cm。

スジダラ●○○○
Hymenocephalus striatissimus

073 ソコダラ科
詳しくはP.32参照

2. 雌雄で愛をささやく

　ソコダラ類の別の一群、一部のタラ類および子供を産むフサイタチウオ類は雌雄ともに発音するための筋肉が発達していることから、発音していると考えられています。卵を産むアシロ類と違い、交尾をするためには両性の愛のささやきが必要なのかもしれません。

サラサイタチウオ属の一種 ●○○○
Saccogaster sp.

フサイタチウオ科

体は側扁し、細長い。頭の背縁は眼の上方で深くくぼみ、吻端は丸く盛り上がる。頭の背面に多数の皮弁がある。眼は著しく小さい。口は大きく、眼の後縁を著しく越えて、後方へ伸びる。頭と体には鱗がない。胸鰭の基底は長い柄になる。子供を産む。水深523mから捕えられた。九州・パラオ海嶺から知られている。写真個体は体長13.8cm。

074

075

オオソコイタチウオ ●○○○
Cataetyx platyrhynchus

フサイタチウオ科

詳しくはP.96参照

フサイタチウオ ●○○○
Abythites lepidogenys

フサイタチウオ科

体は側扁し、高い。頭の背縁はわずかにくぼみ、吻端は鈍い。頭の背面に多数の皮質突起がある。口は大きく、眼の後縁をはるかに越える。下顎は上顎で覆われる。体は小さい鱗で覆われる。子供を産む。水深100〜400mに棲む。駿河湾、土佐湾；フィリピン、インドネシアに分布する。写真個体は体長27.6cm。

076

III. 発電

1. 電気をつくる

　デンキウナギやデンキナマズは発電することで有名ですが、深海魚ではシビレエイ科やガンギエイ科の仲間が電気をつくります。ガンギエイ類では尾部の両側に細長い発電器があります（図26A）。シビレエイ類は体の左右に広がった翼の中にそれぞれ1個のそら豆状の大きな発電器があり、外からもその輪郭が見えます（図26B）。発電器は多数の透明な六角柱の筋肉でできています。発電器の基本ユニットは電板と言われる薄い膜状の筋肉で、コロイド状の物質の詰まった電函（でんばこ）の中に入っています。この函が積み重なって電柱ができています。電板の腹面に神経が分布し（図26C）、電気はこの面から分布していない面へ流れます。一枚の層の発電量はわずかでも多数が直列につながっているので、起電力は50～80ボルト、電流は40～50アンペアぐらいになるようです。ガンギエイ類では数ボルトです。刺激が神経によって発電器の一端に伝えられることで放電し、攻撃や防御の他に、自分の位置を知ったり、種内の交信に使っているようです。一度放電してしまうと充電にかなりの時間が必要です。

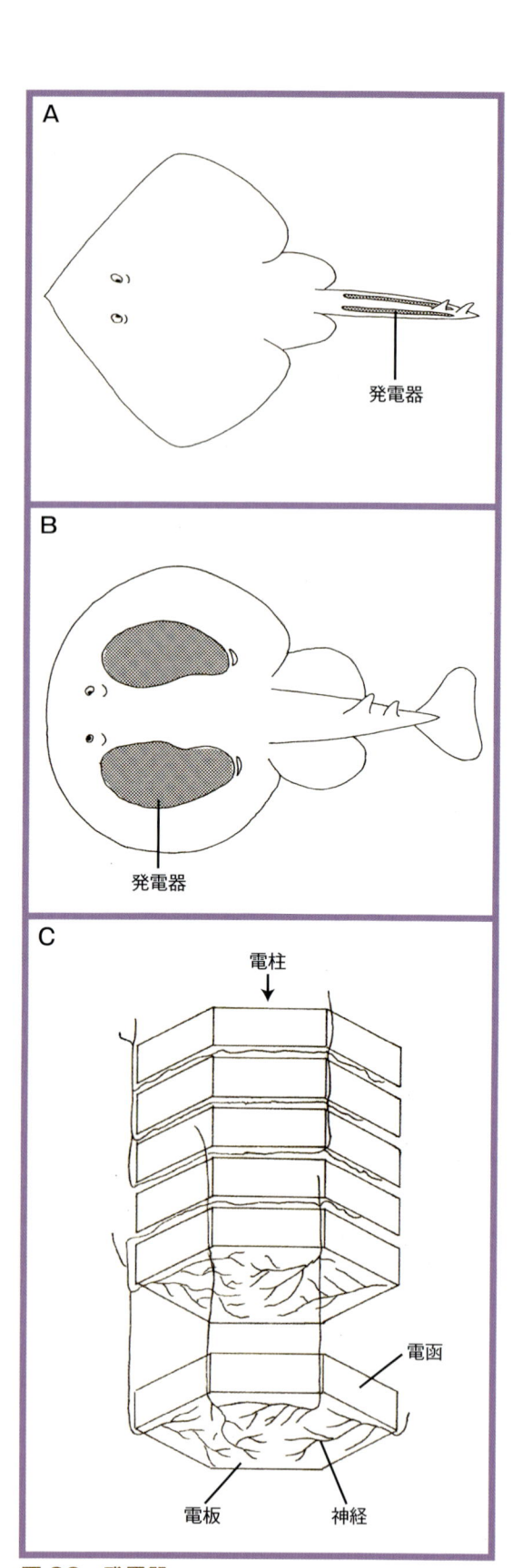

図26　発電器
A ガンギエイ類
B シビレエイ類
C シビレエイ類の電柱

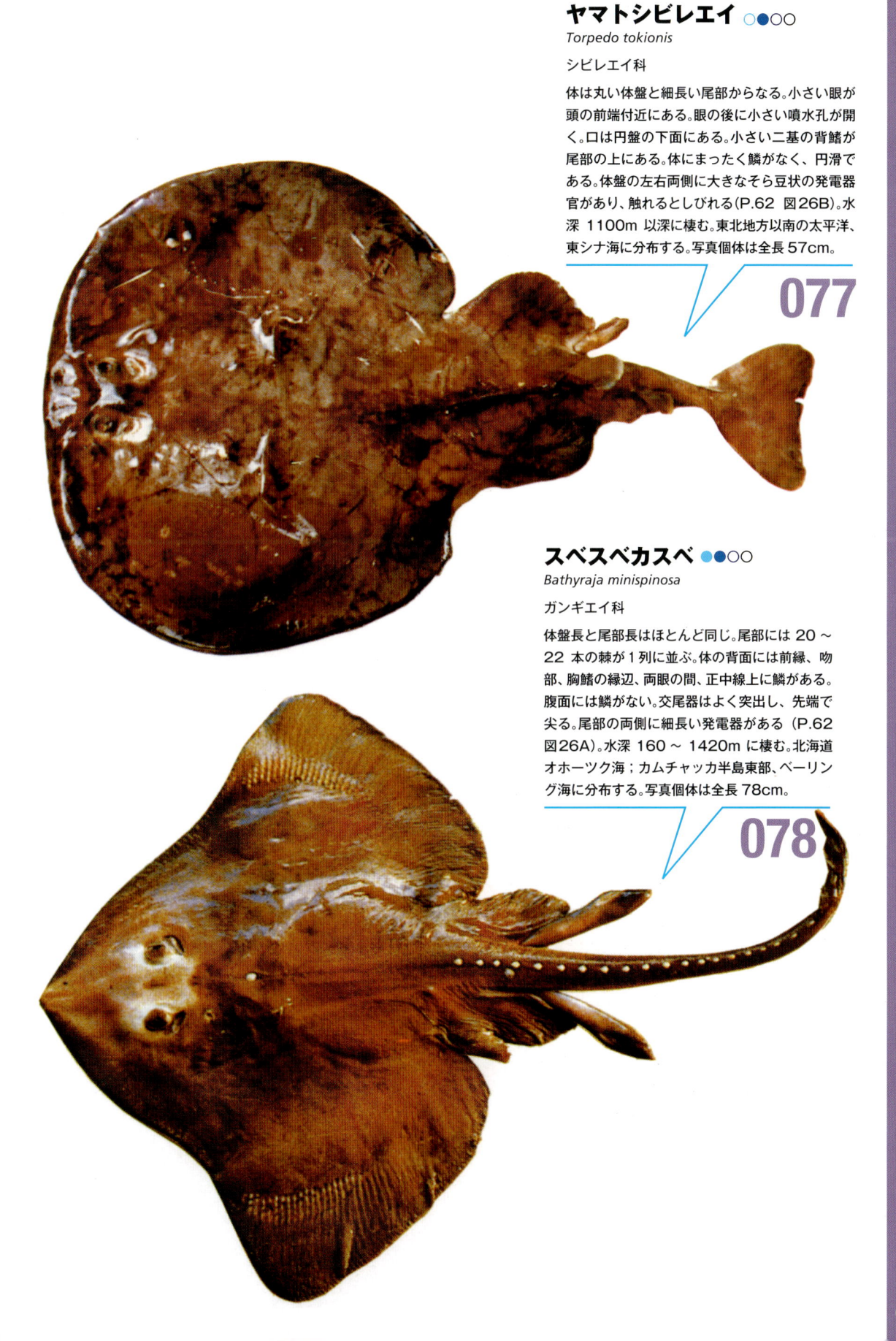

ヤマトシビレエイ ○●○○
Torpedo tokionis

シビレエイ科

体は丸い体盤と細長い尾部からなる。小さい眼が頭の前端付近にある。眼の後に小さい噴水孔が開く。口は円盤の下面にある。小さい二基の背鰭が尾部の上にある。体にまったく鱗がなく、円滑である。体盤の左右両側に大きなそら豆状の発電器官があり、触れるとしびれる(P.62 図26B)。水深 1100m 以深に棲む。東北地方以南の太平洋、東シナ海に分布する。写真個体は全長 57cm。

077

スベスベカスベ ●●○○
Bathyraja minispinosa

ガンギエイ科

体盤長と尾部長はほとんど同じ。尾部には 20～22 本の棘が1列に並ぶ。体の背面には前縁、吻部、胸鰭の縁辺、両眼の間、正中線上に鱗がある。腹面には鱗がない。交尾器はよく突出し、先端で尖る。尾部の両側に細長い発電器がある (P.62 図26A)。水深 160～1420m に棲む。北海道オホーツク海；カムチャッカ半島東部、ベーリング海に分布する。写真個体は全長 78cm。

078

IV. 摂餌

深海魚の多くは肉食魚です。深海ではそれほど豊富ではない餌動物を確実に捕獲するために、摂餌器官としての口は大きく、広く開くことができます。また、捕らえた魚を逃がさないために多くの剛毛状の歯、牙などがよく発達しています。捕らえた大きな餌動物を飲み込みやすくしたり、一時確保するために下顎にペリカンのような袋を用意する魚まで出現しました。さらに腹部を取り囲む筋肉は弾力性に富み、丸飲みした大きな魚を胃袋に収納することができます。一方、小さい口の魚がいますが、これらの魚は餌を捕らえる効率を高めるために眼や口に特殊な装置を発達させています。その他にも多様な餌を利用するためのいろいろな工夫が見られます。ルアーを使った特殊な餌の捕らえ方についてはP.18 I.発光で説明しました。

1. 大きな口で丸飲み

ダイニチホシエソ類（*Eustomias*）は口を大きく開き、顎を大きく突出させ、大きな餌を飲み込むことと関連して前部脊椎骨に特異な変化が生じました。第2〜6または7本の脊椎骨はバラバラに離れ、骨化が悪く、一部の椎体や神経棘がなく、脊索が蛇行しています。この変化は口を大きく開いて獲物を捕らえたときに、頭を激しく動かしやすくするために起きました。また、激しい動きに対するショックアブソーバーとしても働きます（図27）。

ホウライエソ類にも、ルアーに近付いてきた餌を捕らえるときに頭を大きく振り上げやすくするために、前部の脊椎骨に同様の変化が見られます（P.65 図28）。頭蓋骨の直後の第1脊椎骨は著しく大きくなり（P.65 図28C）、そこに急いで頭を元の位置に引き戻すために使う強力な筋肉が付いています。また、大きな獲物

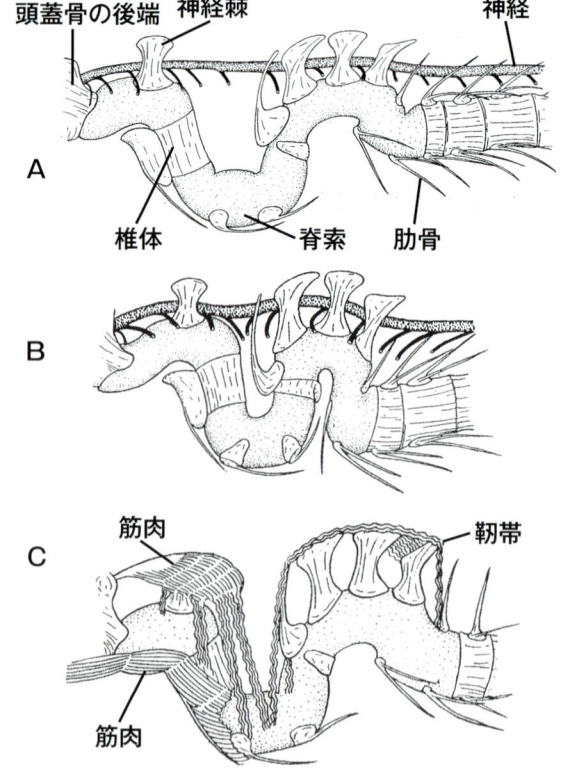

図27
ダイニチホシエソ類が口を大きく開くための背骨の工夫
A 上顎を突き出した状態
B 上顎を引き戻した状態
C そのときの筋肉と靭帯の動き
（Regan & Trewavas 1930 より）

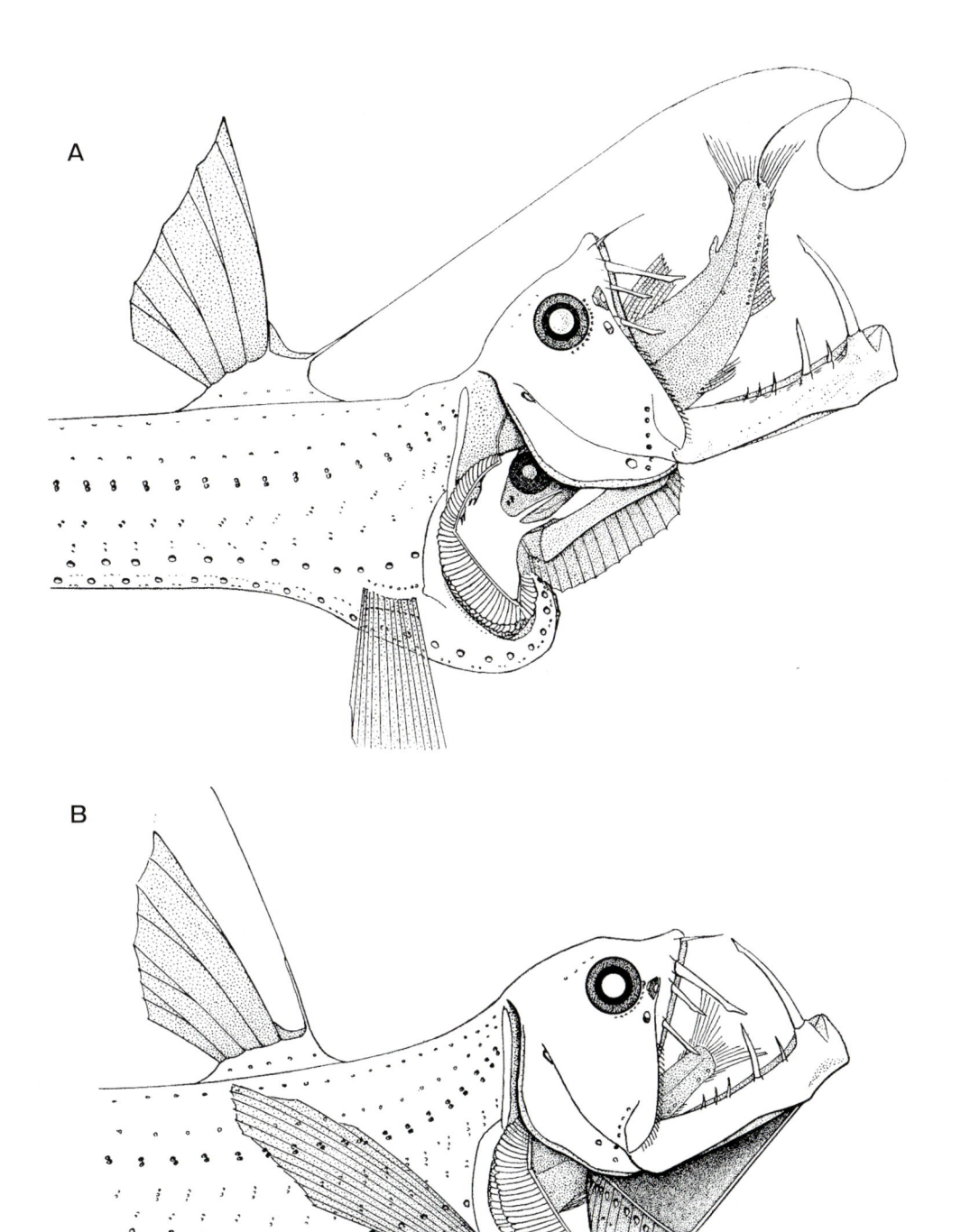

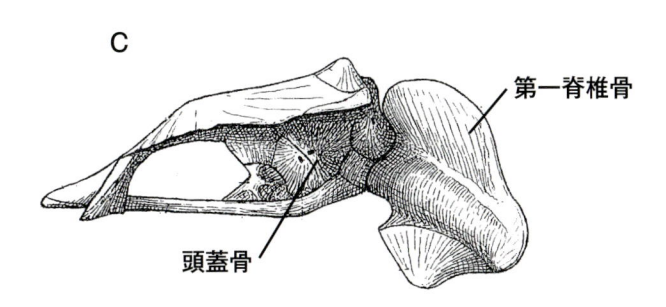

図28 ホウライエソがルアーを使って誘き寄せた小魚を飲み込む様子とその骨格
A 頭を大きく振り上げる
B 頭を下げて口を閉じる
(Tchernavin 1953 より)
C 頭蓋骨と肥大した第一脊椎骨
(Regan & Trewavas 1929 より)

第一脊椎骨

頭蓋骨

でもうまく口の中を通すために、大きく口を開くと心臓、腹部大動脈、鰓を普通の位置よりもはるかに後ろ下方に押し下げることができます。

体の1/4ほど、頭の長さの5倍ほどもある大きな口をもったフウセンウナギは、口をヘビのように大きく開くと、顎を支持している懸垂骨は立ち、前部の脊椎骨は大きく曲がり、巨大な開口部、および膨大な口腔と喉をつくることができます（図29）。フクロウナギもまた、頭蓋骨の7～10倍ほどの巨大な口を開いて、餌を取り込みます（P.78 図35,36、P.69 コラム13）。

ボウエンギョ類は眼が筒形で望遠鏡のように飛び出していることで有名ですが、ほとんどの骨格は軟骨でできていて、大きな口に鋭く大きな歯が並び、それらは倒すことができるので、自分の体よりも大きな餌生物を容易に飲み込むことができます。それに関連して、胸鰭を体の上の方に置いて、獲物が通りやすくするとともに、鰓に新鮮な呼吸水を送り込みやすくし、窒息しないように工夫しています。さらに、腹部の筋肉は伸縮性に富み、飲み込んだ大きな餌を収納することができます。また、発光魚を飲み込んだときに腹部から光が漏れ、他の魚に狙われないように口と胃は黒色素で覆われています。

ホウキボシエソ類の仲間は頭蓋骨より長い大きな口をもっています。両顎には鋭い歯があり、下顎は喉とゆるい紐（靭帯）でのみつながり、左右の下顎の底に筋膜もないので、トラバサミ（ネズミ取り）のようにして両顎で挟んだ大きな獲物を飲み込みやすくしています（図30）。

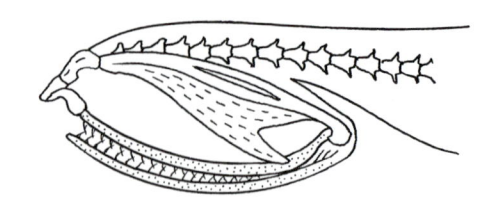

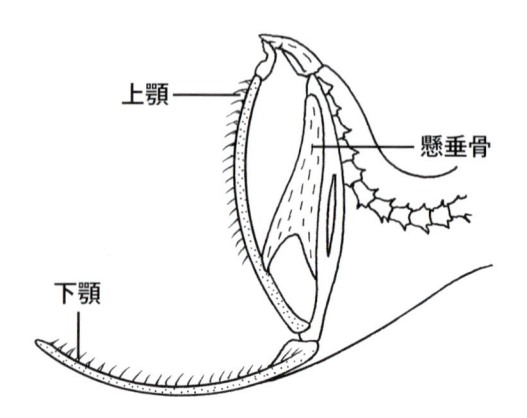

図29 フウセンウナギが大きく口を開けたときの骨格の動き方 (Norman 1963より略写)

図30 オオクチホシエソ（ホウキボシエソ類）のトラバサミ式の口
A ゆるい紐だけでつながった下顎
B 底が抜けた下顎の底面

079

ニシミズウオダマシ ●●○○
Anotopterus pharao

ハダカエソ科

体は延長し、前部ではやや扁平、後部では円筒形。口は大きく、下顎は上顎より突き出す。歯は大きくて、鋭く尖る。背鰭はない。大きな脂鰭と臀鰭はほとんど同じ大きさで、背部と腹部で対をなす。水深1200m以浅に棲む。北海道のオホーツク海、北海道の太平洋〜琉球列島；太平洋、大西洋の冷、温水域に分布する。写真個体は体長72cm。

080

フウセンウナギ ○●●○
Saccopharynx ampullaceus

フウセンウナギ科

詳しくはP.82参照

081

フクロウナギ ●●●●
Eurypharynx pelecanoides

フクロウナギ科

詳しくはP.79参照

082

ホソヒゲホシエソ ●○○○
Eustomias bifilis

ホテイエソ科

詳しくはP.116参照

083

スベスベラクダアンコウ ●●○○
Chaenophryne longiceps

ラクダアンコウ科

体は球形で、すべすべしている。口は水平に大きく開く。上顎に28〜50本、下顎に34〜52本の歯がある。頭上の竿は短く、体長の20〜28%ぐらいしかない。ルアーは球形で、前、中央、後に突起がある。水深479〜1174mに棲む。世界の主要な海洋に分布するが、日本からは知られていない。写真個体は体長19cm。

IV 摂餌 | 1. 大きな口で丸飲み

オオクチホシエソ ●●●○
Malacosteus niger

ホウキボシエソ科

詳しくはP.47参照

084

オオアカクジラウオ ●○○○
Gyrinomimus sp.

クジラウオ科

詳しくはP.112参照

085

ホウライエソ ●●○○
Chauliodus sloani

ホウライエソ科

詳しくはP.75参照

086

087

クロツノアンコウ ●○○○
Bufoceratias wedli

フタツザオチョウチンアンコウ科

体は短く、いくぶん平たい。体は一面に小さい棘で覆われる。口は大きく、下顎の先端に突起がある。両顎の歯は2列で、内側の歯は大きく、牙状で疎らに生える。頭上の竿は体の中央部近くにあり、長い。ルアーはおよそ球形で、前部に4本、後部に2本の長い糸状突起が出る（P.21 図5K）。水深780〜810mに棲む。沖縄舟状海盆；大西洋、太平洋、インド洋に分布する。写真個体は体長7.2cm。

ワニガレイ ●○○○
Kamoharaia megastoma

ダルマガレイ科

体は著しく扁平。両眼は体の左側にある。口は著しく大きく、鰓蓋近くまで開く。上顎の前端は前に突き出し、下顎は上顎より前に出る。上顎の前端に3〜4対の長い歯がある。下顎の前端に長い3対の犬歯がある。水深400〜500mに棲む。四国、九州・パラオ海嶺；ニューカレドニアに分布する。写真個体は体長20.8cm。

088

089 ボウエンギョ ●●●○
Gigantura chuni

ボウエンギョ科
詳しくはP.102参照

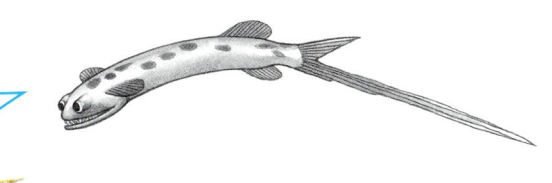

090 オニキンメ ●●○○
Anoplogaster cornuta

オニキンメ科

体は腹部で高く、尾柄部でもっとも低い。頭には薄い皮膜で覆われた多数の粘液孔がある。口は極めて大きく斜めに頭の後端付近まで開く。上顎に3本、下顎に4本の犬歯がある（P.73 図33C）。側線は溝状で、体の上部を走る。水深1000m近くに棲む。日本では東北地方、北海道；太平洋、インド洋、大西洋などに広く分布する。写真個体は体長9.6cm。

091 ペリカンアンコウ ●●○○
Melanocetus johnsoni

クロアンコウ科
詳しくはP.22参照

COLUMN 013

頭より大きな口を持った動物を想像できますか

普通、口は頭の中にあるものなので、いくら大口でも頭蓋骨を越えることは考え難いでしょう。しかし深海魚の大口は凄まじく、口の上に頭蓋骨が乗っています。大口で有名なフクロウナギ（P.79）では上顎の長さは頭蓋骨の長さの7〜10倍近くあります（図31）。

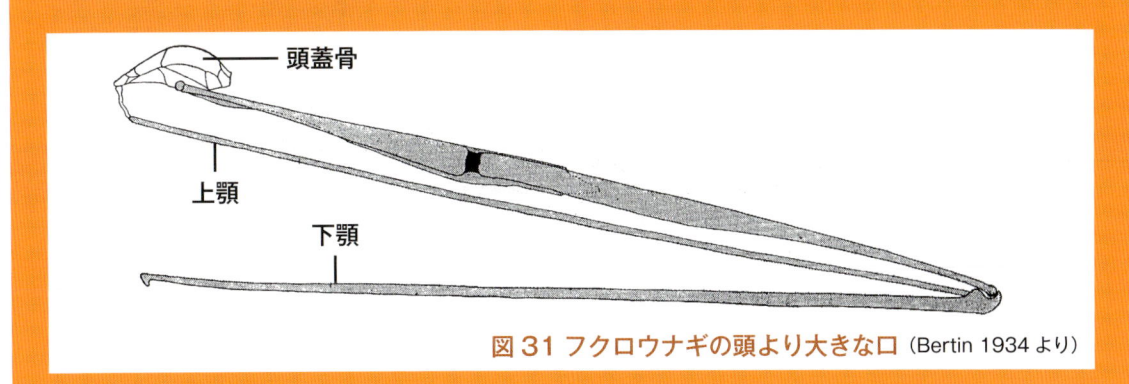

図31 フクロウナギの頭より大きな口（Bertin 1934より）

2. 小さい口で吸い込む

　大きな口をもった深海魚が多い中で、小さい口をもった深海魚がいます。餌生物の少ないところでは非常に不利です。しかしこの魚は、小さな口を補うように特殊な摂餌の方法を発達させています。

　スタイルフォルスは小さい管状の口と望遠鏡のような管状の眼をもっています。体を垂直に立てて泳いでいますが、眼を双眼鏡のようにして上方にいるコペポーダなどのプランクトンを探します。餌が見つかると管状眼で距離を測りながら、頭をもち上げて口を前へ極端に飛び出させ、口と頭蓋骨との間の膜をいっぱいに膨らませて袋状にします。その容積は口を閉じているときの38倍以上になります。そのときできる水の流れで、獲物をスポイトのように一気に吸い込むことができます（図32）。

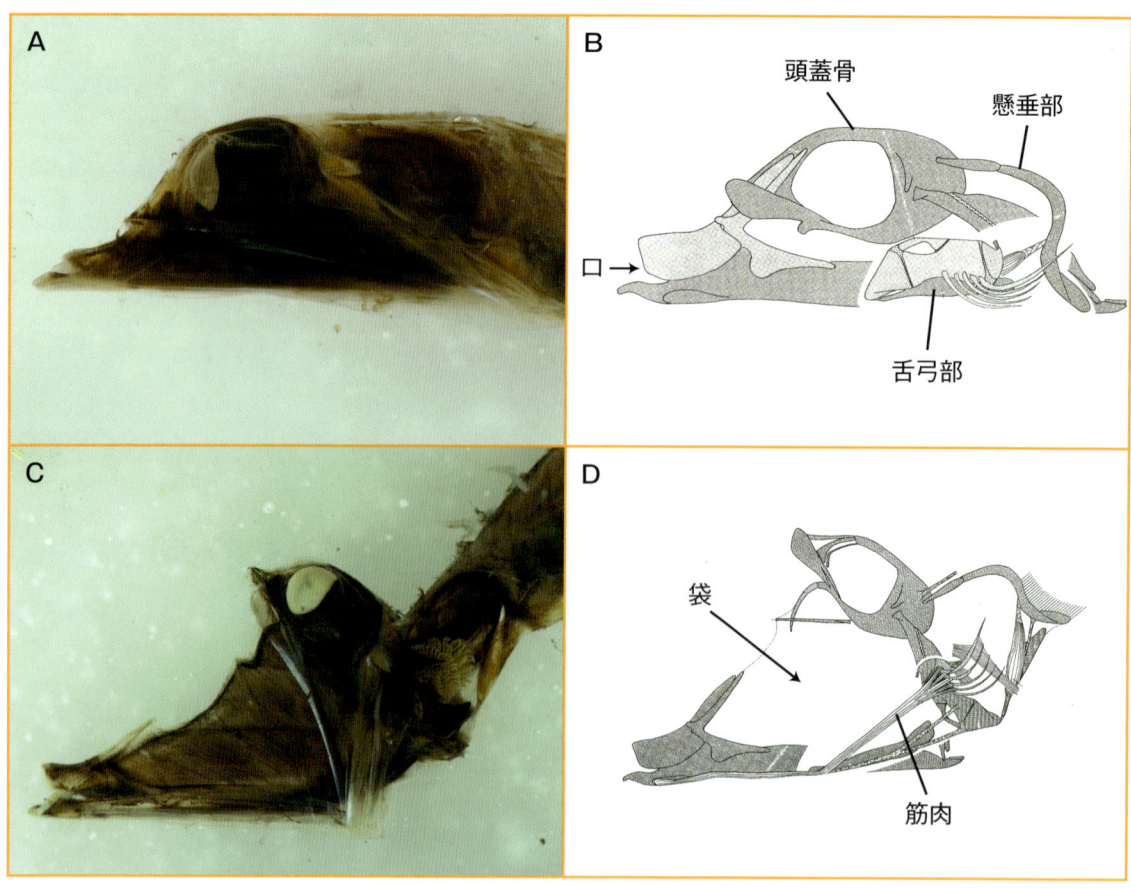

図32　スタイルフォルスが口をスポイトのようにして餌を吸い込む仕組み
AB 口を閉じたとき、CD 開いたとき（AC Pietsch 氏提供、BD Pietsch 1978 より）

トカゲギス ●●○○
Aldrovandia affinis

トカゲギス科

体は細長く、前部では少し側扁し、尾部ではかなり側扁する。吻端は尖る。口は小さく、吻の下面に開く。眼は小さく、楕円形である。背鰭は小さく、体の前半部上にある。臀鰭基底は著しく長く、尾鰭につながる。側線鱗は肥大する。水深 650 〜 2574m の海底近くに棲む。南日本、九州・パラオ海嶺；太平洋、インド洋、大西洋の温・熱帯海域に広く分布する。写真個体は体長 40cm。

092

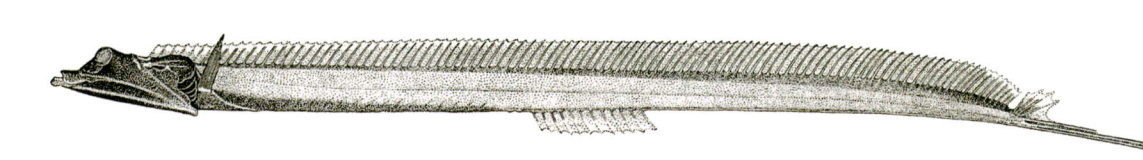

093　スタイルフォルス コルダタス ●○○○
Stylephorus chordatus

スタイルフォルス科

英名では tube-eye または thread-tail と言われているように、管状の眼と糸状の尾鰭をもつ。体はリボン形で、背鰭は頭の後端から尾柄まで伸びる。腹鰭は短い 1 本の軟条だけである。尾鰭の下葉に 2 本の著しく長い軟条がある。大きな眼は望遠鏡で前上方を向く。口は小さく管状で突出できる。水深 300 〜 800m の中深層に棲む。体長 31cm ほどになる。日本からは知られていないが、ほとんど全世界に分布する。この魚は長い間、リュウグウノツカイなどと同じアカマンボウ目の魚とされていたが、宮正樹博士たちの最近の DNA 研究（Miya et al 2007）ではタラ類に近縁であるとしている。(Starks 1908 より)

094

コンゴウアナゴ ●●○○
Simenchelys parasiticus

ホラアナゴ科

体はウナギ形で、尾部で側扁する。吻は著しく短い。眼は小さく、頭の前部にある。口は著しく小さく、頭の前端に水平に開く。両顎の歯は臼歯状で 1 列に並ぶ。鰓孔は小さく腹面に開く。鱗は細長く互いに直角に並ぶ。水深 370 〜 2600m の海底に棲む。北海道から土佐湾の太平洋岸；西部太平洋、南アフリカ、大西洋に分布する。写真個体は体長 40cm。

095 ギンザケイワシ ●●○○
Nansenia ardesiaca

ソコイワシ科

体は柔らかい。頭は小さい。眼は著しく大きく頭の前端にある。口は小さく眼の前縁下までしか開かない。上顎に歯がない。下顎の歯は長く、密に並ぶ。鱗は大きく、剥がれやすい。水深 300 〜 1000m に棲む。相模湾以南；東南アジア、南アフリカ東岸に分布する。写真個体は体長 18.4cm。

ハナグロインキウオ ○●○○
Paraliparis copei

クサウオ科

体は細長い。尾部は平たい。口は小さく眼の前縁下まで開く。両顎には 1 列に円錐歯が生える。鰓孔は小さく、胸鰭基底の上方に開く。胸鰭は上葉と下葉に分かれる。腹吸盤はない。水深 1044 〜 1902m に棲む。グリーンランド南西海域、ノースカロライナ以北に分布する。写真個体は体長 23.2cm。

096

クログチコンニャクハダカゲンゲ ●●○○
Melanostigma atlanticum

ゲンゲ科

詳しくは P.161 参照

097

ミナミサギフエ ●○○○
Centriscops humerosus

サギフエ科

頭は小さく、前方に向かって伸びた管の先端に小さな口が開く。眼後部にコブ状の隆起がある。眼窩の縁辺は鋸歯状。体は小さい棘で密に覆われる。水深 135 〜 448m に棲む。日本からは知られていないが、ニュージーランド、オーストラリア、南アメリカ、南アフリカなど南半球に分布する。写真個体は体長 21.4cm。

098

3. 大きな牙や剛毛状の歯

　深海魚には大きな牙をもっている魚が多くいます。オニアンコウ、オニキンメ、キバハダカなどは名前が示すように両顎に特徴的な強力な牙をもっています。キバハダカは下顎と口蓋骨に大きな鋭い犬歯をもっています。ホウライエソ類では上顎の前部に鋭い4本の牙を、下顎には鋭くて長い2本の牙をもち、それらを使ってルアーに集まってきた獲物のエビ類を巧みに突き刺して捕らえます。頭を上にもち上げ、口を大きく開き、喉を広げて飲み込みやすくします。獲物が喉を通過すると、口を閉じます（P.48 図16、P.65 図28）。長い下顎の牙はあまりにも長いので、口を閉じると上顎の前に突き出しますが、歯が曲がっているので、獲物をうまく口蓋に押しつけ、逃がすことがありません（図33D・E）。

図33　鋭い牙と剛毛状の歯
A　タンガクウナギ類の一種 *Monognathus nigeli*
　　（Bertelsen & Nielsen 1987 より）
B　テンガイヤリエソ
C　オニキンメ
D　ホウライエソ
E　ホウライエソ（背面）

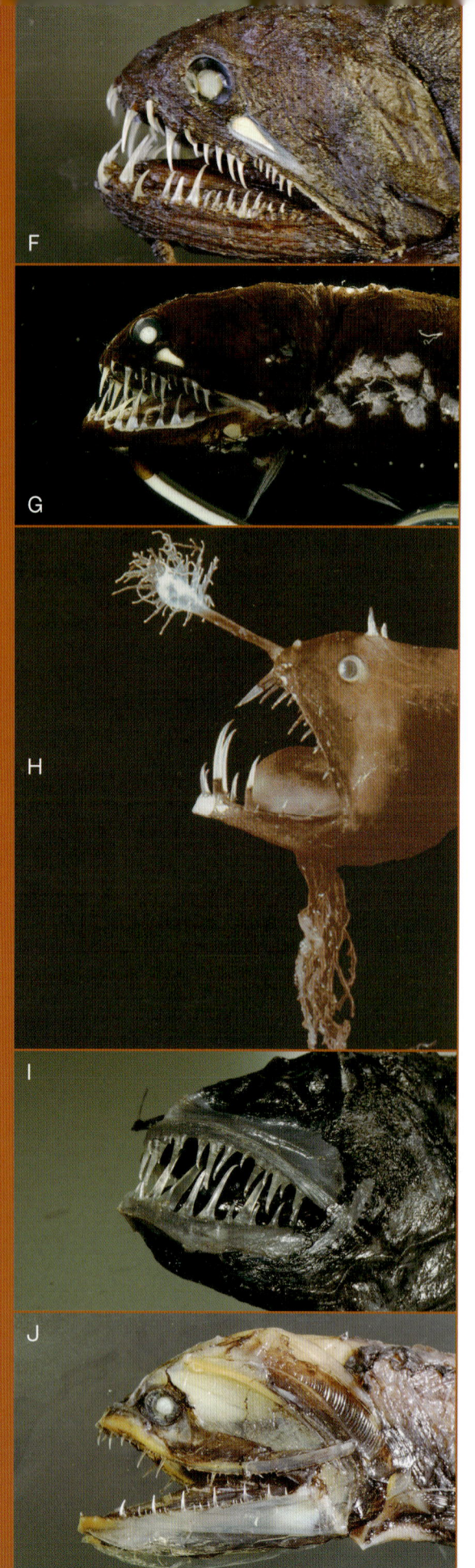

タンガクウナギ類の牙は変わっています。この魚には上顎がなく、その代わりに頭蓋骨の前の骨が変形して直角に下方に曲がり、牙のようにして大きなエビ類を突き刺して食べます（P.73 図33A）。眼、側線、筋肉などが著しく退化し、特別に餌生物をおびき寄せる発光ルアーももっていません。この弱々しい魚がどのようにして口より大きなエビ類に近付き食べるのかわかっていません（図34）。

ヨコエソ科は英名で剛毛の口（Bristle-mouths）と呼ばれているように口からはみ出した剛毛状の歯があります。これらの歯は小型の甲殻類や無脊椎動物を捕らえるのに適しています（図33J）。

図33　鋭い牙と剛毛状の歯（続き）
F　ムラサキホシエソ
G　シロヒゲホシエソ（藍澤正宏氏提供）
H　オニアンコウ属の一種 *Linophryne polypogon*
　　（Pietsch 2007 より）
I　オニアンコウ属の一種 *Linophryne sp.*
J　オオヨコエソ

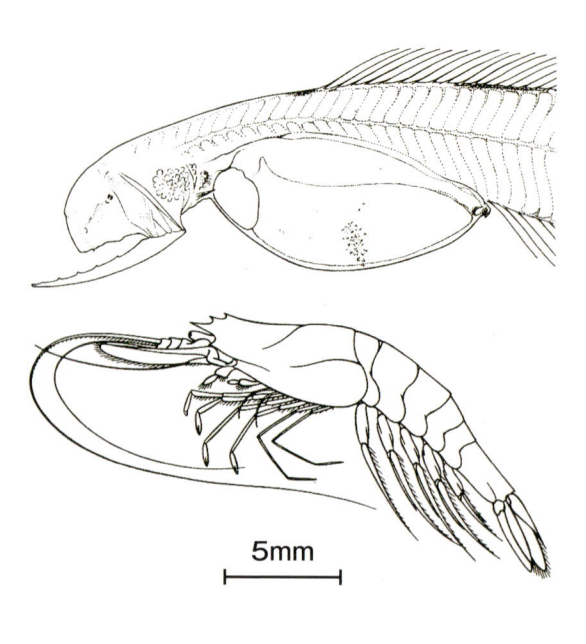

図34　タンガクウナギ類の体の前部と胃から出てきた大きなエビ類（同じ縮小率）
(Bertelsen & Nielsen 1987 より)

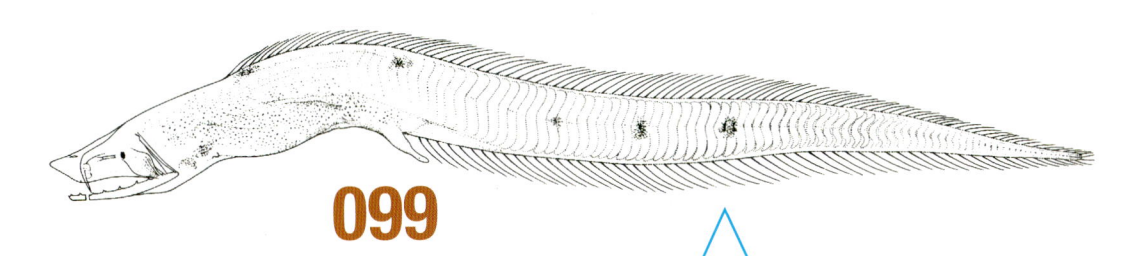

099

モノグナサス ナイジェリ○●●○
Monognathus nigeli

タンガクウナギ科

上顎の骨がないので単顎ウナギと呼ばれる。体は細長く、弱々しい。頭の前の骨が変形して直角に下方に曲がり、牙のようになり、口の中に突出する（P.73 図33A）。眼は著しく小さい。胸鰭はないか、退化している。腹部嚢の後端部は臀鰭の前によく突出する。この類は世界から15種ほど知られている。本種は水深1510～3910mに棲む。東大西洋の北部に分布する。図の個体は体長5.5cm。
（Bertelsen & Nielsen 1987 より）

100

ヨコエソ●○○○
Gonostoma gracile

ヨコエソ科

詳しくはP.141参照

101

ホウライエソ●●○○
Chauliodus sloani

ホウライエソ科

口は大きく、上顎に4本の歯があり、最前の歯は後方へ湾曲する。その他の歯の先端部は前方を向く。第2歯は強大。下顎に5本の歯があり、第1歯は両顎歯中最大で、牙状で、後方へ湾曲する。第2～第4歯の先端は後方を向く（P.73 図33D・E）。体の腹側面に発光器があり、臀鰭より前に2列、そこから尾柄部まで1列に並ぶ。眼の後ろに小さい丸い発光器がある。水深500～2800mの中・漸深層に棲む。北海道太平洋岸以南；太平洋、インド洋、大西洋の温帯域に分布する。写真個体は体長23.4 cm。

COLUMN 014

片顎しかない魚

タンガクウナギ類は水深1500～5400mに棲み、世界から15種ほど知られています。日本近海から1種、オザワタンガクウナギが琉球列島の南方海域の水深1600～2000mから1個体（体長65mm）、白鳳丸によって採集されました。学名は*Monognathus ozawai*で、*Mono*は一つ、*gnathus*は顎、下顎しかない単顎を意味します。*ozawai*は鹿児島大学におられた海洋生物学者の小澤貴和教授に由来します。

キバハダカ ●○○○
Omosudis lowii

ミズウオ科

体は側扁し、頭は重厚。両顎と口蓋骨に数本の巨大な犬歯状の歯がある。鱗はない。背鰭は体の中央部より少し後方にあり、その基底は短い。体の背中線に沿って1本の黒色帯が走る。尾柄の前に細長い黒色斑がある。発光器はない。水深 800〜900mの中深層に棲む。鹿島灘沖、小笠原近海；太平洋、インド洋、大西洋の熱帯・亜熱帯海域に分布する。写真個体は体長 14cm。

102

クロアンコウ ●●●○
Melanocetus murrayi

クロアンコウ科

口は大きくほとんど垂直に開く。下顎は上顎よりも著しく前方に突き出す。下顎先端に強い骨の突起がある。両顎の歯は 2 列、内側の歯は大きくて牙状でまばらに生える。下顎歯は上顎歯よりよく発達する。頭は大きく、その背面は盛り上がる。頭上の竿は短く、ルアーは球状。眼は著しく小さい。水深 1000〜5000m に棲む。沖縄舟状海盆；太平洋、インド洋、大西洋に広く分布する。写真個体は体長 4.2cm。

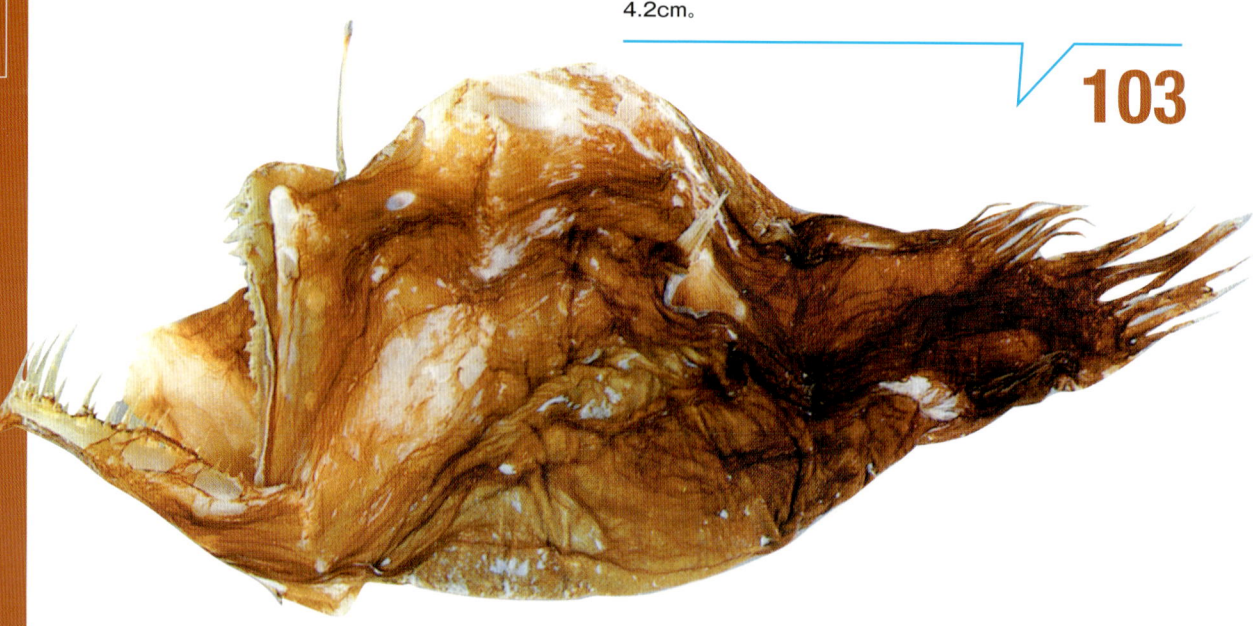

103

オニキンメ ●●○○
Anoplogaster cornuta

オニキンメ科
詳しくは P.69 参照

104

アクマオニアンコウ
●●○○

Linophryne lucifer

オニアンコウ科

体は短くて高く、やや側扁する。皮膚は円滑。口は大きく、水平に開く。上顎に32本、下顎に20本の牙状の歯がある。竿は長くて、体長の38%。下顎に長い髭をもち、その長さは体長の70%。先端に1対の扁平な葉状の付属物を備える（写真個体では破損）。水深1000m以深に棲む。北太平洋、南東インド洋に分布する。写真個体は体長13cm。

105

106 ナガタチカマス ●○○○

Thyrsitoides marleyi

クロタチカマス科

体は細長く、側扁する。頭は長く、体の25%ほどである。眼は小さい。口は眼の前縁下まで開く。上顎の前端に3対、下顎に1対の強い牙状の歯がある。両顎の側歯は小さな犬歯で、上顎に30本、下顎に20本並ぶ。第一背鰭は強くて大きい。水深300〜600mに棲む。主に魚類を食べる。沖縄美ら海水族館の深海水槽で飼育されている。頭を上にして体を斜めに立てて留まり、ときどき体を水平にして泳ぐ（P.205図78A・B）。南日本、九州・パラオ海嶺；西太平洋、インド洋に分布する。写真個体は体長125cm。

4. ペリカンのような袋状の口

　フクロウナギは名前が示しているように大きな口に大きな袋状の伸縮自在な口腔をもっています。しかし歯が小さく、顎が丈夫でないことから大きな動物を捕らえるには不向きなようです。残念ながら生態は観察されていませんが、体を垂直に立てて、大きな口をこうもり傘を上向きに広げたようにして小型甲殻類などを誘い込んだ後に、頃合いを見て口を閉じ、袋を収縮させて水を外に放出して、餌を食べていると考えられています（図36）。

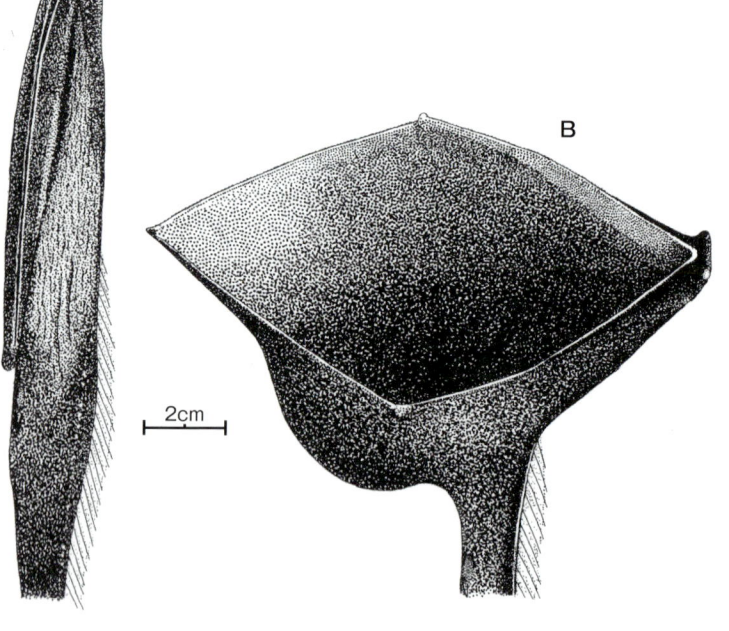

図35　フクロウナギの口の開閉
A 口を閉じたところ
B 口を開いたところ
(Nielsen, Bertelsen & Jespersen 1989 より)

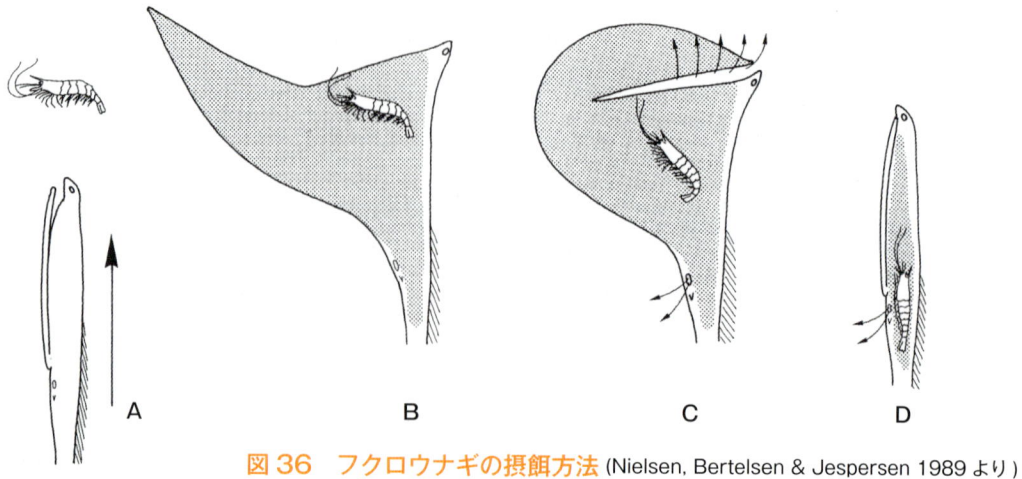

図36　フクロウナギの摂餌方法 (Nielsen, Bertelsen & Jespersen 1989 より)

107 フクロウナギ
●●●●

Eurypharynx pelecanoides
フクロウナギ科

体は細長く、尾部は後方に向かってだんだんと細くなる。皮膚は柔らかく、鱗がない。吻は幅広い。眼は著しく小さい。口は極めて大きく、頭長のおよそ95％。口は袋状で、口腔咽喉嚢を形成する。歯は微少。胸鰭は痕跡的で、尾鰭と腹鰭はない。尾部先端に小さい尾器官がある（P.55 図21）。全長2mぐらいになる。水深500〜7800mに棲む。稚魚の体は高い楕円形で、著しく扁平。頭は小さく突出する（コラム15 図37）。世界の温・熱帯に広く分布する。写真個体は体長35cm。

COLUMN 015

この親にしてこの子あり

この変なフクロウナギは子供もまた奇妙な格好をしています。ウナギの仲間であるからゼラチン質の体のレプトセファルス型の幼生期を過ごします。ウナギであれば体は柳の葉のように比較的細長いのですが、この魚の幼生は大きな口をもった頭が特徴的に飛び出し、体は極めて高い楕円形です。このためにこの奇妙な幼生は成魚が不明で、謎の新種レプトセファルス シュードラティシムス (*Leptocephalus pseudolatissimus*) として報告されていました。しかしその後、研究が進みフクロウナギの子供として認められました（図37）。

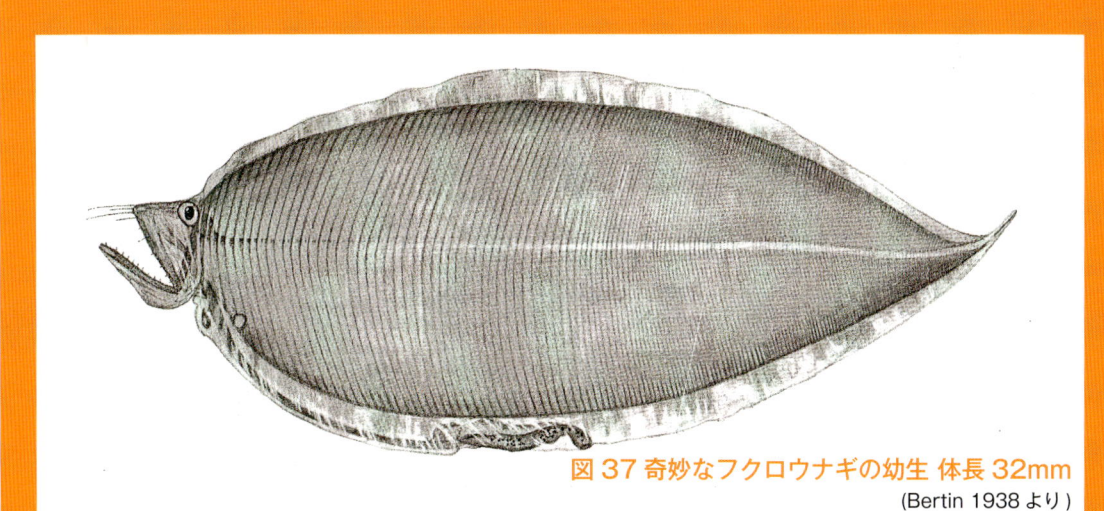

図37 奇妙なフクロウナギの幼生 体長32mm
(Bertin 1938 より)

ペリカンザラガレイは口が頭の前端より著しく飛び出し、下顎に大きな袋をもっています（図38）。底に潜んでいる小動物を下顎ですくい取って食べるようです。同じ仲間のウケグチザラガレイやザラガレイもやはり下顎が突出し、袋をもっていますが、ペリカンザラガレイほどは発達していません。この属の魚には下顎に袋がない種から大きな袋をもつ種までいろいろなタイプが見られ、袋の進化がよくわかり面白いです（P.81 図39）。

ペリカンザラガレイ

Chascanopsetta crumenalis

ダルマガレイ科

体は伸長し、著しく側扁する。口は極めて大きく、およそ頭長に等しい。下顎の前端は上顎の前端を著しく越えて突出し、下方に曲がる。下顎の口床は薄くて袋状で、口腔咽喉嚢を形成する（図38）。両顎の歯は小さく、内側へ湾曲する。水深400～600mの海底に棲む。ハワイ諸島周辺海域に分布する。写真個体は体長23cm。

図38　ペリカンザラガレイの袋　下顎をねじって引き出したところ

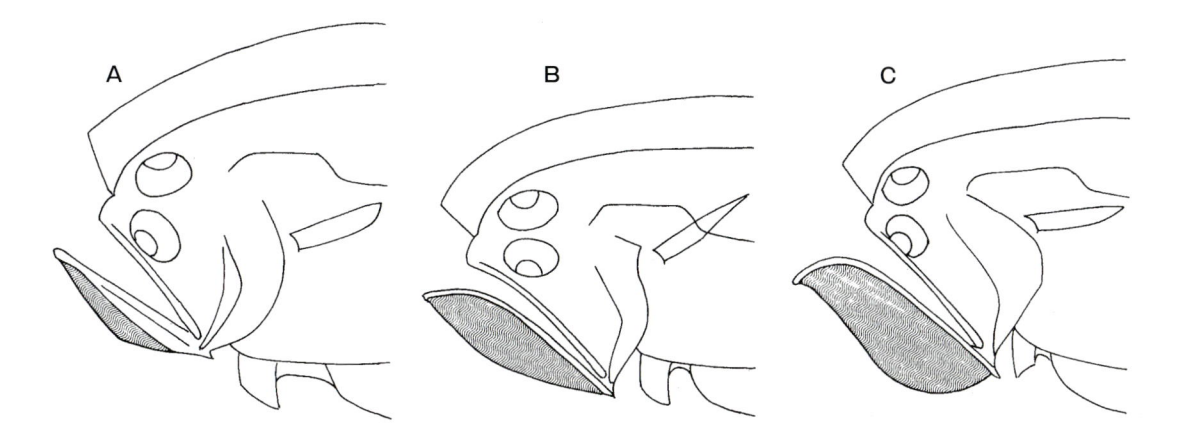

図 39　ザラガレイ類の下顎の袋の進化
A ザラガレイ、B ウケグチザラガレイ、C ペリカンザラガレイ （Amaoka & Yamamoto 1984 より）

ザラガレイ●○○○
Chascanopsetta lugubris lugubris
ダルマガレイ科
詳しくは P.172 参照

109

110

ウケグチザラガレイ●○○○
Chascanopsetta prognathus

ダルマガレイ科
体は細長くて、柔軟で、著しく側扁する。口は大きく、眼のはるか後下方まで開く。下顎の前端は上顎の前端を越えて前方に突出する。下顎の底は薄い膜で、ペリカンのように膨らますことができる。水深 494〜550m に棲む。駿河湾、沖縄舟状海盆；インド洋マルディブ海域に分布する。写真個体は体長 19cm。

5. 大きな胃袋

　胃を巨大に拡張でき、それを取り囲む腹部の筋肉は柔軟なので、丸飲みにした大きな餌を収容できます。

　フウセンウナギは体が普段はウナギ形で、紐状の尾鰭を含めると200cmほどになります。大きな口と湾曲した2列の歯をもっているので大型の獲物を逃すことなく丸飲みすることができます。また、鰓が頭のはるかに後方にあり、しかも左右に分かれ、鰓蓋は十分に発達していないことなどで、丸飲みにした大きな餌を容易に胃に送り込むことができます。膨らんだ腹は風船のように見えるのでフウセンウナギの和名がつけられました。英名ではGulper"丸飲みするもの"またはSwallower"大食漢"と呼ばれています（P.83 図40）。

　クロボウズギス類は英名でDeepsea swallowers"深海の大食漢"と呼ばれているように、自分より大きな魚を飲み込むことができます。細かな餌を濾し取る鰓耙はなくなっています。大きな魚を収納した胃袋と食べたものは膨張して薄くなった腹部の筋肉を通して見ることができます（P.83 図41）。

　ミズウオは体長150cmにもなる大型種で、何でも丸飲みにするゲテモノ食いです（P.84 コラム16 参照）。ときどき海岸に打ち上げられることがありますが、調査された370個体の60～70%のミズウオの胃袋から、魚に混じってビニール、プラスチックなどの化学製品が見られました。

フウセンウナギ ○●●○
Saccopharynx ampullaceus

フウセンウナギ科

体は普通ウナギ形で、著しく長い紐状の尾部があり、その先端にやや膨らんだ扁平な発光器がある(P.55 図21)。頭は極めて短い。両顎は著しく長い。眼は極めて小さい。成魚になると両顎は退縮し、歯がなくなる。眼の後ろから背鰭に沿って背側面を後方に向かって尾端近くまで白色の背側線が走る。この線は細い溝であるが、働きは不明である（これは発光器であると考えている研究者もいる）。体の背面に多数の糸状の突起が1列に並び、そのうち、尾部の中ほどにある2本は他のものよりかなり長い。背鰭条(210～247本)、臀鰭条(244～282本)、脊椎骨(200本以上)は著しく多い。水深2000～3000mに棲む。ときどき、口や胃の中に大きな魚が入り、海表面に浮かんでいるところを捕らえられることがある。日本からは知られていない。北大西洋(10～65°N)に分布する。全長200cmほどになる。写真個体は体長130cm。

111

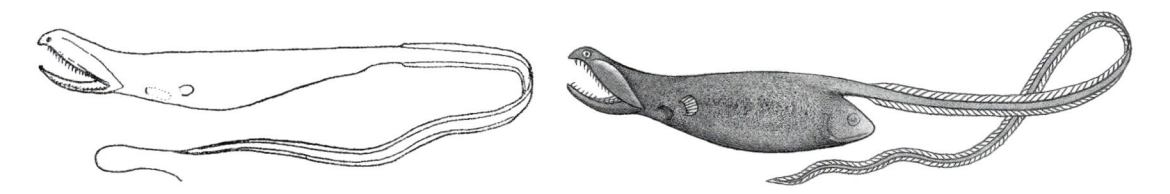

図40　フウセンウナギの摂餌前（荒井・上野 1980 より）と満腹時（Norman 1963 より略写）

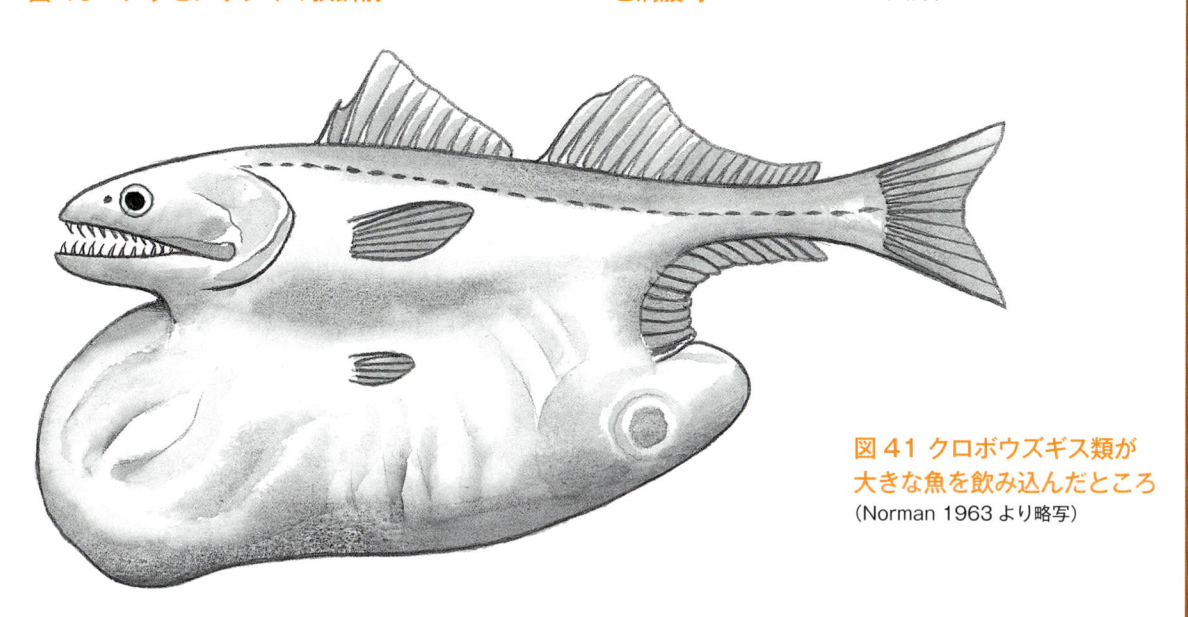

図41　クロボウズギス類が大きな魚を飲み込んだところ（Norman 1963 より略写）

112　スキバクロボウズギス ●●○○
Chiasmodon bolangeri

クロボウズギス科

体は少し側扁する。頭の背面は平たい。口は大きく、頭の後部近くまで、水平に開く。両顎に大きな犬歯状の歯があり、前端の4本を除いて、倒すことができる。背鰭と臀鰭は体の後半部に対をなして位置する。体は暗褐色。発光器、鱗、鰓耙がない。水深495〜1044mに棲む。本種は日本には分布しないが、近縁種のクロボウズギスがいる(P.156)。大西洋温熱帯海域に分布する。写真個体は体長13.5cm。

ミズウオ ●●○○
Alepisaurus ferox

ミズウオ科

体は水っぽくてぶよぶよしている。口は大きく、眼の後方まで開く。下顎は上顎より飛び出す。上顎の歯は小さいが、下顎の歯は大きく、後方に傾く。前部の1対と側部の3〜4対は特に大きい。口蓋に大きな歯が並ぶ。体には鱗、発光器がない。体側に黒褐色の皮質隆起線が走る。水深900〜1400mに棲む。北海道南部から南日本一帯；太平洋、大西洋、地中海に分布する。写真個体は体長110cm。

113

COLUMN 016

ミズウオの胃袋

天の羽衣で有名な三保の松原(静岡県)の一帯は昔から深海魚がよく打ち上げられます。深海魚に興味をもつ研究者は、よりよい状態で手に入れるため、カラスより早起きして魚を採集します。打ち上げられたミズウオの胃袋を開くと、丸飲みされたばかりの綺麗な深海魚が出てくることがあります。トロール網で獲れた深海魚は鰭、鱗、皮膚、髭などが剝がれていることが多いのですが、胃袋の中から採集された魚は完全な状態で、発光器がきらきらと輝き、まるで別種の魚のようです。ときには新種が出てくることもあります。ミズウオの胃袋は深海魚の素晴らしい採集器となります。しかし、最近は魚以外にプラスチックなどの化学製品がたくさん出てくるそうで、いかに海底がこれらの物質で汚染されているかがわかります(久保田正ら2007)。魚が汚染物質除去器にならないことを祈っています。

6. 鳥のような長い嘴状の口

　シギウナギ類は長い嘴状の口をもっていますが、両顎は前部で上下に曲がっているので口元でしか噛み合いません。餌を捕らえるためにはこの口では極めて効率が悪いです。潜水観察によりますと、この魚は頭を下にして垂直に立ち、じっとしているか、わずかに動いて体のバランスをとっています。胃から非常に長い触角や脚をもっている甲殻類が出てきたことから、上下に曲がった長い嘴に生えている無数の歯にエビの触角や脚を絡ませて捕らえ、口元まで引き寄せて食べていると考えられます。不思議なことに、雄は変態期を過ぎると嘴が縮みますが、その理由はわかっていません（図42B）。その他にも嘴状の口をもった深海魚がいますが、どのように餌を獲っているのかわかっていません。しかし何らかの仕掛けをもっていることは確かです。

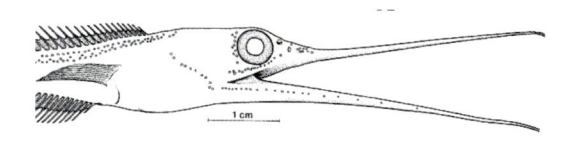

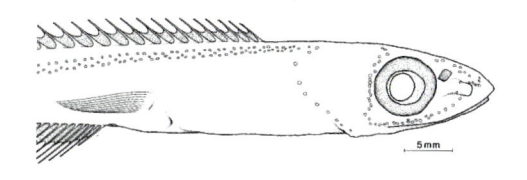

図42　変態後のシギウナギ
A 雌、B 雄 (Nielsen & Smith 1978 より)

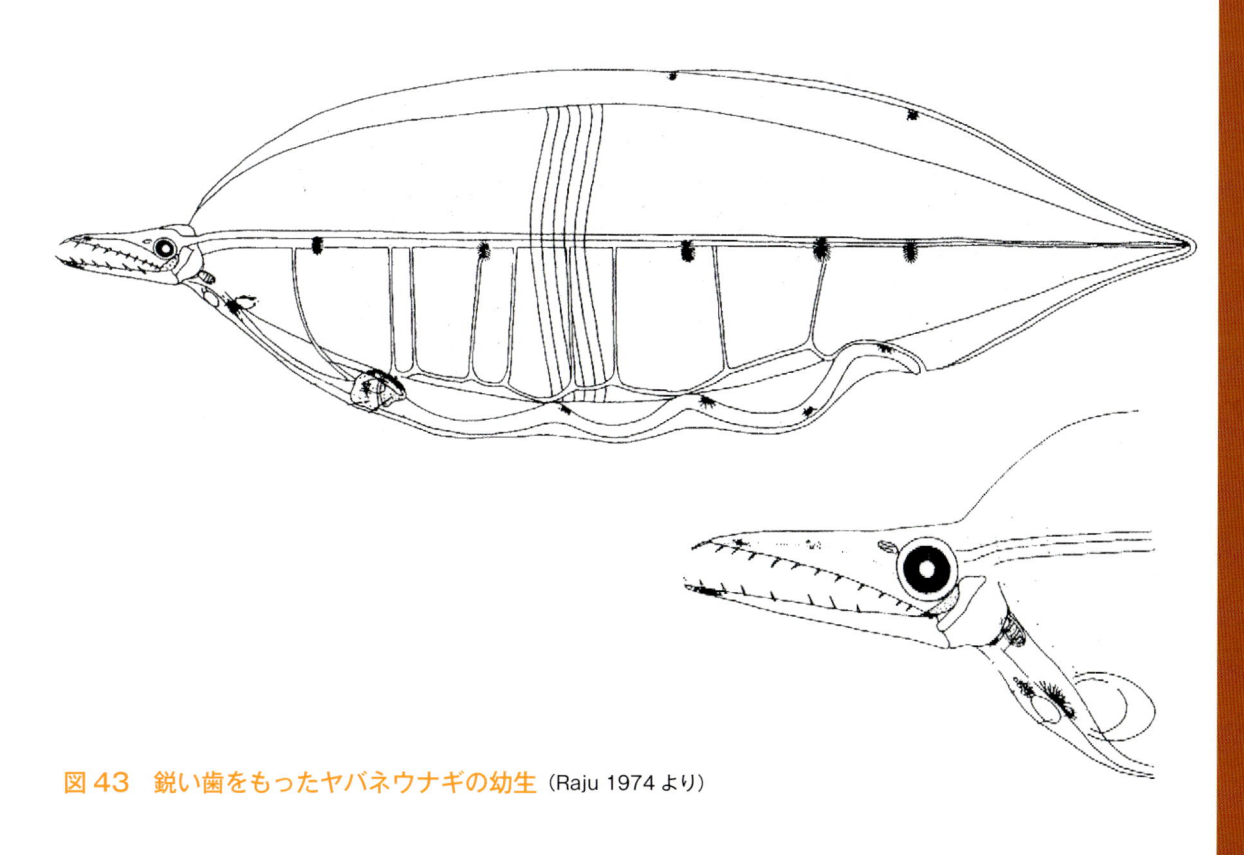

図43　鋭い歯をもったヤバネウナギの幼生 (Raju 1974 より)

ヤバネウナギ ●●●○
Cyema atrum

ヤバネウナギ科

体は側扁し、後端で尖る。背鰭と臀鰭は体の後半部にあり、矢羽根のように後方に飛び出す。両顎は嘴状に飛び出し、小さい歯がやすり状に生える。上顎の後端部に一面に歯が生えたコブ状の突起がある。本種のレプトセファルス幼生は体が高く、薄い長円盤形である（P.85 図43）。水深 500～5000m に棲む。日本では九州南東海域、小笠原諸島近海；ニュージーランド近海、南太平洋、インド洋、東部北大西洋に分布する。(Zugmayer 1911 より)

114

シギウナギ ●●○○
Nemichthys scolopaceus

シギウナギ科

体は側扁して、著しく長く、尾部は極めて細長い。各鰭はよく発達する。背鰭と臀鰭は胸鰭の基底部近くから始まる。鱗がない。口は嘴状で未成魚では著しく長く伸長し、外側に曲がり、噛み合わせることができない。3列の側線は長い糸状の尾鰭の先端まで走り、エコーによる感覚を高めて外敵を避けるのに有効である。ウナギと同じレプトセファルス幼生期を経る。全長140cmにもなる。水深 300～2000m に棲む。九州・パラオ海嶺；世界の温・熱帯域に分布する。写真個体は全長82cm。

115

クロシギウナギ ●●●○
Avocettina infans

シギウナギ科

体は著しく細長く、やや側扁する。両顎は著しく長く外側に曲がり、咬合できない。両顎の先端に小さいコブがある。上顎は下顎より長い。歯は極めて小さい円錐状で、後方に向かって密に生える。側線は体側の中央部を走り、1筋節に1個の孔が開く。背鰭は頭部の直後付近から、臀鰭はその少し後ろから始まる。水深50〜4571mの中・漸深層〜深海層に棲み、垂直日周移動を行う。体を立てて静止し、両顎にサクラエビ科の小エビの触角をからませて摂取する。東北地方の太平洋岸、九州・パラオ海嶺；北半球の温・熱帯域から南半球の南緯10°ぐらいまでに分布する。写真個体は全長57.7cm。

116

キセルクズアナゴ ○●○○
Venefica tentaculata

クズアナゴ科

体は少し側扁した円筒形。吻は長く伸び、先端に細長い肉質の突起がある。口は大きく、嘴状に飛び出し、眼の後方まで開く。歯は小さくやすり状に生える。前鼻孔は吻端近くにあり、管状の先端に開く。胸鰭と鱗がない。水深1170〜1790mに棲む。青森県の太平洋、オホーツク海南部；東部太平洋に分布する。このクズアナゴ科には日本から本種の他に4種知られている。写真個体は全長90cm以上。

117

ノコバウナギ ●●○○
Serrivomer sector

ノコバウナギ科

体は少し側扁したウナギ形。両顎は嘴状に長く伸びる。眼は小さい。両顎の歯は帯状に並び、外側の歯は2〜3列のやすり状の歯である。両顎の口角に前方に向かう犬歯がある。背鰭と臀鰭の鰭条の間隔は後方で狭くなる。水深300〜1800mに棲む。九州・パラオ海嶺から知られている。写真個体は全長46.1cm。

118

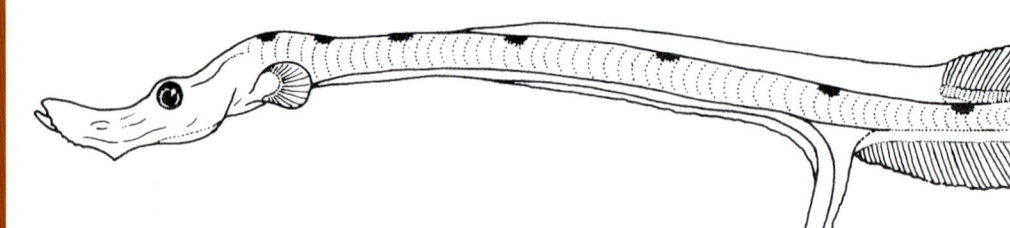

7. 長い腸を
ぶら下げた子供

　子供のときに長い腸をぶら下げて泳いでいる魚類が知られています。深海魚ではホウキボシエソ類、ダイニチホシエソ類、チヒロホシエソ類、ミツマタヤリウオ類、ハダカイワシ類などに認められています。中でもホウキボシエソ類では著しく長い腸をぶら下げています。これは多様な餌生物を利用するために、腸の表面積を広くして、消化と吸収の効率を高めるために発達したと考えられています。

119
ダイニチホシエソ類の一種の仔魚
Eustomias sp.（larva）

ホテイエソ科

体は透明で、著しく細長い。体の背縁に沿って 7 個の黒斑が並ぶ。臀鰭の前から長い腸がぶら下がる。図の個体の体長は 3.3cm。（Kawaguchi & Moser 1984 より）

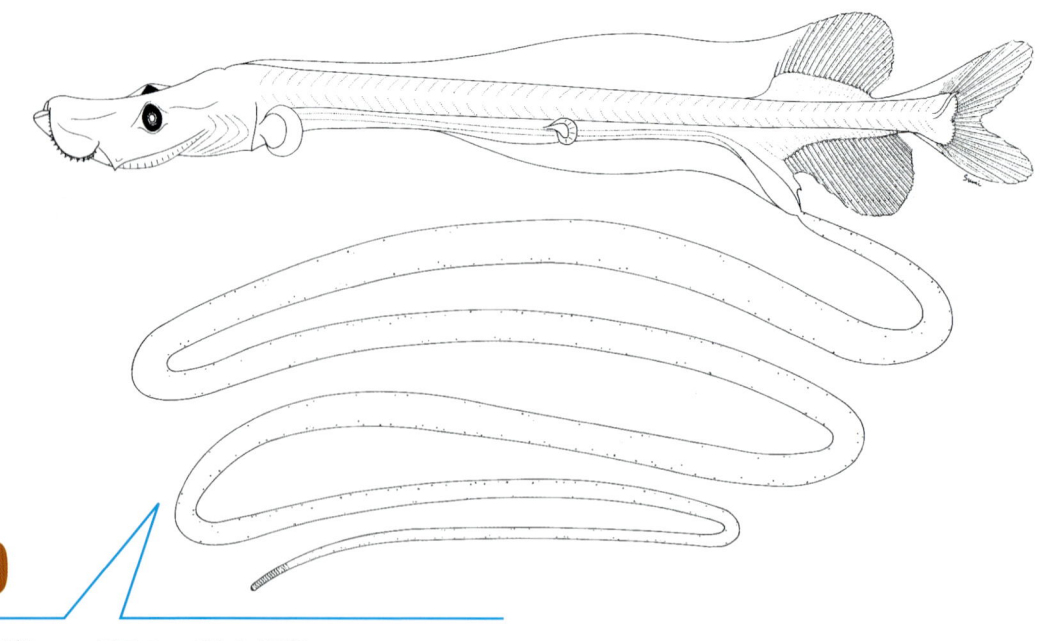

120
ホウキボシエソ類の一種の仔魚
Malacosteidae sp.（larva）

ホウキボシエソ科

体はほとんどが透明で、細長い。体の後部、臀鰭の前で腸が体から離れて著しく伸長し、体長のおよそ 5 倍にもなる。成魚は日本から 3 種知られている。図の個体は体長 3.5cm。(Moser 1981 より）

8. おろし金で肉をこそげ取る

　ヌタウナギ類の口は裂口状に開き、両顎がありません。顎がない代わりに舌の上に櫛のように並んだ2列の歯があります。他の魚に吸着し、舌の歯をピストン運動のように前後に動かして肉をはぎ取って食べることができます（図44）。吸着中は呼吸水を大きな鼻孔から取り入れ、各鰓に給水することができ、窒息しないように工夫されています。

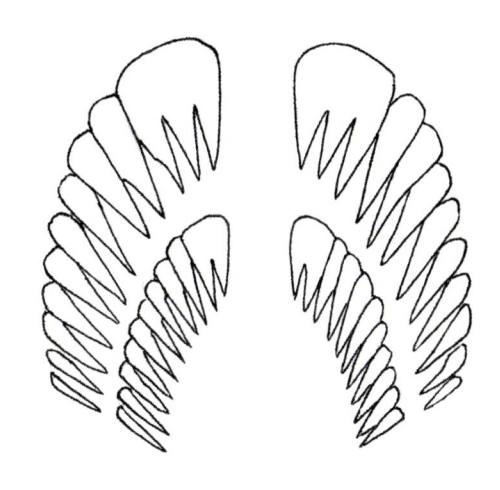

図44　ベルトコンベアーのように動く2歯式のヌタウナギの歯舌

121

ムラサキヌタウナギ
●○○○

Eptatretus okinoseanus

ヌタウナギ科

体側には粘液孔が1列に並び、体表面はぬるぬるしている。眼は皮下に埋没する。口は裂口状で周辺に4対の髭がある。舌の上に2列の舌歯があり、宿主の肉をはぎ取る。鰭は尾鰭だけであるが、鰭条がない。水深200〜600mに棲む。体長は最大80cmほどになる。銚子以南から沖縄近海に分布する。写真個体は全長57.5cm。

9. 突進してはぎ取る

　ダルマザメはマグロ類、カジキ類、クジラ類、アカマンボウ類など大きな魚に突進して肉をはぎ取って食べる特技をもっています（P.91 コラム17参照）。

ダルマザメ ●●●○
Isistius brasiliensis

ヨロイザメ科

体は紡錘形。口は小さい。上顎は小さくて弱く、小さな歯がまばらに生える。下顎は大きくて頑丈、鋭い歯が鋸のように生える。眼は頭の前端近くにある。背鰭と腹鰭は著しく小さく体の後部にある。臀鰭はない。胸鰭は著しく小さい。大型魚の肉をすくい取って食べることで有名。水深85〜3500mに棲む。日本の近海；世界の温・熱帯域に分布する。写真個体は全長50cm。(仲谷一宏氏提供)

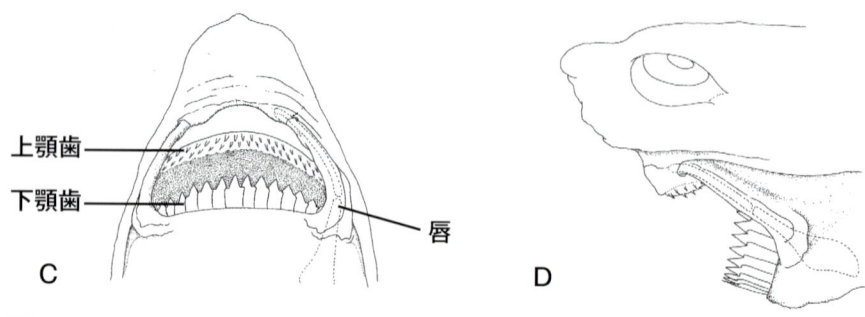

122

図45
ダルマザメの上顎（スパイク）と下顎（ナイフ）で著しく異なる歯
AC　腹面図、BD　側面図（AB　仲谷一宏氏提供、CD　Shirai & Nakaya 1992 より）

COLUMN 017

ダルマザメのテーブルマナー

深海1本釣りで釣られたサケガシラを調査していたとき、多くの個体の体表に直径2～3cmほどのクレーター状の傷が見られました。それらは1尾に1～十数個ほど、すくい取られて間もない傷から完治したものまでありました。これはダルマザメに食べられた傷跡です（図46）。サメの専門家である仲谷一宏博士（2003）によると、下顎は上顎より頑丈で、上顎には棘状の小さい歯がありますが、下顎には強く大きな鋸歯が並んでいます（図45）。さらにこのサメの舌が大きく、口の中をいっぱいにしています。サメは大きな獲物に突進して、上顎の歯を獲物の皮膚に打ち込みます。次に大きな下顎の歯を食い込ませます。唇で皮膚に吸い付くと今度は大きな舌を後ろに引っ張ります。すると口の中に吸い込み圧ができて、下顎の歯が肉の中に深く食い込みます。最後に尾鰭を振って体に回転を与えると獲物の肉はアイスクリームのスプーンですくい取るようにはぎ取られます。英名でクッキーカッターサメcookie-cutter sharkと言われていますが、アイスクリームスプーンの方がよさそうです。このサメはマグロ類、カジキ類、シイラ、アカマンボウ類などの大型魚類やクジラ類などを襲います。間違って原子力潜水艦のソナーのゴム製カバーに噛みついた跡が見つかったこともあるそうです。

図46 ダルマザメにすくい取られた傷跡を調査中のサケガシラの個体
A 直後の傷、B 完治した傷跡、C 治癒中の傷 （沖縄美ら海水族館の標本 体長251cm）

Ⅴ. 感覚

光がわずかに、あるいはまったく届かない暗黒の世界では眼、側線、頭部感覚孔などの基本的な感覚器官がよく発達した魚が数多くいます。また、それ以外にも特殊な感覚器官を進化させた魚が多く見られます。

1. 大きな眼

深海に到達するわずかな光に反射する餌生物を見逃さないために、大きな眼を発達させました。大きな眼をもった深海魚はいろいろな科のたくさんの魚に見られます。

オオメソコイワシ ○●○○
Bathylagus euryops

ソコイワシ科

体は細長く、わずかに側扁する。口は小さく眼の前までしか開かない。上顎に歯がない。吻は著しく短い。眼は極めて大きく、頭長の1/2 またはそれ以上。小さい背鰭は体の中央部に、臀鰭は体の後部にある。体と鰭は黒褐色。水深 1100 〜 1200m に棲む。北大西洋の温帯および北極域に分布する。写真個体は体長 16.1cm。

123

ネッタイソコイワシ ●●○○
Melanolagus bericoides

ソコイワシ科

体は細長く、側扁する。口は小さく眼の前までしか開かない。上顎には歯がないが、下顎には円錐歯が1列に並ぶ。眼は頭の前端に位置し、大きく、およそ頭長の半分。鱗は大きく、剥がれやすい。背鰭は小さく、体の中央部より前にある。小さい脂鰭は臀鰭後部の上にある。水深 1000 〜 1100m 付近に棲む。仔魚の眼は柄の先端にある (P.103 図 49D, P.104)。宮古島、小笠原近海；太平洋、大西洋の熱帯・亜熱帯海域に分布する。写真個体は体長 14.2cm。

124

グリーンランドサケイワシ ●●○○
Nansenia groenlandica

ソコイワシ科

体は細長い円筒形。口は極めて小さく、眼の前縁下付近まで開く。眼は著しく大きく、吻長の約2倍。鱗は極めて剥がれやすい。背鰭は体の中央部より前にある。水深508～1950mに棲む。アイスランドの北東岸と南岸から北緯35°付近までに分布する。写真個体は体長11.7cm。

125

126

ツマリウキエソ ●○○○
Woodsia nonsuchae

ギンハダカ科

体は細長い。眼は大きい。眼後発光器は眼の後縁下にある。体側の下部に2列の発光器が並び、各発光器は互いに離れる。背鰭は体の中央部のやや後ろから始まる。水深400～550mに棲む。沖ノ鳥島、小笠原近海；太平洋、大西洋の熱帯域に分布する。写真個体は体長9.1cm。

フデエソ ●○○○
Scopelosaurus smithii

フデエソ科

体は著しく細長くほとんど円筒形である。眼は大きく、瞳孔は楕円形で、その前に大きな無水晶体がある。口は大きく眼の後縁下を越える。上顎の歯はやすり状である。水深800～815mに棲む。九州・パラオ海嶺、琉球列島海域；太平洋、インド洋、大西洋の亜熱帯海域に分布する。写真個体は体長10.5cm。

オオメギンソコダラ ●○○○
Caelorinchus oliverianus

ソコダラ科

頭部は著しく壊れやすい。眼は著しく大きく、頭の中央部にある。吻は前端で尖るが、長く突出しない。口は頭の下面に開く。腹部発光器は丸く、肛門の前方で、腹鰭始部の間にある。水深およそ558mに棲む。ニュージーランド周辺海域にのみ分布する。写真個体は全長29.1cm。

127

128

129 フチマルギンメ●○○○

Diretmus argenteus

ナカムラギンメ科

体は円形で、よく側扁する。眼は著しく大きい。口は大きく、ほぼ垂直に開く。腹鰭より前方の腹縁に 21 〜 22 枚の大きな鱗がある。胸鰭は長く臀鰭起部を越える。水深 446 〜 959m に棲む。日本からは報告されていない。太平洋、インド洋および大西洋に広く分布する。写真個体は体長 10.8cm。

130 ソコマトウダイ ●○○○

Zenion japonicum

ソコマトウダイ科

詳しくは P.158 参照

131 オオメマトウダイ ●●○○

Allocyttus verrucosus

オオメマトウダイ科

体は菱形で、側扁する。尾柄部は細長い。口は頑丈で、口唇は厚い。両顎歯は小さく 1 列に並ぶ。眼は著しく大きく、およそ頭長の 1/2。腹部に骨板が並ぶ。背鰭と臀鰭の基底に棘をもった粗い鱗がある。水深 370 〜 1600m に棲む。北海道と東北太平洋岸；北太平洋、ニュージーランド、オーストラリア、南アフリカに分布する。写真個体は体長 43cm。

132 コブシカジカ ●●○○

Malacocottus zonurus

ウラナイカジカ科

体は太く短く、背鰭起部近くで盛り上がる。両眼間隔域の後ろに骨質の隆起がある。眼は大きく、眼窩の上縁は隆起する。体と各鰭の基部は柔らかい弾力のある皮膚で覆われる。体と頭の背面には多数の粟粒状の鱗があり、頭部には細かな皮弁がある。水深 100 〜 1980m に棲む。北日本、日本海北部；北太平洋、ベーリング海、オホーツク海に分布する。写真個体は体長 16.8cm。

マメオニガシラ ●○○○
Ostracoberyx dorygenys

オニガシラ科

体は卵円形。頭は大きく、その骨は露出し、表面はざらざらしている。眼は大きい。前鰓蓋骨の角に後方に向かう大きな棘があり、胸鰭の基底を越える。背鰭は二基。水深 400 ～ 450m に棲む。土佐湾、沖縄舟状海盆；フィリピンに分布する。写真個体は体長 10.3cm。

133

マルトゲスミクイウオ ●○○○
Rosenblattia robusta

ヤセムツ科

体は側扁する。側線は体の背面に沿って尾鰭基部上まで走る。眼は大きく、吻長の約 2 倍。水深 705 ～ 713m に棲む。ニュージーランド、南アフリカに分布する。写真個体は体長 8.6cm。

134

ハゲヤセムツ ●○○○
Epigonus denticulatus

ヤセムツ科

体は細長く、少し側扁した紡錘形。眼は著しく大きい。口は眼の中央部下まで開く。両顎に小さい歯が 1 列に並ぶ。小さい二基の背鰭が体の中央部付近にある。側線は体の背側中央部を直走する。鱗は極めて剥げやすい。水深 100 ～ 600m に棲む。南日本の太平洋、九州・パラオ海嶺；オーストラリア、ニュージーランド、大西洋に分布する。写真個体の体長は 15.5cm。

135

2. 小さい眼、退化した眼

大きな眼の魚とは反対に、かすかな光しか届かない世界、あるいは暗黒の世界では見ることをあきらめ、著しく小さな退化的な眼になった魚が数多くいます。ときには眼を失った魚さえ見られます。

モノグナサス ナイジェリ〇●●〇 ― 136
Monognathus nigeli
タンガクウナギ科
詳しくはP.75参照

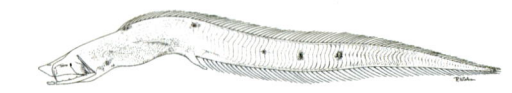

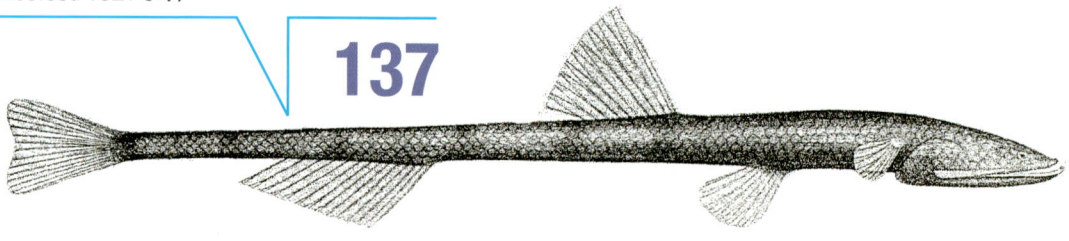

バシミクロプス レギス〇〇●〇
Bathymicrops regis
チョウチンハダカ科
体は著しく細長く、高さは長さの約1/19。体は側扁する。頭の背面は平坦。口は大きく、頭部の後端近くまで開く。下顎は上顎より前に突出する。眼は痕跡的で、鱗で覆われる。体は灰褐色で、およそ7本の暗い色のラインがある。水深4255〜5250mに棲む。中部大西洋、アフリカの南西部沖に分布する。図の標本の体長は11cm。(Koefoed 1927より)

― 137

138
オオソコイタチウオ●〇〇〇
Cataetyx platyrhynchus
フサイタチウオ科
体は細長く、前半部でわずかに尾部では強く側扁する。頭は大きく、頭頂部は広くて扁平。吻は平たく、口の前端を越えない。眼は小さく頭部の背面にある。鰓蓋の上端にある棘は強大。両顎の歯はやすり状。鱗は著しく小さい。側線は体の中ほどで上下にずれる。腹鰭は1軟条で、喉部にある。水深910〜990mに棲む。沖縄舟状海盆から知られている。写真個体は体長57cm。

139
ミスジオクメウオ●●〇〇
Barathronus maculatus
ソコオクメウオ科
詳しくはP.139参照

140

クロアンコウ ●●●○
Melanocetus murrayi

クロアンコウ科

詳しくは P.76 参照

141

ホソミクジラウオ ○●○○
Cetostoma regani

クジラウオ科

体は著しく細長く、腹部で低く、背鰭と臀鰭の起部付近でもっとも高い。眼は上顎の中央部上方にあり、著しく小さい。口は極めて大きく、眼のはるか後方まで開く。両顎の歯はやすり状。頭部と体側に側線が発達している（P.110 図51B）水深1190m付近に棲む。青森県の太平洋岸；大西洋に分布する。写真個体は体長16.6cm。

142

イレズミコンニャクアジ ●●○○
Icosteus aenigmaticus

イレズミコンニャクアジ科

体は柔らかく、中央部で側扁する。頭は小さく、前方に突き出す。眼は著しく小さい。両眼間隔域は平坦。体には鱗がない。側線は隆起し、多数の小棘が規則的に並ぶ。幼魚は表層近くにいるが、成魚は1000m付近に棲む。北日本；北太平洋に分布する。写真個体は体長143cm。

アカドンコ ●●○○
Ebinania vermiculata

ウラナイカジカ科

体はオタマジャクシ形で、厚いぶよぶよした皮膚で覆われる。頭は大きくて丸く、腹側面に多数の小さい皮弁をもつ。眼は小さく頭の前部に位置する。頭部に顕著な棘がない。体は赤紫を帯びた淡褐色で、虫食い状の斑紋がある。水深300～1000mに棲む。熊野灘以北の太平洋岸に分布する。写真個体は体長35cm。

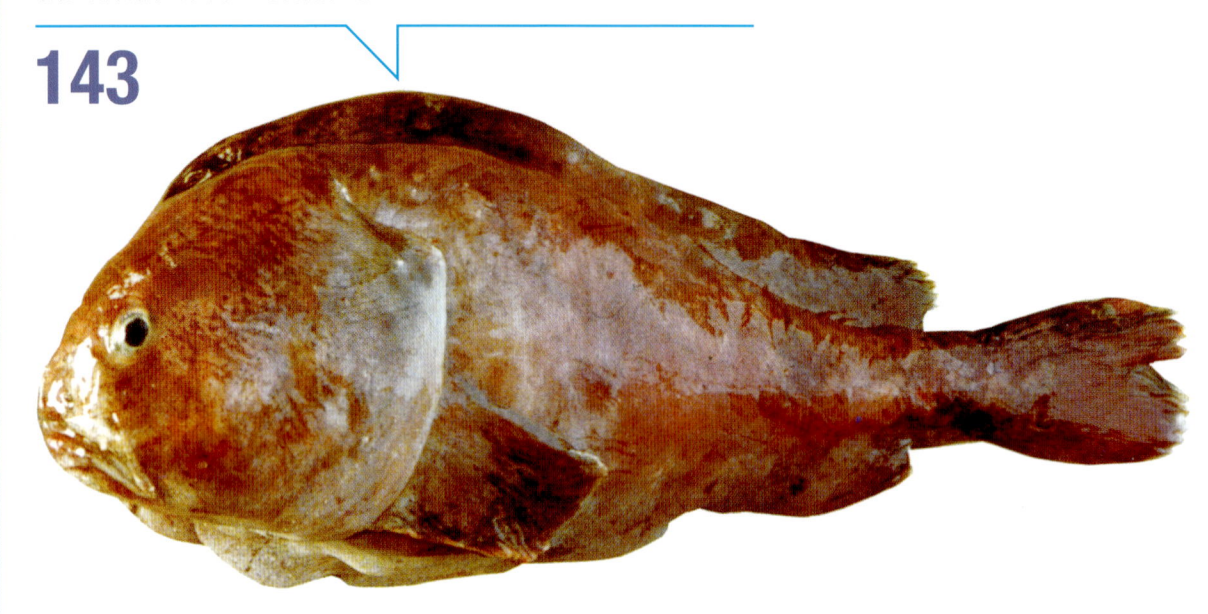

143

オオバンコンニャクウオ ●○○○
Careproctus dentatus

クサウオ科

体は長楕円形で側扁し、ぶよぶよした皮膚で覆われる。両顎歯はナイフ状で1列に並ぶ。鰓孔は小さく胸鰭の上に開く。腹吸盤は大きく、直径は頭長の半分以上ある。体は一様に桃色で、眼は著しく小さく、銀白色。水深120～750mに棲む。北海道のオホーツク海；カムチャッカ半島西岸に分布する。写真個体は体長36cm。

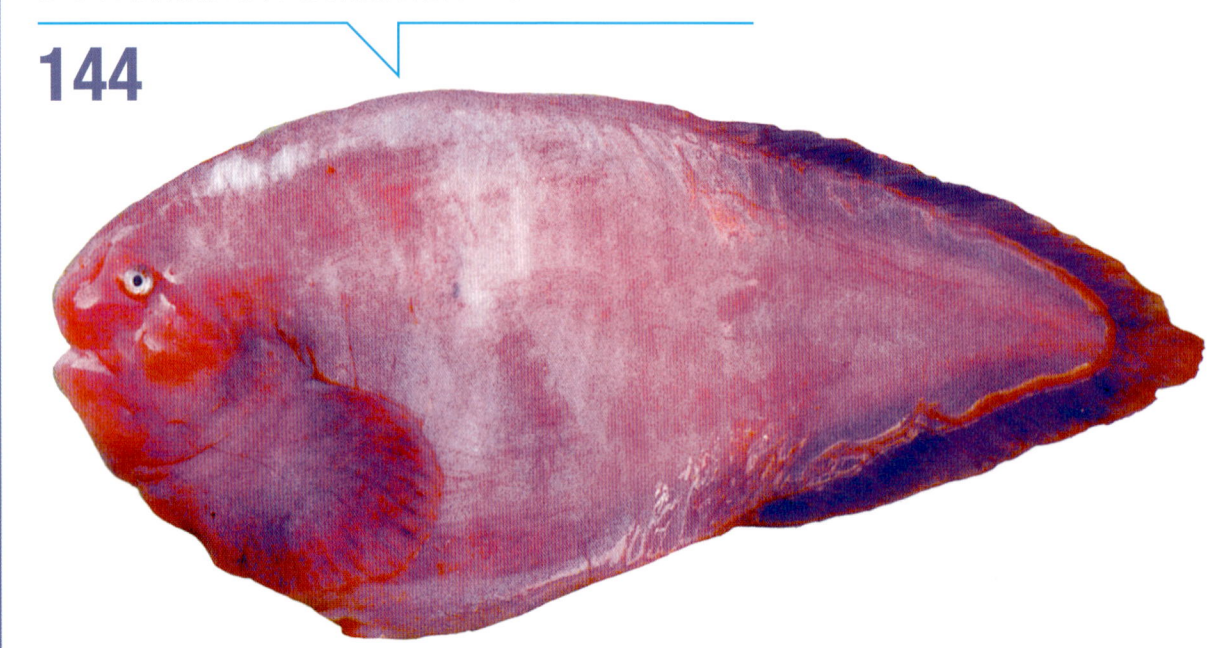

144

3. 望遠鏡のような眼

　筒状の眼をもっている魚はデメニギス科（ニギス目）、ソコイワシ科（ニギス目）、ヤリエソ科（ヒメ目）、デメエソ科（ヒメ目）、ボウエンギョ科（ヒメ目）、スタイルフォルス科（アカマンボウ目）などの 11 科の魚に見られます。ヒメ目の仲間に多いのですが、他の目（モクとは分類単位のこと。P.108 図50、コラム18）の魚にも見られます。目が違うということは血縁が非常に遠いということです。筒状の眼は深海という特殊な環境の中で、それぞれの目的のためにそれぞれの目で独自に進化してきたと考えられます。

　デメニギス科は、日本の海から 5 種が知られています。普通の魚のように側面を向く眼をもつムカシデメニギスから進化したようです。筒状眼が前方または斜め前方を向くクロデメニギス、上方を向くデメニギス、ヨツメニギス、ヒナデメニギスなどがあります（図47）。

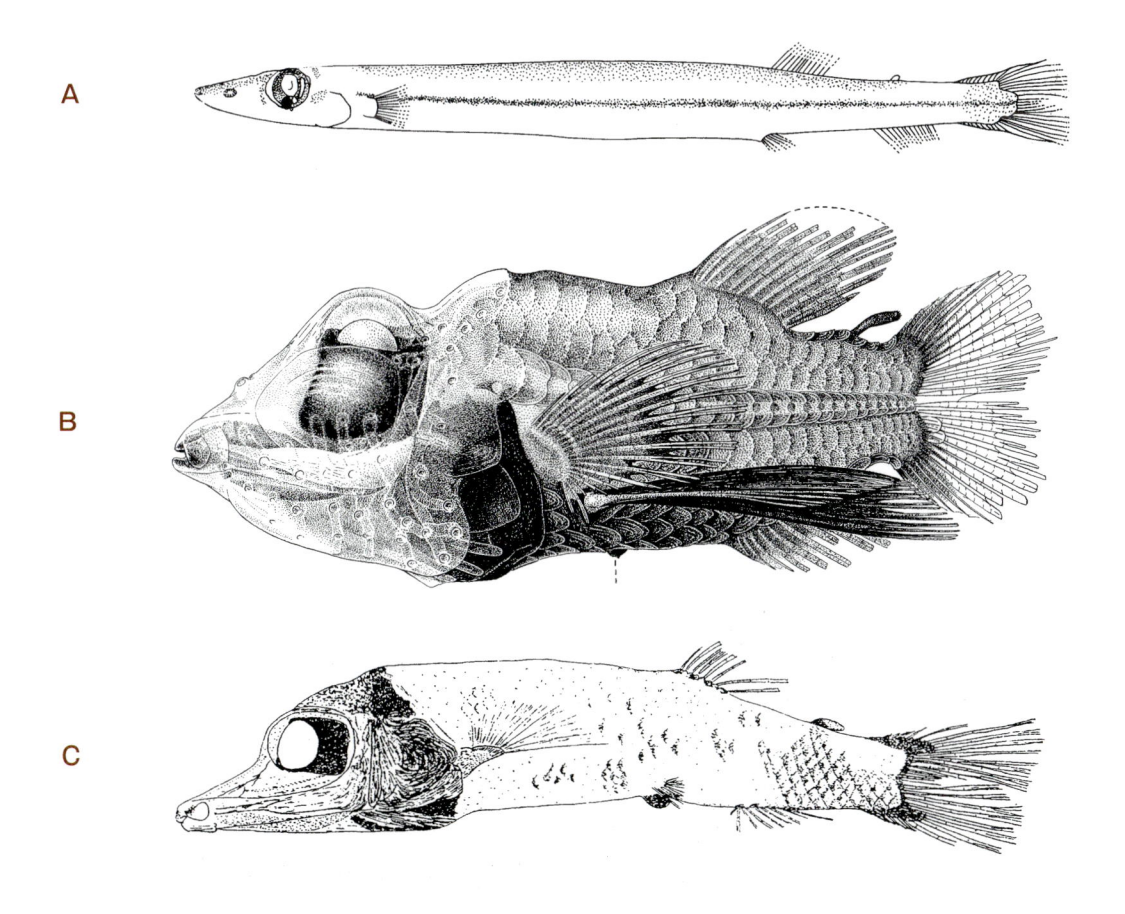

図47　様々な方向を向くデメニギス類の眼
A　側面眼　ムカシデメニギス（Cohen 1958 より）
B　背方眼　デメニギス（Bradbury & Cohen 1958 より）
C　前方又は斜前方眼　クロデメニギス（Haedrich & Cradock 1969 より）

このうち眼が上方を向いているデメニギスなどでは体が頑丈で高く、腹部に発光バクテリアによって発光する発光体、反射板、レンズをもっています。光は下方に向かって発射されるので、上を向いた眼が双眼鏡のように働き、上方にいる仲間を容易に確認できます。一方、ヒナデメニギスは上方を向く筒状眼をもっていますが、体は細長く弱々しく、違ったタイプの発光器を備えています。この魚の眼は捕食者や餌をいち早く発見するのに役立っているようです。斜め前方を向いているクロデメニギスは両者の中間的な状態と言えます。

ボウエンギョ科の魚は前方を向いた筒状の眼をもっています。この魚は大きな獲物でも飲み込むことができるハンターです（P.64 IV. 摂餌／ 1. 大きな口で丸飲み参照）。眼を双眼鏡のようにして獲物を探すことができます。一方、この魚は水中で体を垂直に立ててとどまり、上方の獲物を狙うと考えている研究者もいます。

スタイルフォルスの筒状の眼は前方または上方に向いています。この魚は口が小さくて、獲物を吸い込んで食べます。そのためにまずスポイトのように口を膨らませて吸い込む準備をする必要があります。それには早く獲物を見付け、正確な位置を知らなければなりません。筒状眼はこの魚の特殊な餌の捕り方と関係しているようです（P.70 IV. 摂餌／ 2. 小さい口で吸い込む 図32 参照）。

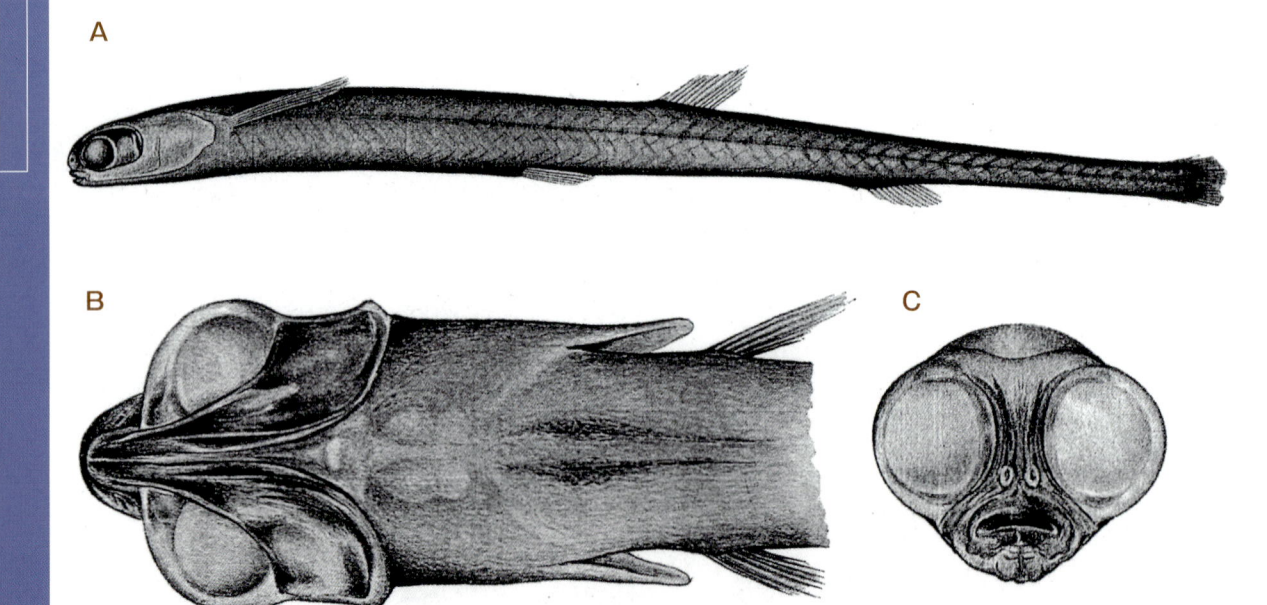

図48 ソコイワシ類の一種ゼノフィザルミクチス ダナエ（*Xenophthalmichthys danae*）の前方を向く筒状の眼　A 側面、B 背面、C 前面 （Bertelsen 1958 より）

145　デメエソ ○●○○
Benthalbella linguidens
デメエソ科
詳しくは P.106 参照

146 デメニギス ●○○○
Macropinna microstoma

デメニギス科

体は高くて、短く、側扁する。眼は大きく、筒状で、上方を向く。背鰭と臀鰭は体の後方に位置する。腹鰭は胸鰭と臀鰭の中間より少し前から始まる。水深 400 ～ 800m に棲む。東北地方の太平洋岸；北太平洋亜寒帯海域に分布する。写真個体は体長 11cm。（藤井英一氏提供）

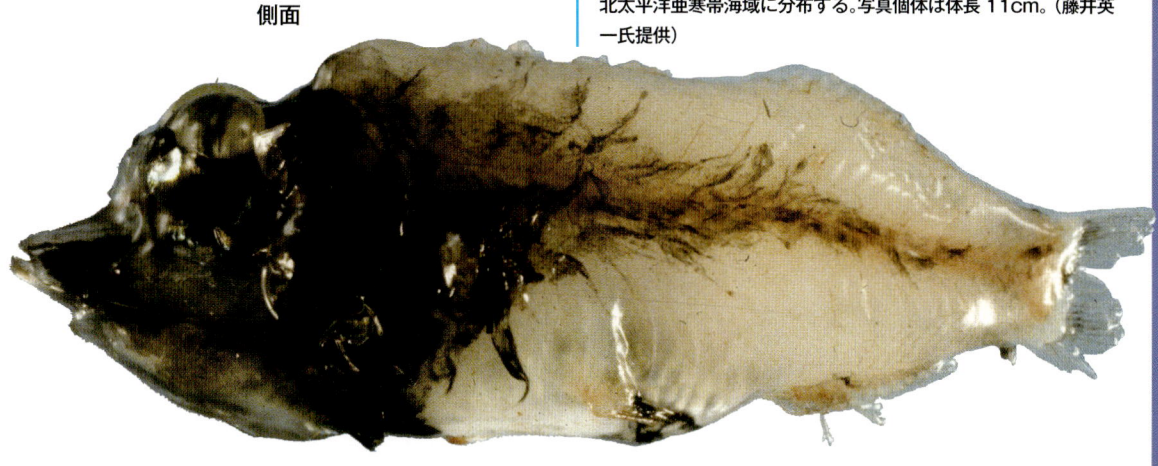

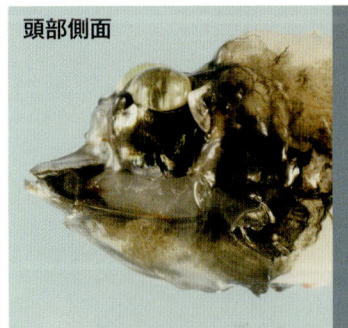

側面

頭部側面　背面

147 ヤリエソ ●●○○
Coccorella atlantica

ヤリエソ科

体は著しく側扁する。吻は円錐状に鈍く飛び出す。眼はいくぶん筒状で、上側方を向くため、眼を収める眼窩は下部で拡張する。口は大きく、眼の後方まで開く。上顎の前部に 1 ～ 2 本の小犬歯があり、その他は円錐歯。下顎、口蓋骨、鋤骨には多くの犬歯が並ぶ。下顎の第 3 犬歯、口蓋骨の犬歯は大きくて牙状。水深およそ 500 ～ 1000m に棲む。駿河湾、小笠原、沖ノ鳥島周辺海域；太平洋、インド洋、大西洋の亜熱帯海域に分布する。写真個体は体長 15.6cm。

テンガイヤリエソ ●○○○
Evermannella bulbo

ヤリエソ科

体は著しく側扁する。体には鱗がない。側線は短く背鰭起部下で終わる。眼は筒状で上を向く。上顎歯は1列。下顎歯は2列で、内列の前部歯の3～4本は大きな剣状歯で、「かえし」をもつ（P.73 図33B）。水深830m付近に棲む。南太平洋、インド洋、大西洋に分布する。写真個体は体長18.1cm。

148

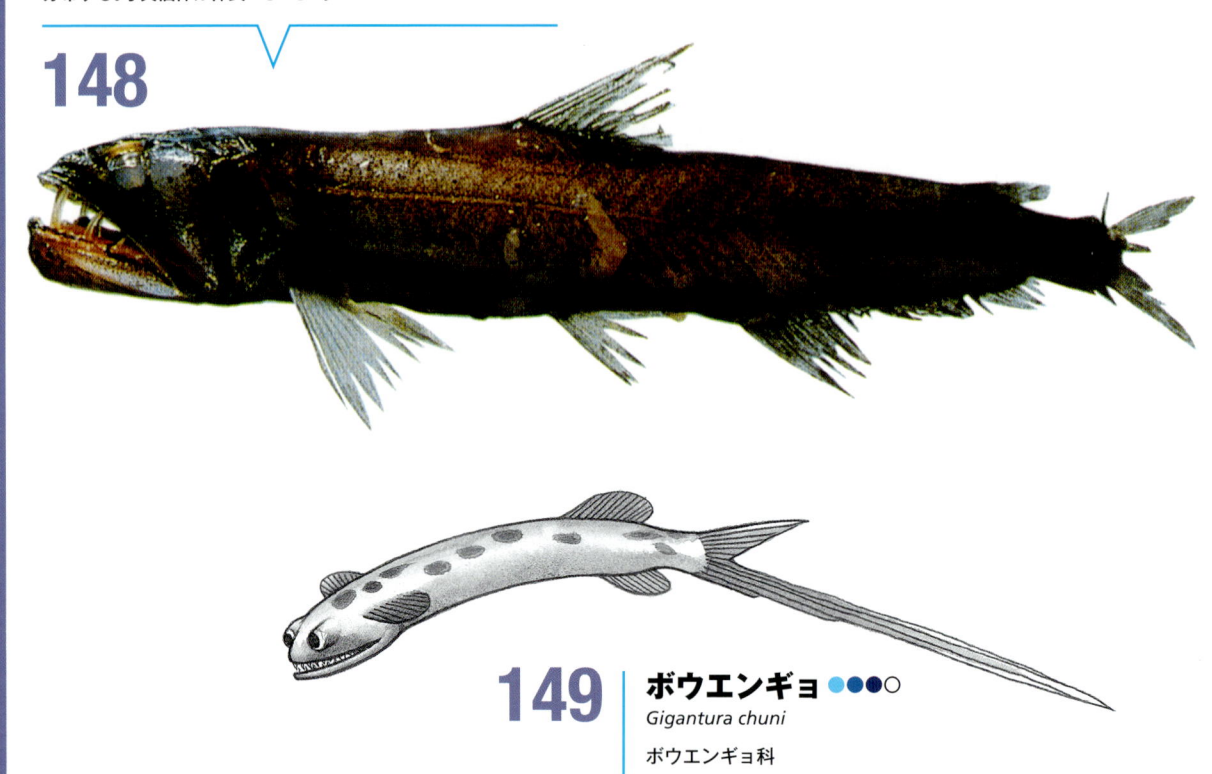

149

ボウエンギョ ●●●○
Gigantura chuni

ボウエンギョ科

体は円筒形。眼は大きく、望遠鏡のように筒形で、前方を向く。口は大きく頭の後端近くまで開く。後方に倒すことができる鋭い歯がある。大きく拡張できる胃袋をもつ。尾鰭は二叉し、下葉は長く伸びる。皮膚は柔らかく、発光器や鱗がない。変態後（体長約2.5～3.4cm）、前上顎骨、鰓耙、鎖骨などの骨がなくなり、多くの骨は軟骨からなる。体長22cmぐらいになる。水深3500mぐらいまでに棲む。日本からは知られていない。大西洋の温・熱帯海域に分布する。（Norman 1963より略写）

150

スタイルフォルスコルダタス ●○○○
Stylephorus chordatus

スタイルフォルス科

詳しくはP.71参照

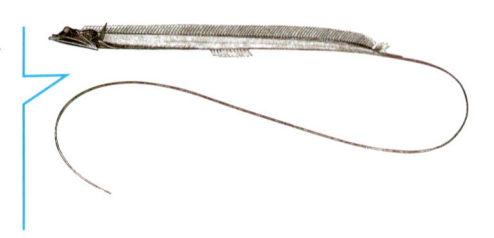

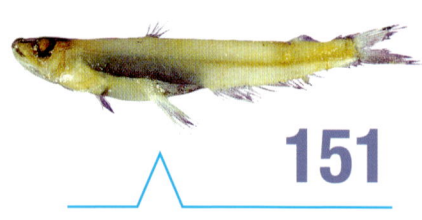

151

シロデメエソ ●○○○
Scopelarchoides danae

デメエソ科

詳しくはP.106参照

4. 長い柄の先に眼

　柄の先に眼をもった魚は、ソコイワシ類、ワニトカゲギス類、ハダカイワシ類、ミツマタヤリウオ類などの多くの仔魚で観察されています。ソコイワシ類、ハダカイワシ類では短い明瞭な柄があります（図49D）。ミツマタヤリウオの柄はもっとも長く、体長 16 〜 28mm の稚魚は体長の 25% 以上にもなる長い柄をもっています。眼柄は軟骨からでき、頭蓋骨から生え、その中を視神経が通ります（図49A 〜 C）。眼柄は筋肉によって自由に動かすことができるので、それによって視野が著しく広がり、捕食者や餌生物を容易に発見し、餌生物を長く眼で追うことができ、少ない動きで確実に捕らえられます。余分な動きを少なくすることで捕食者から発見され難いです。有柄眼は餌が少ないところで役立ちます。

**ミツマタヤリウオ
の成魚（雌）**
●●○○
Idiacanthus antrostomus
ミツマタヤリウオ科
詳しくは P.52 参照

152

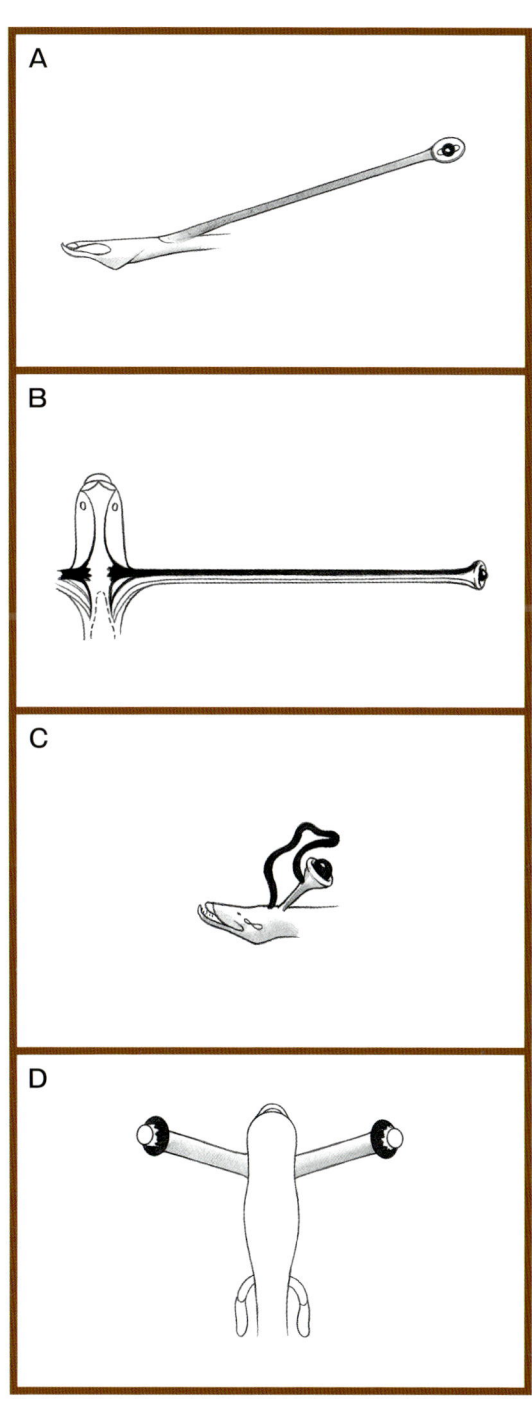

図 49　長い柄の先端にある眼（黒い帯は柄を支持する軟骨）
ABC ミツマタヤリウオの子供
D ネッタイソコイワシの子供
(ABC Beebe 1934 より略写、
D Ahlstrom et al 1984 より略写)

153

ヒカリハダカの仔魚
Myctophum aurolaternatum (larva)

ハダカイワシ科

体は細長く、頭は少し平らである。眼が小さく、長く突出した柄の先端にある。腸は体の中央部から飛び出し、尾鰭をはるかに越える。背鰭は膜状で、よく発達し、背面全体を占める。熊野灘、土佐湾；太平洋、インド洋の熱帯域に分布する。図の個体は体長 2.6cm。（Moser & Ahlstrom 1974 より）

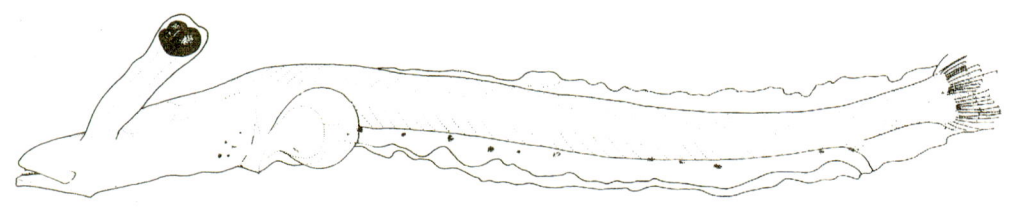

154

ネッタイソコイワシの仔魚
Melanolagus bericoides (larva)

ソコイワシ科

体はほとんど透明で、腸の側面に沿っておよそ 18 個の小黒斑が並ぶ。尾鰭を除く他の鰭は膜状である。眼は丈夫な柄の先端にある。宮古島、小笠原諸島；太平洋、大西洋の熱帯、亜熱帯域に分布する。図の個体は体長 1.8cm。（Ahlstrom et al 1984 より）

ネッタイソコイワシの成魚 ●●○○
Melanolagus bericoides

ソコイワシ科

詳しくは P.92 参照

155

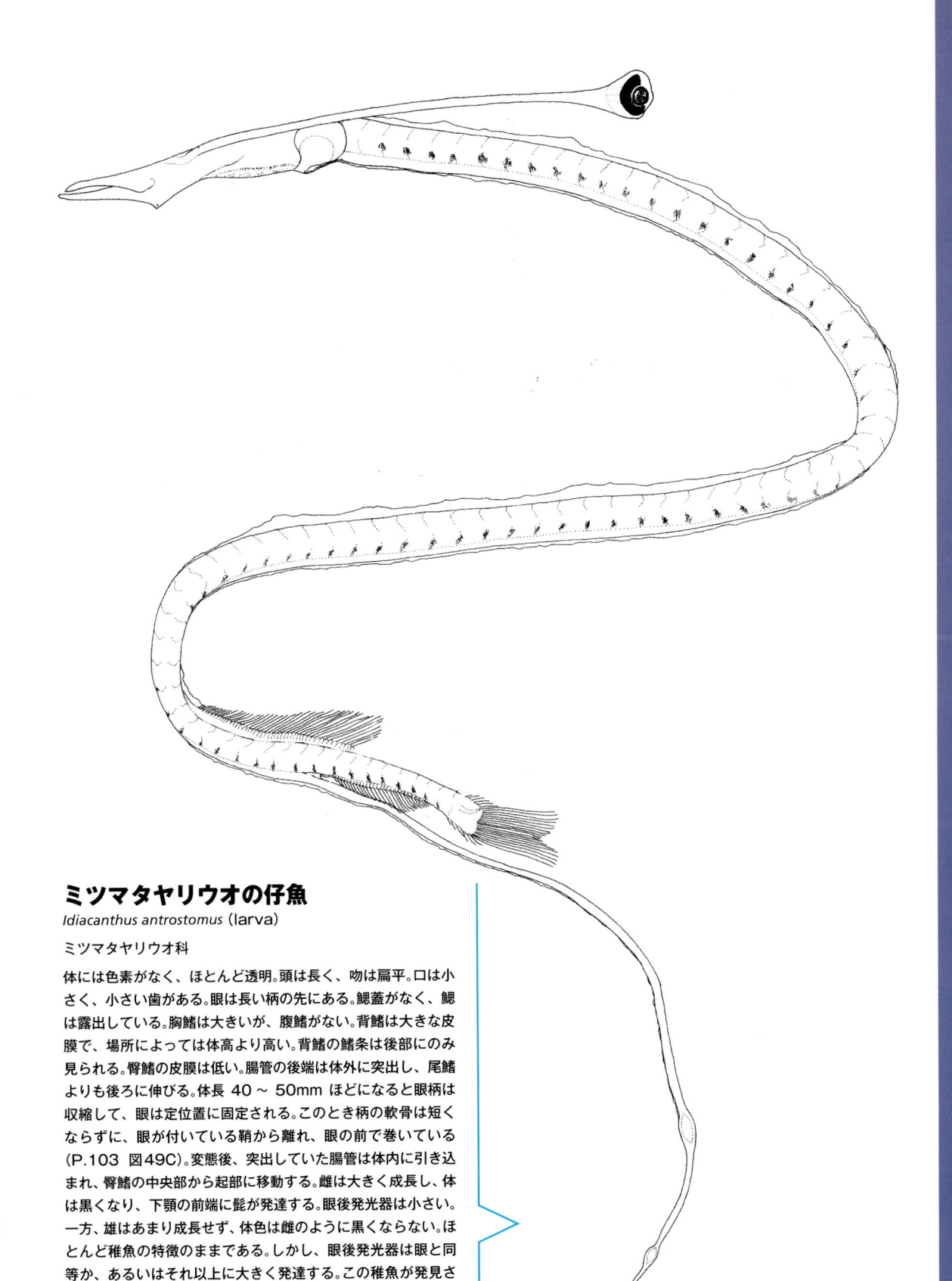

ミツマタヤリウオの仔魚
Idiacanthus antrostomus (larva)

ミツマタヤリウオ科

体には色素がなく、ほとんど透明。頭は長く、吻は扁平。口は小さく、小さい歯がある。眼は長い柄の先にある。鰓蓋がなく、鰓は露出している。胸鰭は大きいが、腹鰭がない。背鰭は大きな皮膜で、場所によっては体高より高い。背鰭の鰭条は後部にのみ見られる。臀鰭の皮膜は低い。腸管の後端は体外に突出し、尾鰭よりも後ろに伸びる。体長 40 〜 50mm ほどになると眼柄は収縮して、眼は定位置に固定される。このとき柄の軟骨は短くならずに、眼が付いている鞘から離れ、眼の前で巻いている (P.103 図49C)。変態後、突出していた腸管は体内に引き込まれ、臀鰭の中央部から起部に移動する。雌は大きく成長し、体は黒くなり、下顎の前端に髭が発達する。眼後発光器は小さい。一方、雄はあまり成長せず、体色は雌のように黒くならない。ほとんど稚魚の特徴のままである。しかし、眼後発光器は眼と同等か、あるいはそれ以上に大きく発達する。この稚魚が発見されたときにはその特異さゆえに新属新種として報告された。北海道太平洋側から土佐湾、小笠原諸島；北太平洋温帯域に分布する。図の個体は体長 5.5cm。(Kawaguchi & Moser 1984 より)

156

5. 光の感知器官

　デメエソ科やヤリエソ科の魚には眼球の下方に白色の斑紋が見られます。これは真珠器官"pearleyes"と呼ばれ、発光餌生物のわずかな光を感知するのに役立っていると考えられています（これを発光器だとする説もあります）。この器官のためにデメエソ科の魚のことを英名でPearleyed fishes"真珠眼の魚"と呼んでいます。この魚は上方を向く筒状眼をもっていて上方の獲物を見ることができますが、側方からの物は網膜には映りません。この器官は側方からの光を網膜まで伝達させる誘導装置です。デメニギス科のヒナデメニギス属の魚は上方を向く筒状眼をもっていますが、眼の下に網膜憩室という突出物を発達させ、下からの発光生物の光を感じることができます。

デメエソ ○●○○
Benthalbella linguidens

デメエソ科

体は細長く、側扁する。頭は小さい。眼は大きくて、上方を向き、多少管状。眼に白点がある。口の後端は眼の後縁下を越える。両顎の外列歯は小さく、内列に10本以上、舌の上に14本の大きな槍状歯がある。体の中央部を太い側線が走る。腹鰭は背鰭より前にある。水深1095～1220mに棲む。東北地方の太平洋岸、小笠原諸島近海；北太平洋に分布する。写真個体は体長30.5cm。

157

シロデメエソ ●○○○
Scopelarchoides danae

デメエソ科

体は側線の後半部の暗色帯を除いて全体に白っぽい。眼は大きくて、多少管状で上を向く。眼球の下方に半月状の白色斑紋がある。舌の上に平たい鈎状の歯が1列に並ぶ。水深550～800mに棲む。九州南方海域；太平洋、インド洋、大西洋の熱帯、亜熱帯海域に分布する。写真個体は体長11.5cm。

158

ツマリデメエソ ○●○○
Benthalbella dentata

デメエソ科

体は細長く、側扁する。眼は大きくて、多少管状で上を向く。口は大きく、眼の後縁の下まで開く。上顎には多数の小さな歯が1列に並ぶ。下顎の歯は2列で、外列歯は上顎歯と同じであるが、内側歯は大きな槍形で、10本ほどある。眼球の下方に白色斑紋がある。水深1290～1340mに棲む。オホーツク海、東北地方太平洋岸；北太平洋の亜寒帯水域に分布する。写真個体は体長20.2cm。

159

6. 眼の代わりになる感光板

　チョウチンハダカ科のチョウチンハダカの仲間は眼を失ない、その代わりに頭頂に頭の半分以上を覆う大きな淡黄色の板をもっています。以前、これは発光器と考えられていました。しかし潜水調査により、この器官はカメラのフラッシュの光によく反射することが判明しました。そして標本の解剖の結果、この板は左右対をなす透明化した頭蓋骨の骨でできていることがわかりました。その下にある反射層は眼の網膜が変化してできたものでした。眼が退化し、網膜だけが異常に発達していたのです。光の届かない深海では餌生物を視覚で捕らえるよりも、発光する生物のわずかな光を写真のフィルムのように感光できればそれで十分なのでしょう。

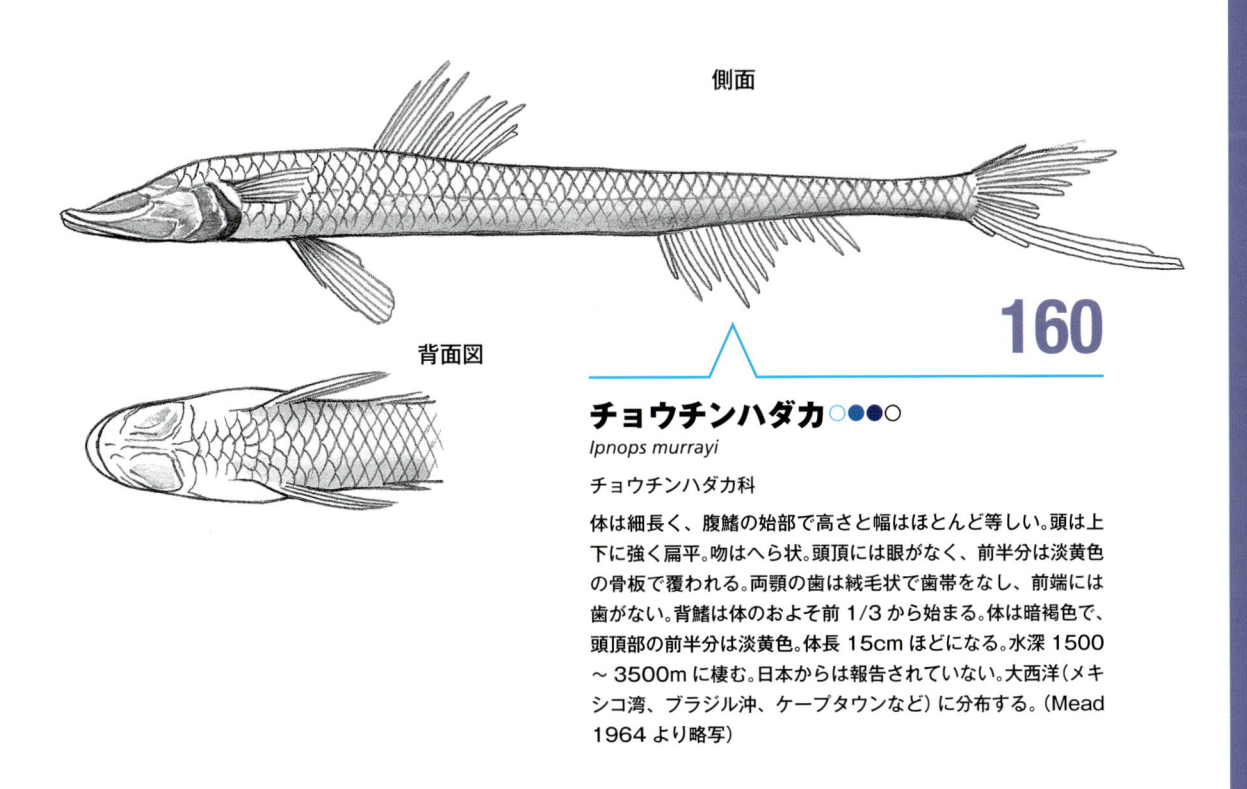

側面

背面図

160

チョウチンハダカ ○●●○
Ipnops murrayi

チョウチンハダカ科

体は細長く、腹鰭の始部で高さと幅はほとんど等しい。頭は上下に強く扁平。吻はへら状。頭頂には眼がなく、前半分は淡黄色の骨板で覆われる。両顎の歯は絨毛状で歯帯をなし、前端には歯がない。背鰭は体のおよそ前 1/3 から始まる。体は暗褐色で、頭頂部の前半分は淡黄色。体長 15cm ほどになる。水深 1500〜3500m に棲む。日本からは報告されていない。大西洋（メキシコ湾、ブラジル沖、ケープタウンなど）に分布する。（Mead 1964 より略写）

分類の仕組み

地球上に生息し、発見された生物には名前が付けられています。それらをどのように整理し、配列しているかを簡単に説明します。ここでは馴染みの薄い深海魚ではなく、一般的によく知られている淡水魚にしました（図50）。生物でもっとも基本となるのが種で、これが最下位にあります。私たちがよく知っているコイ、ドジョウ、ナマズ、メダカなど（S1～S26）が種です。この中にもっともよく知られているフナは入っていませんが、フナは1つの種ではなくここでは4種（S13～S16）に分かれています。多様な種はそのままではバラバラです。それらの中から似た種ばかりをまとめてグループをつくっていきます。そのグループの分類単位名は属です。例えばウナギとオオウナギはウナギ属（G2）。コイ属（G7）は日本には1種しかいませんが、フナ属（G8）にはキンブナ（S13）、ニゴロブナ（S14）、ゲンゴロウブナ（S15）およびギンブナ（S16）の4種が含まれています。次に似た属を集めてできたグループは科です。イワナ属（G3）とサケ属（G4）は1つのグループをつくりサケ科（F3）で、オイカワ属（G5）からタナゴ属（G9）まではコイ科（F4）です。次のグループは目です。ウナギ目（O2）とサケ目（O3）はそれぞれウナギ科（F2）とサケ科（F3）だけを、コイ目（O4）はコイ科（F4）とドジョウ科（F5）を、ナマズ目（O5）はアカザ科（F6）とナマズ科（F7）を、そしてダツ目（O6）はメダカ科（F8）を含みます。さらにまた、ウナギ目、サケ目、コイ目、ナマズ目およびダツ目は1つのグループを形成し、それは硬骨魚綱（C2）です。カワヤツメ（S1）は頭甲綱（C1）となり、他の全ての種（S2～S26）に対して綱の段階から異なっています。つまり、両者は著しく異なっていることがわかります。しかしこれら両綱も脊索動物門（P1）という1グループを形成します。このように分類は下位から上位に階層的に積み上

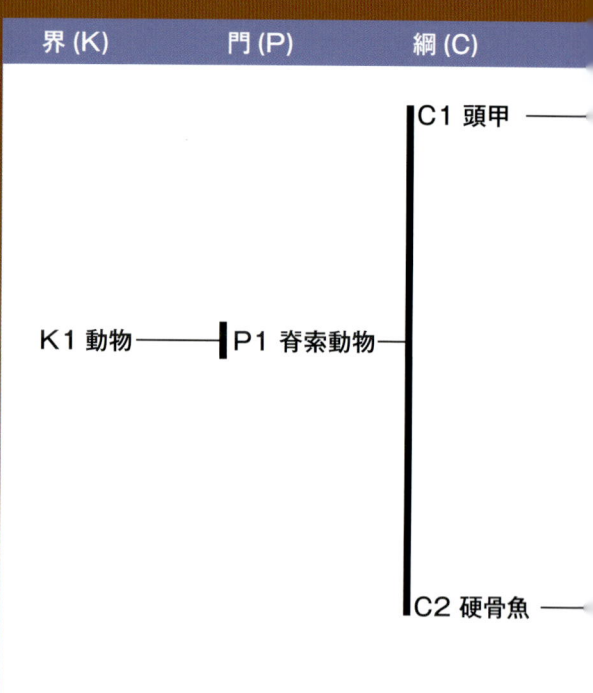

図50
淡水魚を例にした分類体系の仕組み

COLUMN 018

げて配列し、順番に名称を与えてできた体系です。これらの名称は基本となるもので、必要に応じてそれぞれの間の下位に対して「亜」、上位に対して「上」を付けて細分します。また、近年、類縁関係の新しい分析方法である分岐分類学が導入され、さらにDNAによる解析が進みつつあり、それに基づいた分類体系が構築されています。それには一層多くのグループ名が必要になり、区、グレード、シリーズ、族など多くの名称が登場しています。体系が複雑化し、一般の分類からかけ離れて、ますます理解しづらくなってきています。

目 (O)	科 (F)	属 (G)	種 (S)
O1 ヤツメウナギ	F1 ヤツメウナギ	G1 カワヤツメ	S1 カワヤツメ
O2 ウナギ	F2 ウナギ	G2 ウナギ	S2 ウナギ
			S3 オオウナギ
O3 サケ	F3 サケ	G3 イワナ	S4 イワナ
		G4 サケ	S5 ニジマス
			S6 アマゴ
O4 コイ	F4 コイ	G5 オイカワ	S7 カワムツ
			S8 オイカワ
		G6 ウグイ	S9 ウグイ
			S10 エゾウグイ
			S11 マルタ
		G7 コイ	S12 コイ
		G8 フナ	S13 キンブナ
			S14 ニゴロブナ
			S15 ゲンゴロウブナ
			S16 ギンブナ
		G9 タナゴ	S17 タナゴ
			S18 カネヒラ
			S19 イタセンパラ
	F5 ドジョウ	G10 ドジョウ	S20 ドジョウ
		G11 シマドジョウ	S21 シマドジョウ
			S22 スジシマドジョウ
O5 ナマズ	F6 アカザ	G12 アカザ	S23 アカザ
	F7 ナマズ	G13 ナマズ	S24 ナマズ
			S25 イワトコナマズ
O6 ダツ	F8 メダカ	G14 メダカ	S26 メダカ

7. 大きな感覚管

　クジラウオ類などでは頭部や体側の側線管が著しく発達し、極めて太く、管の表面に大きな孔が開いています。ヒウチダイ類、カブトウオ類などでは眼のまわりはよく発達した骨質の隆起で取り囲まれ、そのまわりに大きな頭部側線孔が開いています。ゲンゲ類には頭部に明瞭な孔が並び、種によって配列が異なっています。大きく開いた孔はわずかな獲物の震動を見逃さないでしょう。深海魚には感覚器官がよく発達したこのような魚が数多く見られます（図51）。

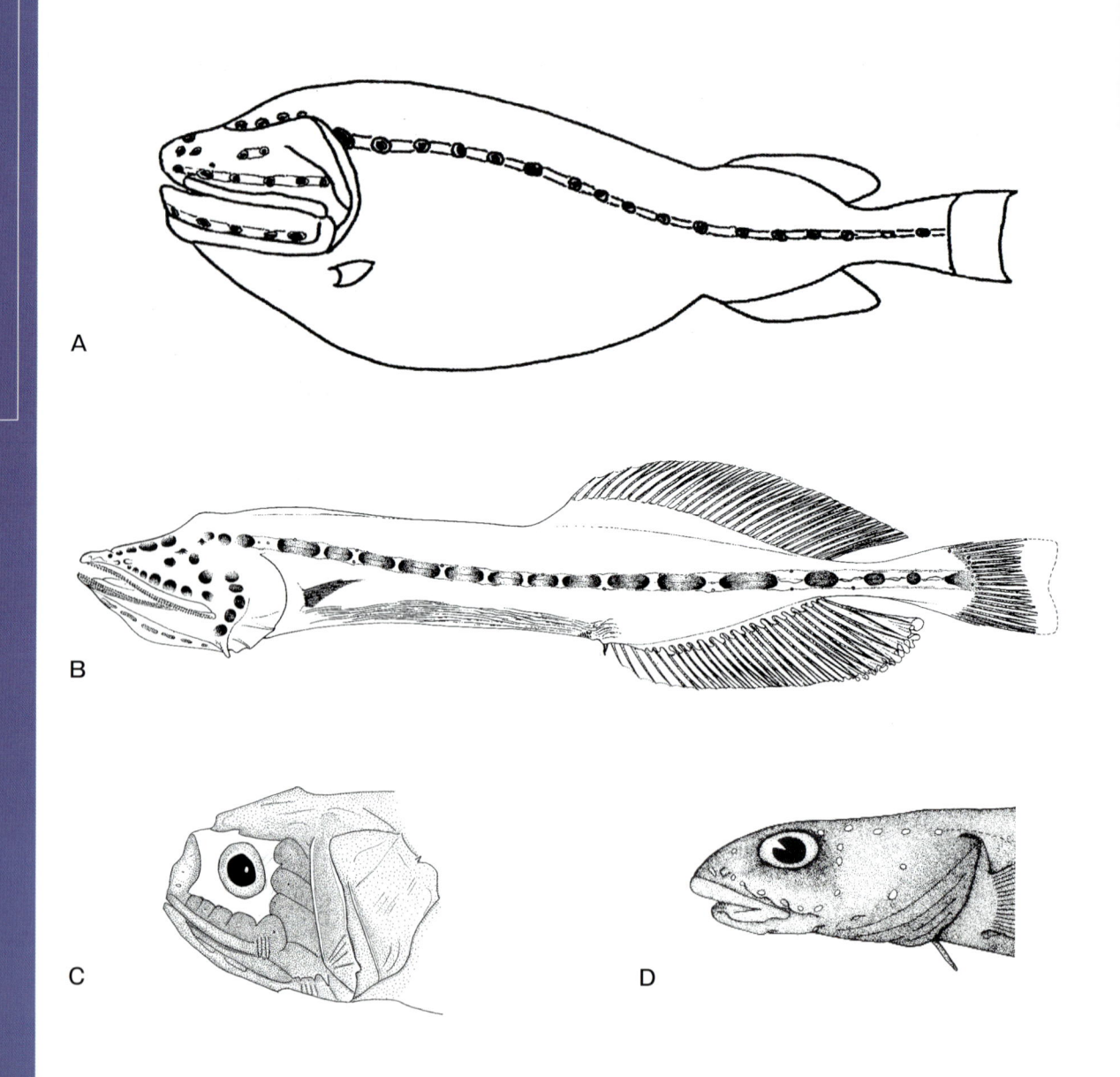

図51　体側と頭によく発達した感覚器
A　オオアカクジラウオ、B　ホソミクジラウオ、C　カブトウオ、D　オホーツクヘビゲンゲ
(B Paxton 1989 より、D Toyoshima 1983 より)

161 クサビウロコエソ ●●○○
Paralepis atlantica

ハダカエソ科

体は細長く、側扁する。吻は長くて尖る。口は眼の前縁までしか開かない。側線鱗は極めて大きく明瞭。背鰭は体の中央より後ろに位置し、その直下に腹鰭がある。水深 870 〜 1200m に棲む。太平洋側の日本各地；太平洋と大西洋の温帯域から熱帯域に分布する。写真個体は体長 43cm。

162 コワトゲタライタチウオ ●●●○
Porogadus miles

アシロ科

体は著しく延長し、尾部は後方に向かって細くなる。頭は前方に向かって低くなる。頭に多数の棘が発達する。吻は長く突出する。眼は小さい。眼下に感覚器官がよく発達する。口は大きく、下顎は上顎に含まれる。側線は体の背腹両縁と中央部を走る。水深 800 〜 4000m に棲む。東北地方以南の太平洋、東シナ海；太平洋、インド洋、大西洋に分布する。写真個体は体長 35cm。

163 カブトウオ ●●●○
Poromitra crassiceps

カブトウオ科

頭の上皮は破れて陥没し、眼のまわりに骨質の隆起が明瞭に出現し、その周囲に大きな感覚孔が開く（P.110 図51C）。頭頂に1対の高い鳥冠状隆起があり、その縁辺は鋸歯状。口は大きく、眼のわずかに後ろまで開く。水深 700 〜 3300m に棲む。東北地方太平洋岸、オホーツク海、小笠原諸島；北極海と地中海を除くほとんどの熱帯から亜寒帯海域に分布する。写真個体は体長 10.7cm。

オオアカクジラウオ ●○○○
Gyrinomimus sp.

クジラウオ科

体はクジラ形で、前半部がよく発達して高く、後半部は極めて細い。口は非常に大きく頭の後端部まで開く。眼は極めて小さく、頭の後半部にある。側線管は太くて溝状で、体の上部を走る（P.110 図51A）。背鰭と臀鰭は体の後部で対をなす。腹鰭はない。知床半島ルシャ川沖の水深 350～460m から獲れた。1個体だけしか知られておらず、まだ学名は与えられていない。写真個体は体長 39.6cm。

164

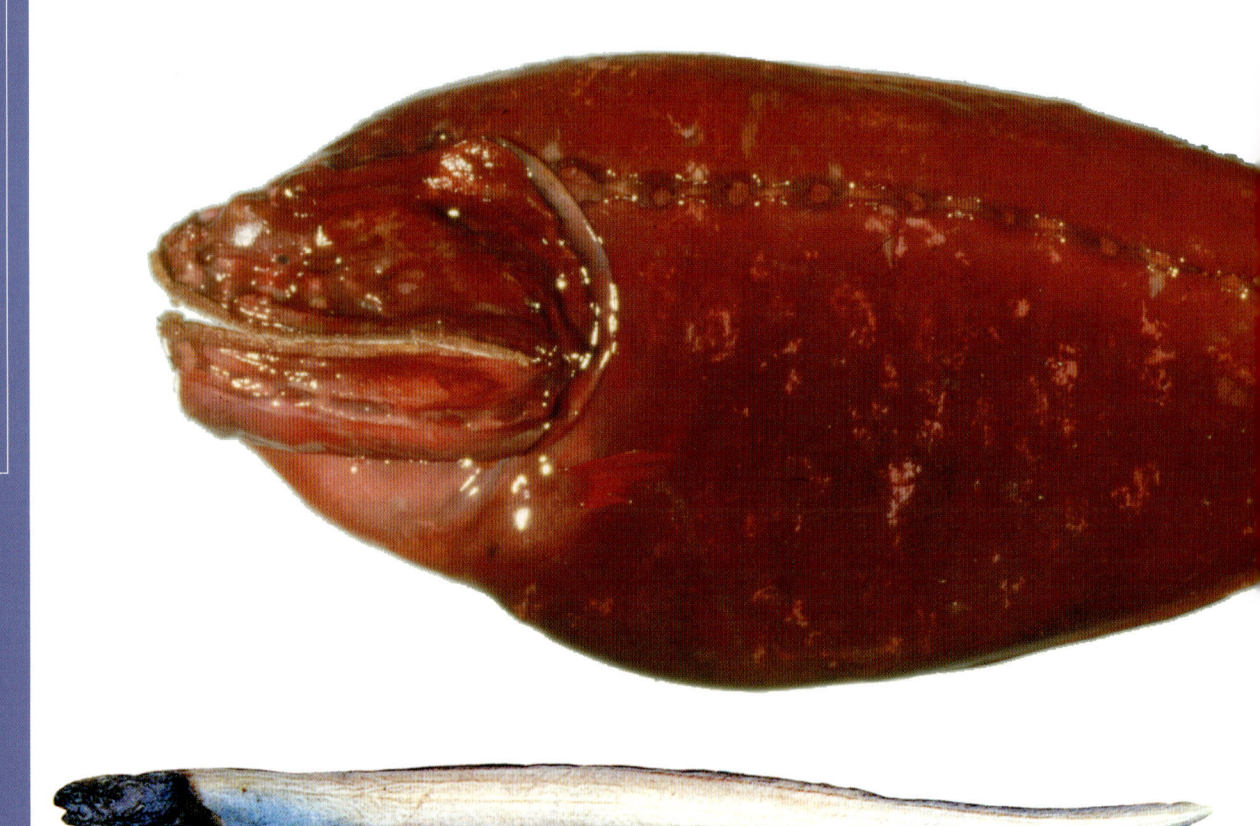

165

オホーツクヘビゲンゲ ●○○○
Lycenchelys melanostomias

ゲンゲ科

体は細長くウナギ形で、わずかに側扁する。口は眼の中央部の下まで開く。上唇は肥厚し、下唇は広くて、側方へ張り出す。頭部の感覚孔はよく発達し（P.110 図51D）、眼下孔 9 個、眼後孔 5、後頭孔 2、前鰓蓋孔 4、下顎孔 4。水深 915～925m に棲む。知床半島沖および東北太平洋沖からのみ知られている。写真個体は全長 19.3cm。

ホソミクジラウオ
○●○○
Cetostoma regani

クジラウオ科

詳しくは P.97 参照

166

167　クロカサゴ ●●○○
Ectreposebastes imus

フサカサゴ科

体は強く側扁する。頭は大きく、体の1/2より少し短い。口は大きく、眼の後縁下方まで開く。両顎歯は歯帯をなし、内列歯は肥大する。鰓蓋の前に5本の棘があり、第3棘は最大。側線は幅広い溝状で、溝に25個の孔が並ぶ。水深150〜2000mに棲む。襟裳岬以南；世界の暖海域に分布する。写真個体は体長8.7cm。

168　マルヒウチダイ ●○○○
Hoplostethus crassispinus

ヒウチダイ科

体は円形に近く、側扁する。腹鰭と臀鰭の間に11枚の強い大きな肥大した鱗が並ぶ。側線はよく発達し、体の上部側面を走る。眼のまわりに明瞭な頭部側線が開孔する。水深370〜600mに棲む。沖縄舟状海盆、九州・パラオ海嶺；太平洋北西部の天皇海山に分布する。写真個体は体長12.8cm。

8. 長い鰭と長い髭に感覚器

　ナガヅエエソ類は三脚で体を支えて海底に立ち（P.124 Ⅵ.運動参照）、胸鰭の上部数軟条を頭の上に、下部数軟条を頭の左右に、まるでコウモリ傘を広げて逆さまにしたようにして、流れに向かって立っています。これらの鰭条には神経が走っており、触覚器として働きます。流れに乗ってやってくる小型の甲殻類を感知します（P.115 図52A）。

　ホテイエソ類では下顎の先端に長い髭があり、そこから出ている細かい分枝を広げて、寄ってくる餌生物を感知します。そこに発光器を備えて（P.50 Ⅰ.発光／5.髭が光る参照）一層効果を高めている種もあります。ムラサキホシエソの髭は接触や振動に対して非常に敏感に反応することが観察され、その源に近付いてかじる行動をします（P.115 図52C、コラム19参照）。

　オニアンコウは下顎に多数に分枝した樹状物（じゅじょう）をぶら下げています。また、この髭の中に多数の微細な発光器を隠しもっています。この髭はルアーとして働き、餌生物を集めるだけでなく、それらを感知できます（P.115 図52B）。

　リュウグウノツカイ類は普段はほとんど体を立て中深層に浮かび、背鰭を使ってゆっくりと前進します。腹鰭は長く伸び、先端部はオール状に平たくなっています。そこで化学物質を感知します。腹鰭を前にいっぱい伸ばすと近付いてくる小型のエビ類を早く発見することができます（P.115 図52E）。

COLUMN 019

ムラサキホシエソの発光の生体観察

　ムラサキホシエソ（P.116）が実験室で6時間ほど飼育・観察されましたが、髭の先端部は発光しませんでした。しかし髭が近くのものに触れたときや、水中のわずかな振動に対しては非常に敏感のようでした。髭に触れて刺激を与えると、そこまで接近し、噛みついたりしました（P.115 図52C）。大きな眼後発光器は前半部ではピンク色、後半部では白色で、明らかに各部分の発光を別々にコントロールできます。その証拠に、眼後発光器はときどき鮮やかなピンクの輝きを、またあるときには鮮やかな緑白色の光を発射しました。体腹側にある一連の発光器はバラ色から濃深紅色の光を発射しました。頭や体にある別の微細発光器からはバラ色から深紫色の光を下側へ向けて発射しました。体全体、特に鰭、体腹側微細発光器は緑白色に輝いていました。この輝きの一部は発光粘液でつくられているのかもしれないと言われています。発光魚が多彩な色の光を発射できるのには驚かされます。

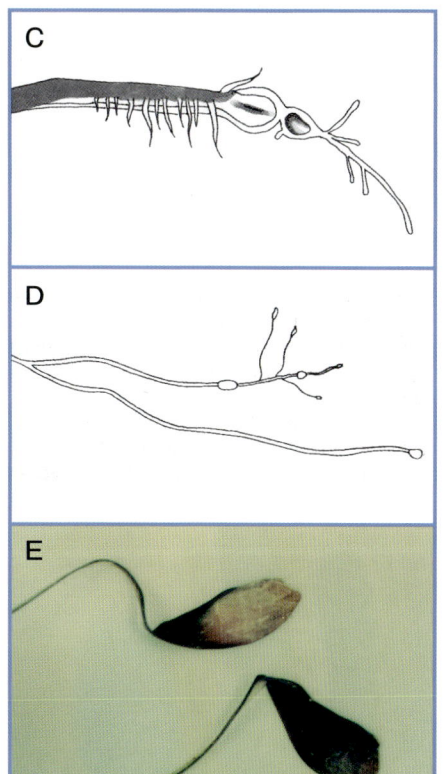

図52　鰭や髭の感覚器
A ナガヅエエソの胸鰭
B ニシオニアンコウの髭
C ムラサキホシエソの髭
D ホソヒゲホシエソの髭
E リュウグウノツカイの腹鰭先端部
(A 海洋研究開発機構提供、C Morrow & Gibbs 1964 より略写、D Gibbs 1960 より)

169

ホソヒゲホシエソ●○○○
Eustomias bifilis

ホテイエソ科

体は細長く、吻は前方に突出する。眼後発光器は卵形で、大きさは眼球に等しい。下顎の髭は細長い茎部と長短2本の枝からなり、長い枝は1個の端末球状体で終わる。短い枝はさらに多数に分枝し、多くの分枝糸状物を備えている（P.115 図52D）。体は真黒色で、髭はほとんど無色透明。水深200〜700mの中深層に棲む。九州・パラオ海嶺；インド・太平洋の熱帯域。写真個体は体長12.5cm。

170

ホテイエソ●●○○
Photonectes albipennis

ホテイエソ科

詳しくはP.42参照

171

シロヒゲホシエソ●○○○
Melanostomias melanops

ホテイエソ科

詳しくはP.46参照

172

クロホシエソ●●○○
Trigonolampa miriceps

ホテイエソ科

詳しくはP.46参照

173

ナミダホシエソ●○○○
Melanostomias pollicifer

ホテイエソ科

詳しくはP.47参照

174

ムラサキホシエソ●○○○
Echiostoma barbatum

ホテイエソ科

体は側扁する。口は大きく眼のはるか後方まで開く。下顎の先端に頭長より短い髭があり、先端部から多数の糸状の突起が出る（P.115 図52C）。眼後発光器は細長い三角形で、濃赤紫色である。体の腹側面に沿って微小発光器が規則正しく並ぶ。それ以外に微細な発光器が頭や体にある。水深250〜600mに棲む。東北地方太平洋岸、沖ノ鳥島、九州・パラオ海嶺、小笠原諸島近海；太平洋、インド洋、大西洋の温・熱帯海域に広く分布する。写真個体は体長28.8cm。

175

ナガヅエエソ●●○○
Bathypterois guentheri

イトヒキイワシ科

体は細長くて、側扁する。吻部はやや扁平。下顎は上顎より突出する。両顎の歯は顆粒状で幅狭い帯状に並ぶ。下顎の下面に8個の感覚孔が開く。胸鰭の上の2軟条は糸状に著しく長く伸び、尾鰭基底部に達し、他の5遊離軟条も尾柄部中央まで伸びる。腹鰭のもっとも外側の1軟条と尾鰭下葉の2軟条は伸長し、極めて太い。体は濃褐色で、背鰭の前と尾柄の中央部に幅の広い白色の横帯がある。尾鰭は白い。水深500〜1000mの海底に棲む。相模湾以南；南シナ海、インド洋に分布する。写真個体は体長20.8cm。

**カリブカンテン
トカゲギス**
●○○○
Melanostomias macrophotus
ホテイエソ科
詳しくはP.47参照

176

177

ミツイホシエソ ●●○○
Opostomias mitsuii
ホテイエソ科
詳しくはP.49参照

**ヒレナガ
ホテイエソ**
●○○○
Photonectes gracilis
ホテイエソ科
詳しくはP.47参照

178

179

ヒガシオニアンコウ ○●○○
Linophryne coronata
オニアンコウ科
詳しくはP.129参照

リュウグウノツカイ
●○○○
Regalecus russellii
リュウグウノツカイ科

体は細長く、リボン形。背鰭の基底は長く、頭の前端から尾鰭の基底近くに達する。背鰭の前部6軟条は長く伸びる。腹鰭は1本の長い鰭条からなり、先端はオール状に平たく広がる（P.115 図52E）。臀鰭はない。尾鰭は極めて小さい。外洋中深層に棲み、ときどき沿岸に漂着する。北海道南部以南；東部北太平洋、インド洋に分布する。写真個体は体長約220cm。

180

COLUMN 020

リュウグウノツカイと人魚

人魚のモデルとして海産ほ乳類のジュゴンやマナティーがよく知られています。しかしリュウグウノツカイが人魚であるとする説もあります。夜、リュウグウノツカイが海面に浮かんでいるのを月明かりで見たとき、長く伸びた赤い背鰭は頭髪のように、大きな眼をした銀白色の頭は白い顔のように見えるのだそうです。この人魚はきっと美しい西洋の女性なのでしょう。

9. よく発達した嗅器官

　チョウチンアンコウ類の雄（体長およそ 2cm）は雌に寄生する前、体が球形で、雌がもっている竿（誘引突起）（図53B）を欠き、自由遊泳生活をしています。この頃、ほとんどの種類の雄は大きな嗅器官を発達させています（図53A）。これによって暗闇の中で雌を探し出し、雌に吸着できます。両顎にある変形した短く頑丈な歯状突起は雌に噛みつくのに使います。シダアンコウ類の雄は雌に寄生しませんが、やはり雌を探すのに大きな嗅器官を使うようです。一方で、ビワアンコウやミツクリエナガチョウチンアンコウの雄がもつ嗅器官は小さいのですが、その代わりに大きな眼で雌を探すようです。

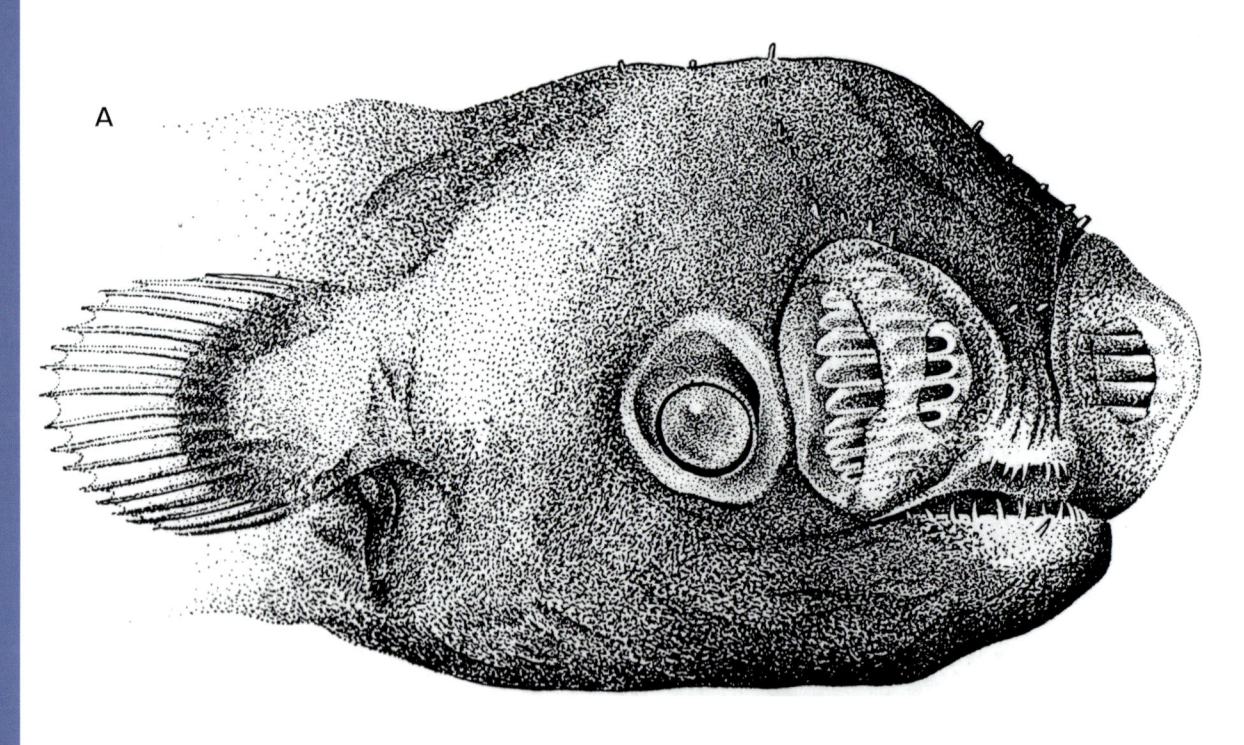

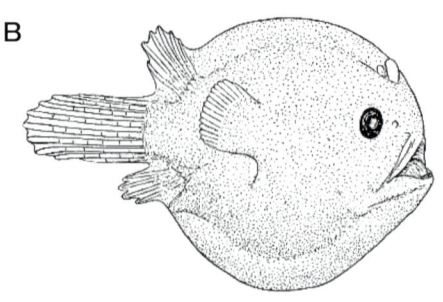

図53　A　眼より大きい鼻をもつオニアンコウ類（Linophryne arborifer）の雄、体長 1.9cm (Bertelsen 198
B　フタツザオチョウチンアンコウ類（Diceratias bispinosus）の雌の子供、体長 1.5cm (Bertelsen 1951 より)

リノフリネ アルボリファ（雄）
Linophryne arborifer

オニアンコウ科

寄生前の雄は体が球形。精巣は発達していない。この期の雄は何も食べていないらしい。両顎にある短くて丈夫な歯状突起は餌を捕らえるには不向きのようである。眼はよく発達し、望遠鏡のように前を向いている。鼻孔は眼の前に大きく開き、中に大きな嗅器官が詰まっている。図の個体は体長 2.3cm。
（Bertelsen 1951 より）

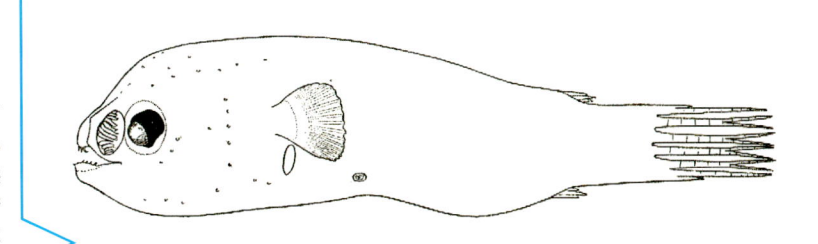

181

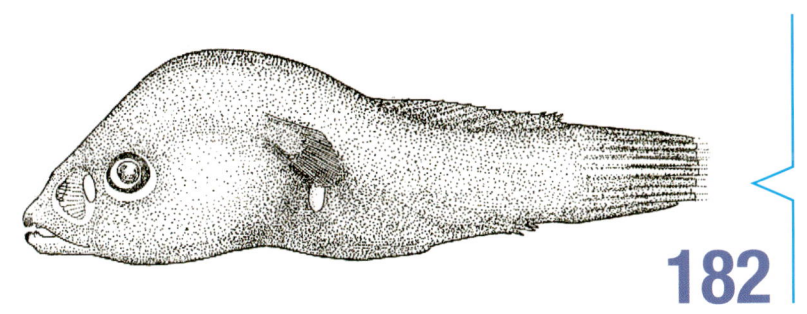

クロアンコウ（雄）
Melanocetus murrayi

クロアンコウ科

体は楕円形で、頭部は盛り上がる。皮膚は暗褐色で、滑らかである。嗅器官は大きく、眼の前方にある。3～5本の歯状突起がある。雌は沖縄舟状海盆から知られている（P.135）。図の個体は体長 1.4cm。(Bertelsen 1951 より)

182

ギガンタクティス ミクロフィザルムス（雄）
Gigantactis microphthalmus

シダアンコウ科

体は細長い。両顎に歯がないが、上顎に3本、下顎に4本の歯状突起があり、後方へ向かって湾曲する。嗅器官は極めて大きく、小さな前鼻孔と大きな後鼻孔が開く。眼は非常に小さい。体は暗褐色。図の個体は体長 2cm。(Bertelsen 1951 より)

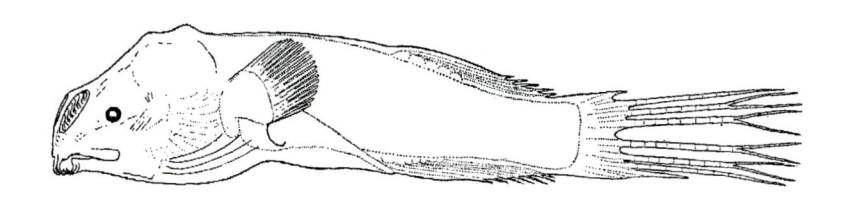

183

10. 高感度の電気センサー

　一般にサメ・エイ類の頭の前部には小さい孔が数十〜数百個も開いています。前頭部をつまむと孔から液体が出てくるのでわかります。これはローレンチニ瓶と呼ばれ、電気を感知するセンサーです（図54）。この器官は花瓶形をした容器で、瓶の口が外に開き、その内壁には感覚細胞が並び、瓶の中にゼリー状の物質が詰まっています。瓶の底には神経が入り込んでいます。深海サメのヘラザメ類やカスベ類では吻が前に長く伸び、その背腹面にたくさんのローレンチニ瓶があります。これは海底の砂泥の中に潜んでいる小さい動物の体内に流れる非常にかすかな電流で生じる磁場を感受し、餌生物を探し出すのに使用します（P.123　図55）。さらに、このセンサーは磁力線の方向を感知でき、回遊するときに羅針盤としても利用しているようです。

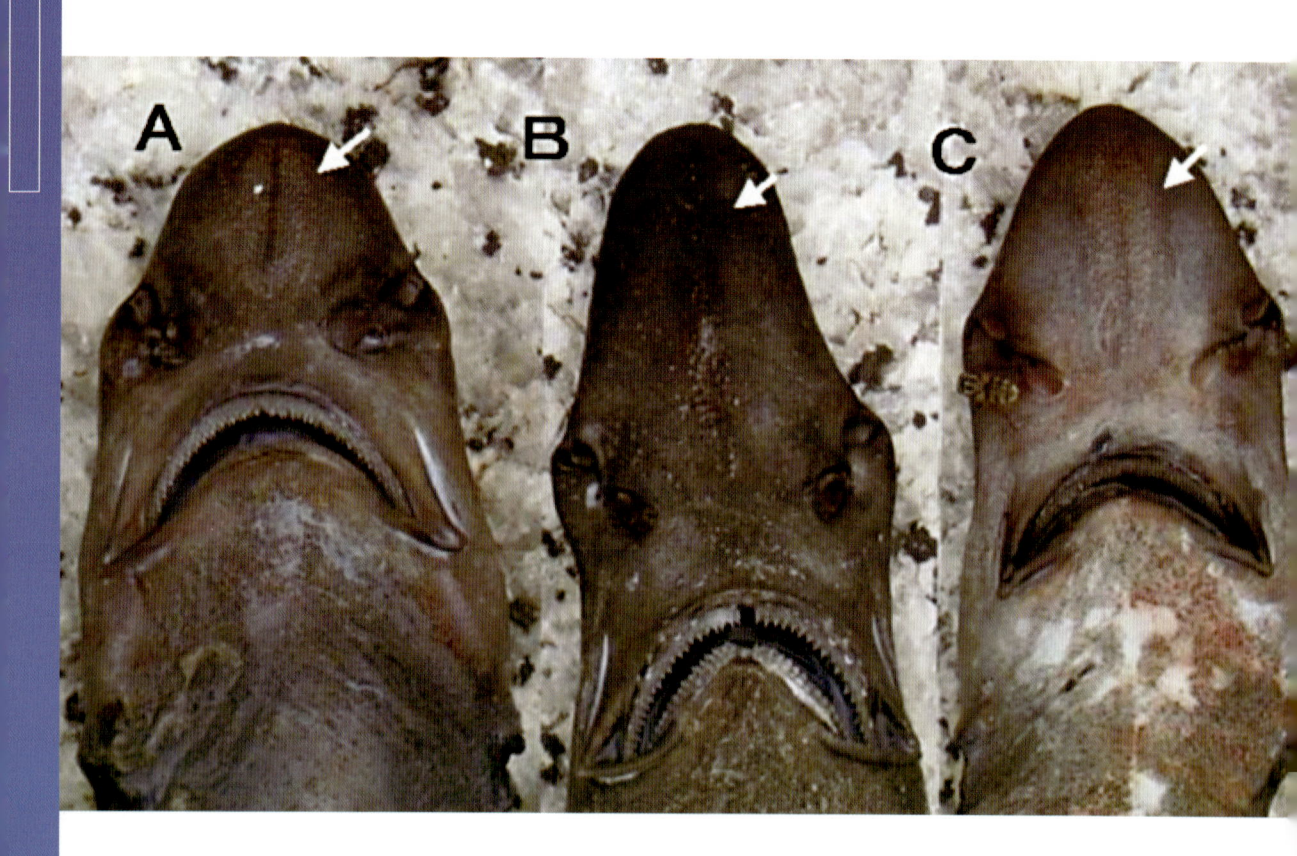

図54　ヘラザメ類3種の電気センサーのローレンチニ瓶
A　アプリスツルス ギボウサス　*Apristurus gibbosus*
B　ヤリヘラザメ
C　アプリスツルス マクロストマス　*Apristurus macrostomus*
(佐藤圭一氏提供)

184

アラメヘラザメ●●○○
Apristurus fedorovi

トラザメ科

吻は平たく丸く突き出す。頭部に多数の粘液孔が開く。両顎の歯は 3 〜 6 尖頭。背鰭は二基で、体の後半部にある。鰭に棘がない。臀鰭は小さく丸みを帯びる。尾鰭はほとんど真っ直ぐで、上に曲がらない。水深 810 〜 1430m に棲む。この属には多くの種がいて、分類は大変難しい。銚子以北の太平洋岸；北太平洋に分布する。写真個体は全長 43.5cm。

185

コマンドルカスベ●○○○
Bathyraja lindbergi

ガンギエイ科

吻は柔らかく、曲げやすい。眼の後ろから尾部に肥大した棘が中断しないで一列に並ぶ。左右の肩帯部に肥大した棘がない。体の背面には鱗が少ない。水深 160 〜 950m に棲み、底引き網で獲れる。煮付け、ぬた、干物などにする。北海道のオホーツク海；オホーツク海、ベーリング海に分布する。写真個体は全長 52.8cm。

ジョーズの超能力

今から30年ほど前にトラザメを使って面白い実験が行われました（図55）。サメの好物のカレイが砂の中に隠れている水槽にサメを入れる実験です。トラザメは口に含んだ砂を吹き付けてカレイの上の砂を除き、容易にカレイを見つけ出しました。これは多分カレイを臭いによって発見したのです。(図55A)
次にカレイを寒天でできた箱に入れて、それを砂の中に埋め、箱の中を流れる水をカレイから離れたところに出るようにしました。サメは水の出るところには関心がなく、カレイの入った箱を掘り出しました。(図55B)
次に同じ箱に魚肉片を入れて実験を行ったところ、今度は水の出口に行き、餌を探す行動をしました。これらの実験からサメは臭いに反応するが、それ以外に、箱の中の生きたカレイに何らかの反応をしたことがわかります。(図55C)
その次の実験は寒天の箱をポリエチレンのシートで覆って臭いを完全にシャットアウトし、振動は伝わるようにしました。この場合、サメはカレイを発見できませんでした。サメはカレイの振動を感じて探し出しているのではないことがわかります。(図55D)
次の実験ではカレイが体内で発するのと同じ非常に弱い電気を砂の中に埋め込んだ電極から流してみたところ、サメは電極の上を掘り始めました。(図55E)
次に魚肉片を砂の上に置いて、5cmほど離れたところに電極を置いたところサメは魚肉に引かれて近付いてきましたが、魚肉には関心がなく、電極を掘り出す行動をします。(図55F) たまに魚肉に触れても餌とは思わないのか、砂と同じようにはき出し、電極探しに熱中します。野外実験で海中に入れたパイプに餌となる動物と同じ電流を流すとパイプに噛みつきました。これらの実験から、サメは餌生物が出すわずかな電流を感知していることがわかりました。この実験の結果を知り、私は「JAWS／ジョーズ2」の映画の結末を思い出しました。アメリカのある島に巨大なサメが棲みつき、海水浴客、サーファー、ダイバー、ヨットマンたちを脅かしました。子供たちが乗ったヨットを襲っているサメにポリスマンが一人で立ち向かいます。危機一髪のところで、そばにあった高圧電流の流れている電線をサメにかじらせて、サメを感電死させて物語は終わりました。あのポリスマンはこの実験のことを知っていたのでしょうか。

COLUMN 021

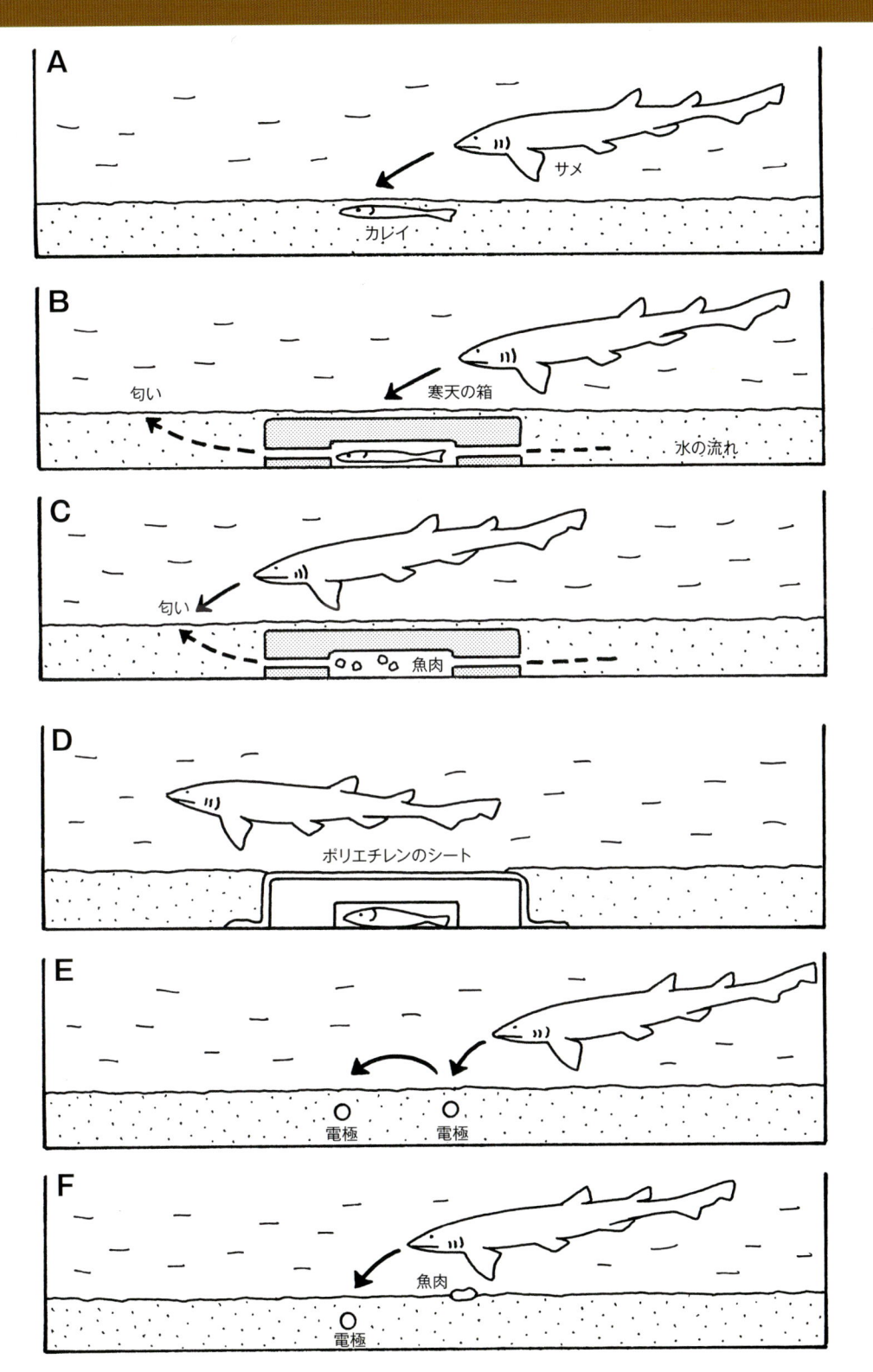

図 55　サメはどのようにして餌を探すか（Bullock 1973 より略写）

VI. 運動

深海魚には力強く活発に遊泳する魚は少なく、どちらかというと待機型の行動をするものが多いです。したがって運動器官としての体と鰭は貧弱ですが、それぞれの生態に合わせて、運動器官は特殊化しています。

1. 長い鰭

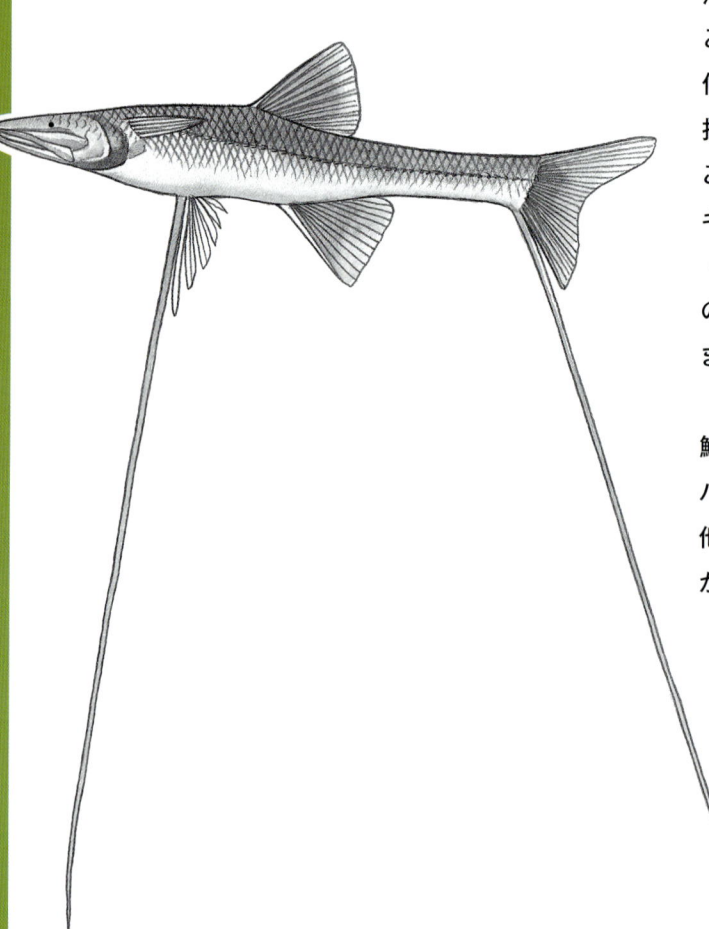

チョウチンハダカ科のナガヅエエソ類は左右の腹鰭の鰭条と尾鰭の下葉の鰭条を丈夫にし、長く伸長させ、三脚のようにして海底の軟泥や細かい砂地の上で体を支えることができます。体を海底から離すことで、伸長した胸鰭を一杯に広げることができ、摂餌のための感覚器としての機能を高めることができます（P.115 図52A 参照）。メキシコ湾から知られているベンソザウルス グラレイター（*Benthosaurus grallator*）の三脚は特に長くて、体長の 2 倍近くあります（図56）。

ヒレナガチョウチンアンコウの背鰭と臀鰭の鰭条は著しく長く伸びます。鰭は体のバランスと浮遊に関与しているようです。他にも鰭を伸長させた魚がたくさんいますが、働きはよくわかっていません。

図56　極めて長い腹鰭と尾鰭を三脚にして海底に立つイトヒキイワシ類の一種 ベンソザウルス グラレイター（*Benthosaurus grallator*）
(Mead 1964 より略写)

ミナミイトヒキイワシ ○●○○
Bathypterois longifilis

イトヒキイワシ科

体は細長く、側扁する。吻は長くて、平たい。眼は著しく小さい。胸鰭の最上軟条は糸状に伸長して尾鰭に達し、下部軟条も下方のものほど糸状に伸長する。腹鰭の外側の2軟条は扁平で、頭長より長い。尾鰭の最下軟条は伸長しない。水深1100m付近に棲む。ニュージーランドの北方海域に分布する。写真個体は体長28.5cm。

186

ミナミシンカイエソ ●●○○
Bathysaurus ferox

シンカイエソ科

頭は平たく、尾部は側扁する。口は大きく、眼の後縁下よりはるかに後方まで開く。両顎には鋭い犬歯が密に帯状に生える。胸鰭の中央部の軟条は糸状に長く伸びる。水深900～2700mに棲む。ニュージーランド、南アフリカに分布する。日本から近縁種のシンカイエソが知られている。写真個体は体長39.1cm。

187

188

イトヒキダラ ●●○○
Laemonema longipes

チゴダラ科

体は伸長し、側扁する。頭は小さい。口はいくぶん大きく、眼の中央下近くまで開く。下顎は上顎より前に突き出す。背鰭は二基。胸鰭は比較的長い。腹鰭の第2軟条は著しく長く伸長し、臀鰭始部を越える。水深900～1400mに棲む。北日本の太平洋岸、オホーツク海に分布する。写真個体は体長49.6cm。

ヒレナガショッカクダラ ●○○○
Phycis chesteri

フィシス科

英名で鰭の長いタラ(Longfin hake)と言われるように背鰭の第3軟条は頭長よりも長く伸長する。腹鰭は著しく長く伸び、臀鰭の後端付近に達する。水深420～701mに棲む。日本からは知られていない。カナダからフロリダの北大西洋および南西グリーンランド沿岸に分布する。写真個体は体長17.3cm。

189

125

サイウオ ●●○○
Bregmaceros japonicus

サイウオ科

体は側扁し、細長い。鱗は小さく、頭にはない。第1背鰭は長い1本の鰭条で、後頭部の上にある。第2背鰭と臀鰭はおよそ体の前1/3から始まる。腹鰭は喉の部分から始まり、鰭条は長く伸長し、臀鰭の中ほどまで達する。水深600～1000mに棲む。南日本；太平洋、インド洋に分布する。写真個体は体長7.8cm。

190

ヒモダラ ●●○○
Coryphaenoides longifilis

ソコダラ科

体は細長く、尾部は紐状。頭の表面はごつごつしない。口は大きく、眼の後縁下を越えて開く。側線は鰓孔の上端付近から始まり、尾端まで伸びる。胸鰭は長い。腹鰭の外側の1軟条は長く糸状に伸びる。水深850～1700mに棲む。土佐湾以北；北太平洋に分布する。写真個体は全長79.5cm。

191

ヒレナガチョウチンアンコウ ●●○○
Caulophryne jordani

ヒレナガチョウチンアンコウ科

体は短くて高い。頭の上の竿は長く伸び（この写真では隠れている）、先端に糸状物を備えるが、発光器のあるルアーではない。背鰭、臀鰭、尾鰭および胸鰭は著しく伸びる。雄は雌に寄生する。水深100～1500mに棲む。北海道の太平洋沖；世界に広く分布する。写真個体は体長15.4cm、雌。

192

ヤエギス ●●○○
Caristius macropus

ヤエギス科

体は著しく側扁する。頭の前は急上昇する。眼は大きく、頭の前端にある。口は大きく眼の後縁下まで開く。背鰭の前半部と腹鰭の鰭条は長く伸長する。水深 500 〜 1420m に棲む。東北以南の太平洋岸；西部・東部太平洋、グリーンランドに分布する。写真個体は体長 15.8cm。

193

ナガヅエエソ ●●○○
Bathypterois guentheri

イトヒキイワシ科
詳しくは P.116 参照

194

COLUMN 022

チョウチンアンコウ類の深海での遊泳観察

チョウチンアンコウ類が深海で遊泳している自然観察の例は非常に少ないです。2005 年 6 月 6 日にモントレー水族館研究所の ROV ティブローン号がカリフォルニアのモントレー沖水深 1474m で遊泳中のユメアンコウ属の一種（雌）（P.23）を 24.4 分間撮影することに成功しました。このフィルムを分析した Luck & Pietsch (2008) によると、ほとんどの時間、この魚は竿を延ばし、各鰭をいっぱい広げてゆっくりと受動的に浮かぶように漂い、胸鰭を細かく波打たせて、極めてゆっくりとしたスピードで断続的に前進しました。その間、ゆっくりと体を立てたり、下に向けたりし、ときどき、体の背面にあった竿を頭の前方へ 180 度回転させましたが、ルアーを振ることはありませんでした。ROV が近付いたときには素早く泳ぎ去りました。彼等はこの魚がのろまな待機型の捕食者で、深海の少ないエネルギーの環境の中で生活するのに適応していると考えています。

最近のインターネットサイトでチョウチンアンコウが泳いでいる映像がありました。どのように撮影されたか不明ですが、尾鰭、背鰭、臀鰭を使い、体をくねらせて前進し、その間、丸いルアー全体を光らせ、竿を完全に後に倒したり、立てたりしました。このような映像の蓄積が謎の多い深海魚の生態の解明に役立つでしょう。

2. 顎に長い髭

　下顎の先端に長い髭をぶら下げ、その先に発光器を備えている深海魚は非常に多いです。(P.18 I. 発光参照)。また、発光器をもたない髭でも感覚器としての働きがあります (P.92 V. 感覚参照)。

これら以外にも、浮游のために体のバランスを保つ働きをもっていると考えられる髭もあります (図57)。

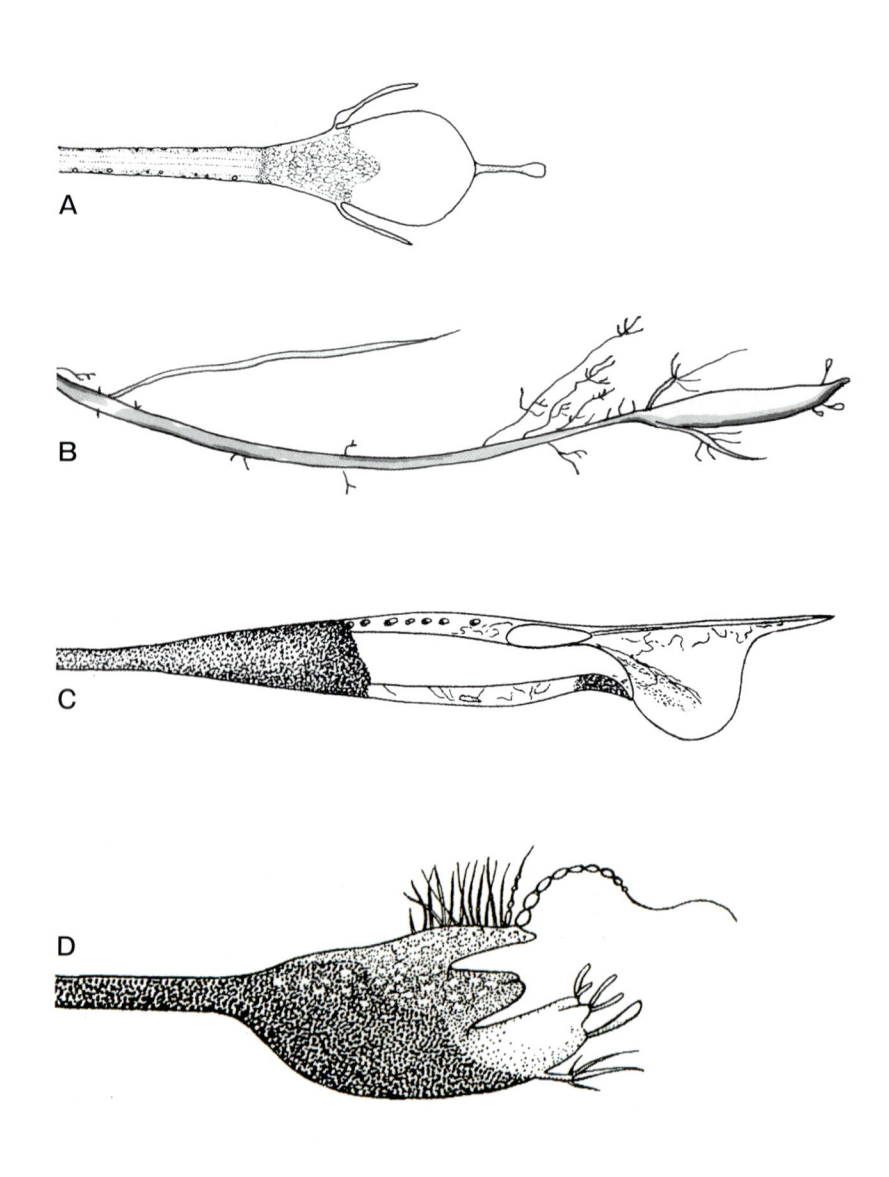

図57　様々な魚類の髭のアート
A ヤリトカゲハダカ (Gibbs, Amaoka & Haruta 1984 より)
B ヤリホシエソ類 レプトストミアス グラディエイター *Leptostomias gladiator* (Morrow & Gibbs 1964 より略写)
C カンテンホシエソ (Parin & Pokhilskaya 1978 より)
D キロストミアス プリオプテルス *Chirostomias pliopterus* (Regan & Trewavas 1930 より)

195

**グラマトストミアス
フラジェリバルバ**
●●●○

Grammatostomias flagellibarba

ホテイエソ科

体は細長く、側扁する。体の皮膚は滑らかで、鱗をもたない。小さい発光器が体の腹側面に並ぶ。下顎の髭は著しく長く、体長のおよそ7倍ほどあり、先端に何も特別な器官をもたないらしい。水深0〜4500mの間で獲られている。北太平洋に分布する。図の個体は体長20cm。
(Roule & Angel 1933より)

ヒガシオニアンコウ ○●○○

Linophryne coronata

オニアンコウ科

体は短くて高い。誘引突起(竿)は短く、体長の約1/4。ルアーは2個の突出物をもつ。口は大きく、ほとんど水平に開く。上顎に約40〜50本、下顎に20〜30本の鋭い歯がある。下顎の髭は著しく長い1本の幹で先端が細かく分枝する。幹の長さは体長の1.4〜2.5倍。雄は雌に寄生する。水深1100〜1200mの漸深層に棲む。日本からはオニアンコウが報告されている。本種は北大西洋と東部北太平洋に分布する。写真個体は体長16.8cm、雌。

196

3. 子供のような体

　ソコオクメウオ類、ゲンゲ類、ニセイタチウオ類などの中には体は弱々しく、骨化の程度は低く、筋肉は未発達で、鱗がなく、鰓の発達が悪いなどの特徴をもち、幼体の形質のままでいる種がいます。このような現象を一般にネオテニーと言います。その上で、性成熟するものもいます。これは幼体成熟（プロゲネシス）と言います。

　これらの特徴は、体をできるだけ海水の比重に近付けることによって、沈下に抗して使われるエネルギーの消費を抑えられることです。そのために酸素を取り込む呼吸器としての鰓はそれほど発達を必要としません。これらは餌不足の環境に適応して発達してきたと考えられています。またこれは、低い生物資源量の中で子孫を残していくための工夫でもあります。

197

ニセイタチウオ ●●○○
Parabrotula plagiophthalma

ニセイタチウオ科

体はウナギ形で、鱗がない。口は小さくて、眼より後方まで開かない。下顎は上顎よりも突出する。背鰭の始部は胸鰭よりもはるかに後ろにあり、臀鰭とともに尾鰭につながる。頭部には感覚孔はない。腹鰭はない。最大体長は 6 cm ぐらいである。水深 1900m 以浅の中深・漸深層に棲む。卵胎生魚。岩手県以北の太平洋岸；南北太平洋、南西インド洋、北大西洋に分布する。本科魚類はアシロ科、オクメウオ科、ゲンゲ科などに似るが、類縁関係はわかっていない。写真個体は体長 4.9cm。（木村清志氏提供）

198

ノロゲンゲ ●○○○
Bothrocara hollandi

ゲンゲ科

体は細長く、ゼラチン質状である。眼は大きく頭部の背縁に飛び出す。吻は短く、眼径以下。口は小さく、眼の前縁下までしか開かない。下顎は上顎の前端に達しない。上顎の歯は前部で 2 列、後部で 1 列。下顎では前部で 4 列、後部で 1 列。側線は臀鰭より後方の体の中央部を走る。鱗は楕円形で、それぞれ直角に配列する。背鰭と臀鰭は高い。水深 900〜950m に棲む。オホーツク海から知られている。写真個体は体長 27.2cm。

199 ヤワラゲンゲ ○●●○
Lycodapus microchir

ゲンゲ科

体は柔らかくて細長い。皮膚は半透明で、鱗がない。鰓孔は大きくて、胸鰭の上方まで開く。側線はない。背鰭は胸鰭の上方近くから始まり、臀鰭とともに尾鰭につながる。腹鰭はない。水深1000m以深に棲む。体長は10cmほどになる。オホーツク海に分布する。写真個体は体長7.1cm。

200 スジダラ ●○○○
Hymenocephalus striatissimus

ソコダラ科
詳しくはP.32参照

201 ミスジオクメウオ ●●○○
Barathronus maculatus

ソコオクメウオ科
詳しくはP.139参照

COLUMN 023
未熟な体の理由

未熟な骨格は紫外線の不足、ビタミンDの欠乏、カルシウムやリンの不足の結果であると言われていました。しかしビタミンDが多くある層に生息する深海魚の中にも骨化が悪い魚がいたり、それよりも深海の底生魚の中によく骨化した魚が多くいることなどから、現在ではその説は否定され、餌不足の中で、エネルギーを節約するために生まれた適応であると考えられています。

また、これと関連して、幼体成熟（プロゲネシス）はエネルギー不足の環境の中で、成魚の体つきまで発達することをあきらめ、早く成熟することで、限られた生物資源を保持することができます。もし地表がエネルギー不足になったら、人類もそれに適応し、このような姿になるかもしれません……？

VII. 繁殖

深海魚の中でもっとも驚くべき現象の1つが「寄生雄」です。広大な暗黒の中で雌雄が確実に出会い、繁殖していくためには雌は雄を近くにおくことがもっともよいでしょう。雄は繁殖時期だけ雌に付着する種、および雌の体に寄生し、最終的には完全に癒合して雌の体の一部となり、血液から酸素と栄養の補給を受ける種があります。完全なる雌雄の結合体は同時に成熟できます。これは究極の繁殖様式です。

深海魚の中にも、雄性先熟型（最初は雄で、後に雌になる）の性転換をする魚がいます。体が小さいときには雄で、大きくなってから栄養分を蓄えた卵をもちます。これは極めて合理的な方法です。交尾型の繁殖方法は深海でも効果的であると考えられますが、知られている種類はそれほど多くありません。発音は繁殖と関係していますが、これについては発音の項（P.59）を参照してください。

1. 雄が雌に寄生する

チョウチンアンコウ類（亜目）の仲間は雄が極めて小さく、大きな雌にひっつき、寄生します（P.134 図59）。寄生の仕方には3つのタイプが見られます（P.133 表1）。一次付着型はチョウチンアンコウ科、フタツザオチョウチンアンコウ科、クロアンコウ科、ラクダアンコウ科など6科に含まれる種に見られ、繁殖期に両顎にある歯で雌の体に強く噛み付いて付着しますが、雌の組織と結合することはありません（P.134 図59C）。この時期が過ぎると雌から離れます。任意寄生型はラクダアンコウ科の一部の種、およびヒレナガチョウチンアンコウ科に属する種に見られ、寄生しても、寄生しなくても生きられます。しかし寄生したときには完全に雌の体に癒合します。真性寄生型はミツクリエナガチョウチンアンコウ科、オニアンコウ

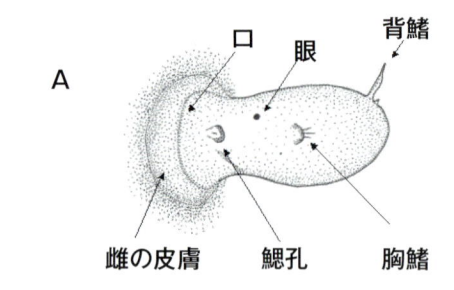

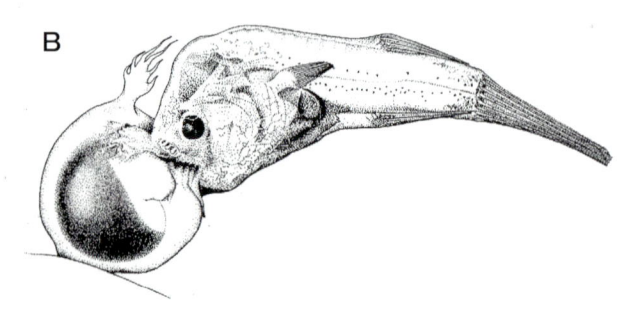

図58
A 原形をとどめないミツクリエナガチョウチンアンコウの寄生雄（Barbour 1941bより略写）
B ルアーに噛みついて寄生した風変わりなオニアンコウ科のハプロフリネ モリス (*Haplophryne mollis*) の雄
（Munk & Bertelsen 1983より）

科など3科の種に見られ、雌に寄生しないと生存できません。寄生雄は任意寄生型を含めると現在のところ、チョウチンアンコウ類の11科のうち5科、10属、23種で知られています（表1）。ビワアンコウ、オニアンコウなどは普通1尾の雄を寄生させていますが、複数の雄が寄生する種もあります。ミツクリエナガチョウチンアンコウでは体長31.6cmの雌に体長3.5～5.6cmの8個体の雄が寄生していました。もっとも小さい雄はオニアンコウ科のフォトコリヌス スピニセプス（*Photocorynus spiniceps*）の6.2mmで、最大のものはビワアンコウの16cmです。この最小雄は成熟した脊椎動物の中で、長さ、体重、容積ともに最小雄の記録です。雄は腹部正中線上に前向きに、腹部を上にして寄生することが多いです。しかしルアーの先端に寄生した風変わりな雄も見つかっています（P.132 図58B）。雄は鰓孔に通じる咽頭孔が塞がり、雌の血液から酸素、栄養が供給されます。しかしいくつかの種の雄ではまだ鰓が発達していて雌の血液から補給される酸素の不足分を補うことができます。

表1. 雌の体に雄が付着または寄生するチョウチンアンコウ類（亜目）

一時付着型	Centrophrynidae 科	*Centrophryne* 属
	チョウチンアンコウ科	チョウチンアンコウ属
	フタツザオチョウチンアンコウ科	フタツザオチョウチンアンコウ属、*Bufoceratias* 属
	クロアンコウ科	クロアンコウ属
	Thaumatichthyidae 科	*Thaumatichthys* 属、*Lasiognathus* 属
	ラクダアンコウ科	*Lophodolos* 属、*Pentherichthys* 属、ラクダアンコウ属、ユメアンコウ属、*Spiniphryne* 属、*Danaphryne* 属、*Microlophichthys* 属、*Phyllorhinichthys* 属、*Dolopichthys* 属、*Puck* 属、*Chirophryne* 属
任意寄生型	ラクダアンコウ科	バーテルセンアンコウ属、*Leptacanthichthys* 属
	ヒレナガチョウチンアンコウ科	ヒレナガチョウチンアンコウ属
真性寄生型	ミツクリエナガチョウチンアンコウ科	ミツクリエナガチョウチンアンコウ属、ビワアンコウ属
	Neoceratidae 科	*Neoceratias* 属
	オニアンコウ科	オニアンコウ属、*Photocorynus* 属、*Borophryne* 属、*Haplophryne* 属

(Pietsch 2007 より)

(和名のないものは2008年現在では日本から捕獲されていませんが、採集される可能性は十分にあります)

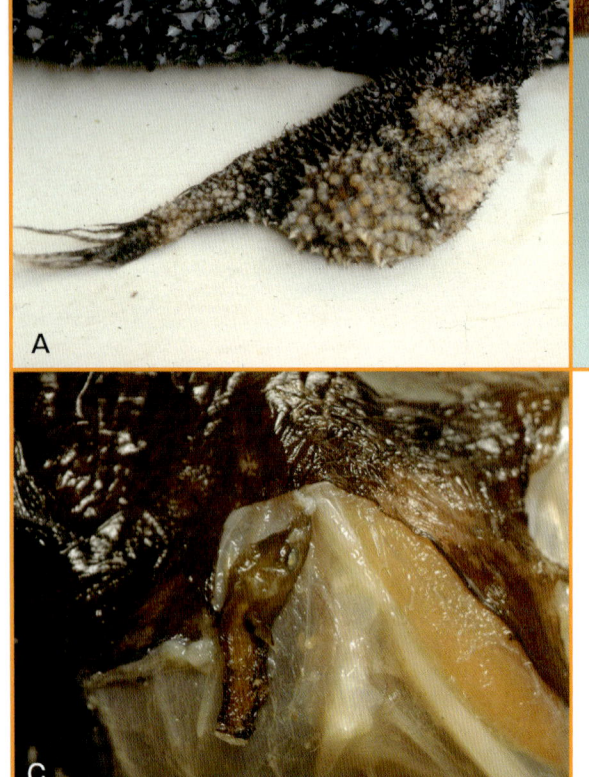

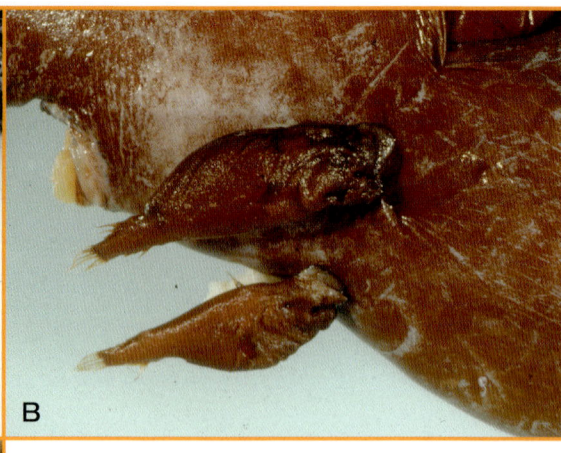

図59　雌に寄生した雄
A ビワアンコウ
B ミツクリエナガチョウチンアンコウ
C クロアンコウ（遠藤広光氏提供）

COLUMN 024

ビワアンコウのクイズ

このビワアンコウの写真を見てください（P.135、図59A）。お腹にひっついているものは、次のうちどれでしょう？

1. 寄生虫
2. イボ
3. 雄
4. 子供

このクイズは、以前NHKの番組「クイズ日本人の質問」で出題されたものです。
答えはもちろん、＜3.雄＞です。しかし＜雄＞だと正解できた人は1組で、他は＜子供＞と解答する人が多かったです。寄生雄だと知った人はこの奇妙な現象にあ然としていました。この魚は北海道大学総合博物館水産科学館に展示されています。
外国人を含むカップルの見学者に、このようになりたいか尋ねてみたことがありました。その結果は、イエスと答えた主人、ノーと答えた奥さん、逆の答えをしたカップル、二人ともノー、イエスなど様々でした。寄生か、共生か、人それぞれで大変面白かったです。

ビワアンコウ ●○○○
Ceratias holboelli
ミツクリエナガチョウチンアンコウ科

体は名前の由来でもあるビワ状で、尾柄部は長い。頭の上に長い竿があり、これを引き寄せると、背中にある竿の後端を収納する鞘が、後方へ突出する。背鰭の前に2個の肉質の突起をもつものが多い。雄は極めて小さく、8〜16mmになると雌の体に吸着して寄生生活をする。1尾の雌に数尾の雄が寄生することもある。寄生後は雄の眼、歯、腸、鰭、鰓などが退化し、雌と血管でつながる。水深200〜700mの中深層に棲む。北海道、相模湾、駿河湾、九州・パラオ海嶺；太平洋および大西洋に広く分布する。写真個体は体長58.1cmの雌、腹部に1尾の雄が寄生している。

202

ヒガシオニアンコウ ○●○○
Linophryne coronata
オニアンコウ科
詳しくはP.129参照

203

クロアンコウ ●●●○
Melanocetus murrayi
クロアンコウ科
詳しくはP.76参照
（遠藤広光氏提供）

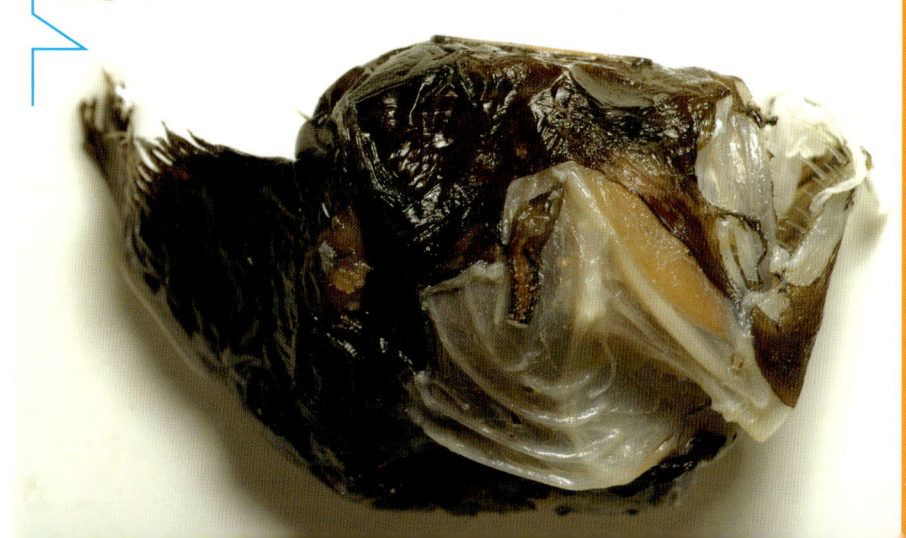

204

ミツクリエナガチョウチンアンコウ ●○○○
Cryptopsaras couesii

ミツクリエナガチョウチンアンコウ科

体は卵円形。頭の上の竿はそれほど長くなく、その後端は体から突出できない。ルアーの先端に糸状突起があり、先端で分枝する。背鰭の前方に3個の肉質の突起がある。雄は雌の体に寄生をする。口部は完全に雌の組織と癒合し、一体化して肉質突起のようになり、雄としての生殖腺以外は退化する（図60）。寄生する部位は頭部、腹部など決まっていない。水深450〜700mの中深層に棲む。駿河湾以北、秋田沖、九州・パラオ海嶺；世界各地に広く分布する。写真個体は体長36cmの雌、腹部に2尾の雄が寄生している。

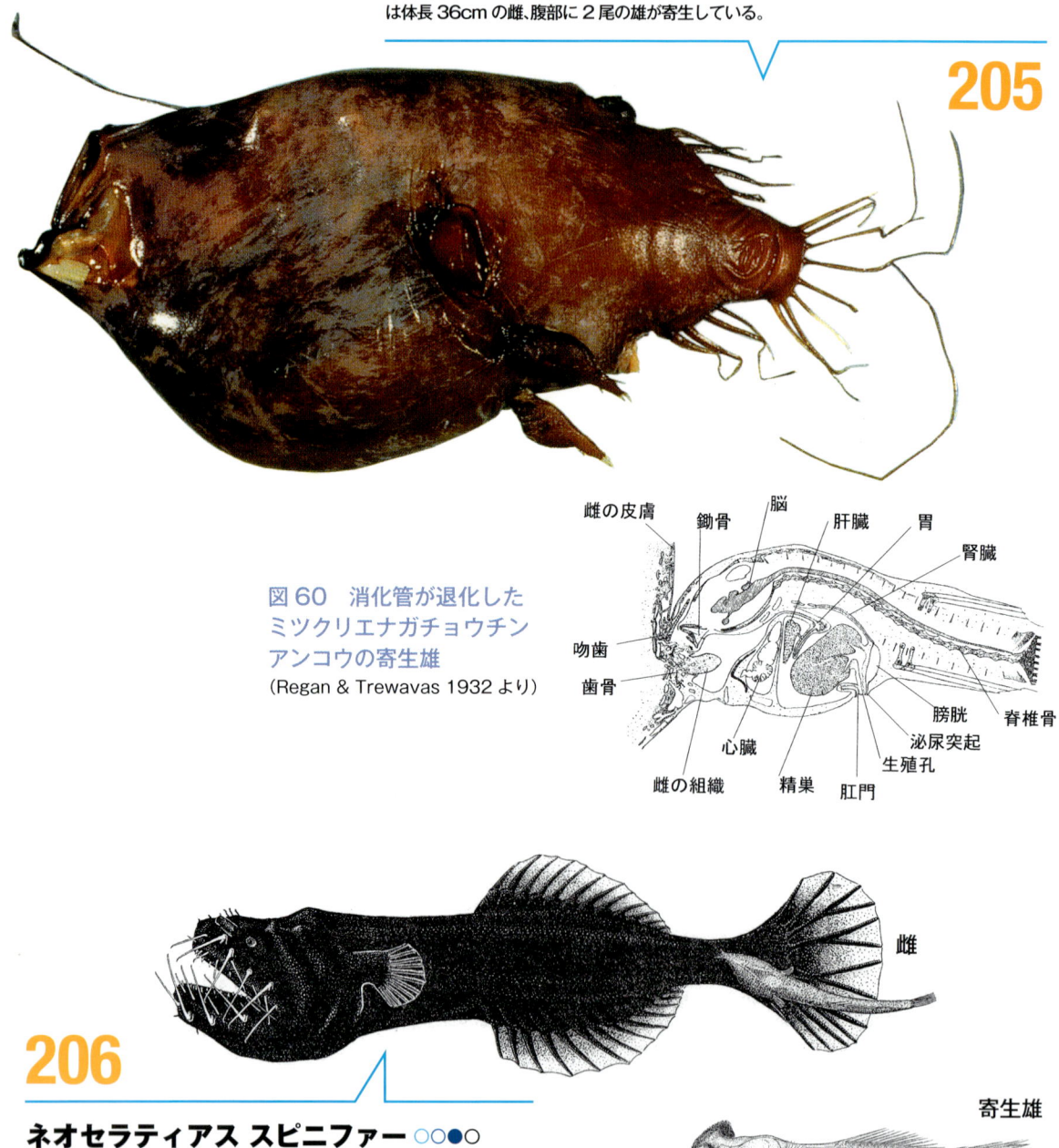

205

図60 消化管が退化したミツクリエナガチョウチンアンコウの寄生雄
（Regan & Trewavas 1932 より）

206

ネオセラティアス スピニファー ○○●○
Neoceratias spinifer

ネオセラティアス科

体は細長く、いくぶん側扁する。背鰭と臀鰭の基底部は高い。尾柄部は細長くて、扁平である。鱗がない。体には多数の円筒状の突起が散らばる。口は大きく、両顎は極めて厚くて強い。歯は長くて、可動し、突出し、先端で後方へ曲がる。眼の前に大きな乳頭状の触手がある。眼は退化的で、機能しないらしい。尾柄部に寄生雄が付着する。水深4000mに棲む。日本からは知られていない。西部太平洋、インド洋、北大西洋に分布する。図の個体は体長6cm、尾柄に寄生した雄は体長1.9cm。(Bertelsen 1951 より)

COLUMN 025

寄生雄の研究史

ビワアンコウの雌の腹に付着した小さい魚を初めて報告したのは、アイスランドの生物学者のSaemundson(1922)でした。彼は母親に付着した子供だと考えていました。
Regan(1925a、1925b)はこれらを解剖して寄生雄であることを発見し、次のように推測しました。この雄は完全に雌の体の一部となり、雌から栄養をもらい、夫婦一体となることで、生殖腺を同時に成熟させ、雌が自分の卵を確実に受精させるために、雄の精子の放出をコントロールすることができるのではないか、と─。さらに、彼(1926)は次のような2つの可能性を考えました。まず1つは、付着に成功すれば一生涯連れ添うことになりますが、雌を見出すことができなければ死んでしまうというものです。大洋の中層の暗黒の中で浮かんでいる単独生活者は数が少ないために、成熟した相手に巡り合うことは困難です。しかし孵化直後の雄が多くいるときに雌に付着することでこの問題を克服しています。もう1つの仮説は後期仔魚が雌を見出し、雌に付着したものだけが雄になり、付着しないものは雌に成長するというものです。
Parr(1930)は自由遊泳する雄を発見し、雄が雌の発するルアーの光に引き寄せられて雌に付着すると結論づけ、Reganの第1の仮説を否定しました(しかしよく発達した精巣をもった自由遊泳する雄がいないことから寄生できなかった雄は最終的には死ぬようです)。またBertersen(1951)は雌(全長2～3mm)の吻上に、雄にはない竿になる皮質突起があり(P.118 図53B)、雌雄の区別ができ、寄生したものだけが雄に発達するとするReganの第2の仮説も否定しました。彼はチョウチンアンコウ類の寄生雄をもたない種類でも、自由遊泳期の雄はよく発達した歯をもっていることから、この類はすべて一時期雌の皮膚に噛みついているのではないかと考えました。Olson(1974)は内分泌腺を調て、雌は生殖腺の発達をコントロールしているとするReganの仮説を確かめました。
Munk & Bertelsen(1983)は詳細に組織を調べ、雄と雌の循環器系はつながっていることを明らかにしました。寄生するに当たって解決しなければならない問題は免疫と性ホルモンです。違った個体間で組織の融合が起こると免疫の問題が生じます。雌雄同時に生殖腺を成熟させるには両ホルモンを同時にコントロールしなければなりません。これは大変難しいことです。これらのことについてはまだ何もわかっていません(Pietsch 2005より抜粋)。案外、ES細胞(胚性幹細胞)より優れた免疫拒絶を解決するキーが隠されているかもしれません。
寄生という言葉に疑問を投げかけている研究者もいます(猿渡2008)。寄生では雌(宿主)が不利益で、雄(寄生者)が利益を得ていることになります。しかし一方的に雄だけが利益を得ているわけではなさそうです。雌が雄を探すエネルギーを必要としないので雌も利益を得ていると考えられるからです。その場合は相利共生に該当します。寄生であれ、共生であれ、その種が子孫を残すために利益を得ていることだけは確かです。

2. 交尾をする

　魚類にはサメ・エイ類、カジカ類などのように交尾器をもち、交尾をして、卵や子供を産む種は多く見られますが、深海魚では少ないです。個体数が少なく、雄雌の出会う機会が少ないところでは、雌は雄に出会ったときに精子をもらい、卵が成熟するのを待って、受精させることができるので、受精を確実にするのに極めて効果的です。サメ、エイ類では、腹鰭が変化してできた1対の交尾器（クラスパー）をもち、交尾をして子供を産む卵胎生と卵を産む卵生があります。交尾器の基部には腹腔の中に伸びる1対のサイフォンサックという器官があり、出口は交尾器の根元につながっています。サイフォンサックの中に海水が満たされ、交尾のときに筋肉が収縮し、海水が吹き出し、そのときに放精します（図61）。交尾器の側面にある溝を通って雌の体内に注入されます。

　ソコオクメウオ類は長いペニスの他に2個のストッパーとフードからできた極めて特異な形の交尾器をもち（図62）、精子を入れたカプセル（精包）を雌に渡します。雌は体内で受精させて、仔魚を産みます。仔魚は母体と直接つながりがない卵胎生です。

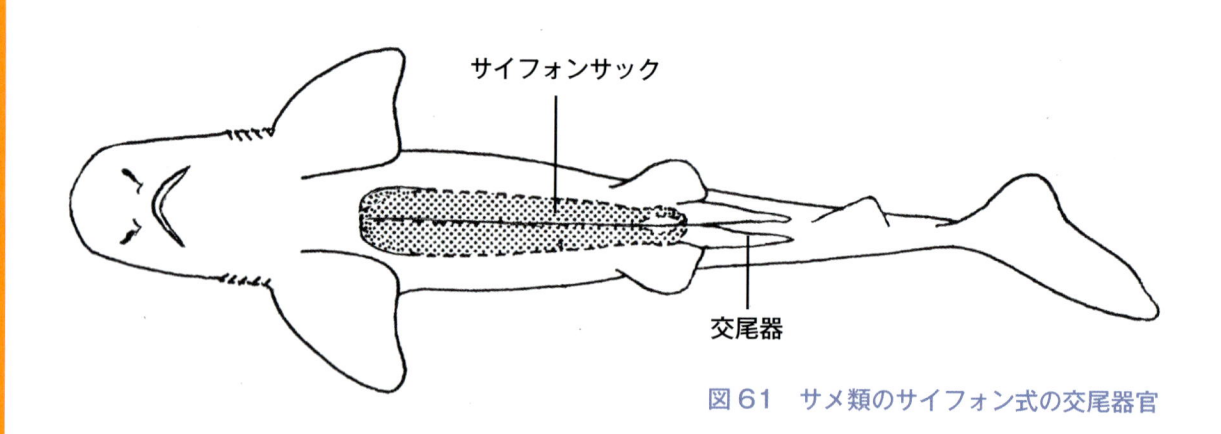

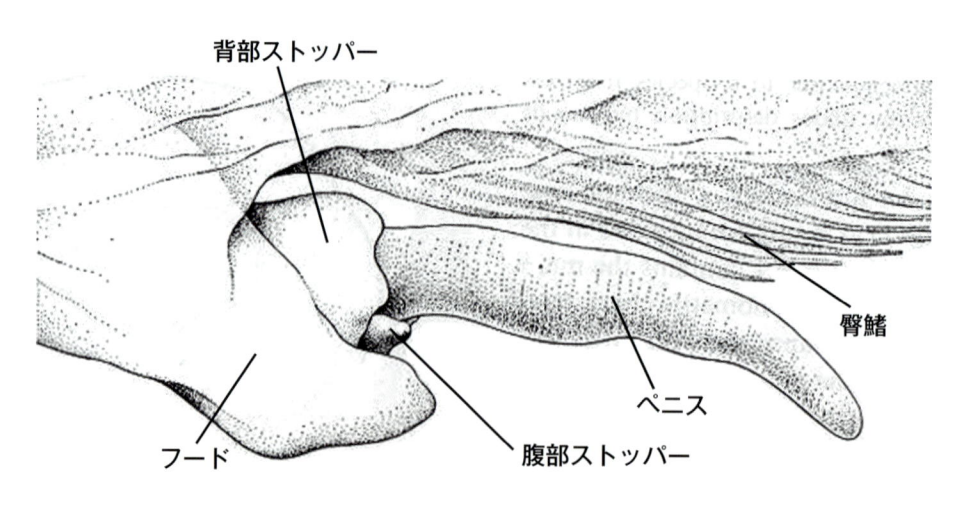

図61　サメ類のサイフォン式の交尾器官

図62　ミスジオクメウオの交尾器官（Nielsen & Machida 1985 より）

207 フトカラスザメ○●○○
Etmopterus princeps

カラスザメ科

体はずんぐりして、太い。吻は短くて、丸く、いくぶん扁平。背鰭は二基で、それらの前端に溝のある棘がある。尾鰭はわずかに上向きで、先端部にくぼみがある。尾鰭下葉は大きい。上顎歯は中央尖頭が大きく、その両側に1～3本の小尖頭がある。水深1030mに棲む。九州・パラオ海嶺；大西洋に分布する。写真個体は全長50.9cm、雄。

208～213

ミツクリザメ○○○○
Mitsukurina owstoni
ミツクリザメ科
詳しくはP.181参照

アラメヘラザメ●●○○
Apristurus fedorovi
トラザメ科
詳しくはP.121参照

ラブカ●●○○
Chlamydoselachus anguineus
ラブカ科
詳しくはP.181参照

ツラナガコビトザメ●○○○
Squaliolus laticaudus
ヨロイザメ科
詳しくはP.182参照

ヘラツノザメ●●○○
Deania calcea
アイザメ科
詳しくはP.182参照

フジクジラ●○○○
Etmopterus lucifer
カラスザメ科
詳しくはP.38参照

214 ミスジオクメウオ●●○○
Barathronus maculatus

ソコオクメウオ科

眼は退化的で、皮下に埋没する。体はほとんど透明に近い。皮膚は柔らかく、体表から遊離する。両顎の前半部にやすり状の歯があるが、上顎の後半部に歯がない。下顎には4本の犬歯があり、第3歯は大きくて牙状。鋤骨に2本の牙状歯がある。臀鰭の前に大きなペニスがあり、ペニスは基部を取り巻く背部と腹部にストッパーをもち、それらはフードを付けている（P.138図62）。腹膜は青色。水深386～1525mに棲む。相模湾、沖縄舟状海盆；マダガスカル、南アフリカ東岸沖に分布する。写真個体は体長13.6cm。（アルコール漬標本より）

VII 繁殖 ｜ 2. 交尾をする／3. 雄から雌に性転換

215

キタノカスベ ●○○○
Bathyraja violacea

ガンギエイ科

吻部は飛び出し柔らかく、曲げやすい。尾部の正中線上に棘が不規則に並ぶが、小さくて周囲の鱗と区別することは難しい。左右の肩帯部と項部に棘がない。尾部は体盤幅より短い。水深50〜500mに棲む。煮付け、ぬた、干物などにする。北海道のオホーツク海；オホーツク海、ベーリング海に分布する。写真個体は全長71.4cm、雄、大きな交尾器がある。

216
チヒロカスベ ●●○○
Bathyraja abyssicola
ガンギエイ科
詳しくはP.183参照

217
コマンドルカスベ ●○○○
Bathyraja lindbergi
ガンギエイ科
詳しくはP.121参照

218
ミツボシカスベ ○●○○
Amblyraja badia
ガンギエイ科
詳しくはP.184参照

219
イトヒキエイ ●●○○
Anacanthobatis borneensis
ホコカスベ科
詳しくはP.183参照

220
マツバラエイ ●●○○
Bathyraja matsubarai
ガンギエイ科
詳しくはP.157参照

3. 雄から雌に性転換

　ヨコエソ科のオニハダカ属とヨコエソ属の数種に知られている現象で、餌の少ない深海では小さいうちに性成熟する方が有利です。ヨコエソは最初の1年は雄として成熟し、産卵に参加します。その後に雌に性転換する雄性先熟型です。これらの種では雄は体が小さく、雌は大きいです。最初に雄として成熟し、性成熟に少ないエネルギーですむ精子をつくり、後に栄養を蓄えた卵をつくるために大きな体を必要とする雌になります。最初から雌雄異体の種よりは合理的です。また性比がアンバランスなときには雄の時期を経ないで直接雌になる種も報告されています。オニハダカは3～4歳の間は雄で、その後、性転換して雌になります。雄から雌になる間に雌雄同体の個体が見られます（図63, 64）。

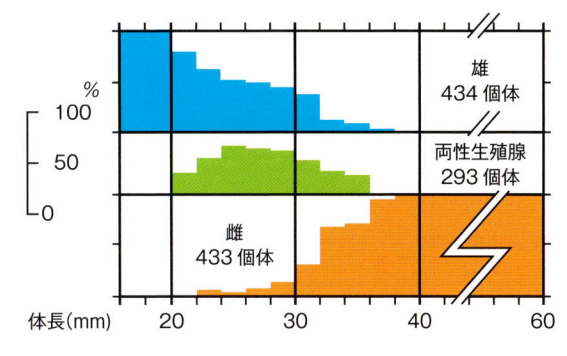

図63　オニハダカの雄性生殖腺、両性生殖腺および雌性生殖腺と体長の関係
(Miya & Nemoto 1985 より改変)

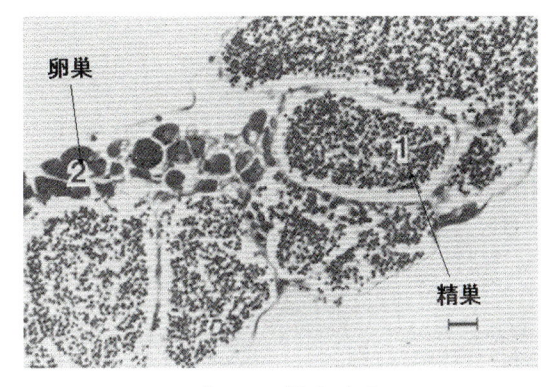

図64　オニハダカの両性生殖腺
(Miya & Nemoto 1985 より)

221 オニハダカ
●●○○
Cyclothone atraria
ヨコエソ科

体は細長く、側扁する。頭の前端近くに小さい眼がある。口は大きく、頭の後端近くまで開く。上顎には小さい歯が1列に並び、後方のものほど長い。腹側発光器が小さい。水深500～1000mに棲む。体長は最大でも5～6.5cmにしかならない小型種。数は極めて多く、遊泳しないでほとんど浮遊生活をしている。雄性先熟型の性転換をする。日本の太平洋岸、小笠原諸島；インド洋、太平洋、大西洋の温・熱帯域に分布する。写真個体は上・体長2.8cm、雄、下・体長5cm、雌。(宮正樹氏提供)

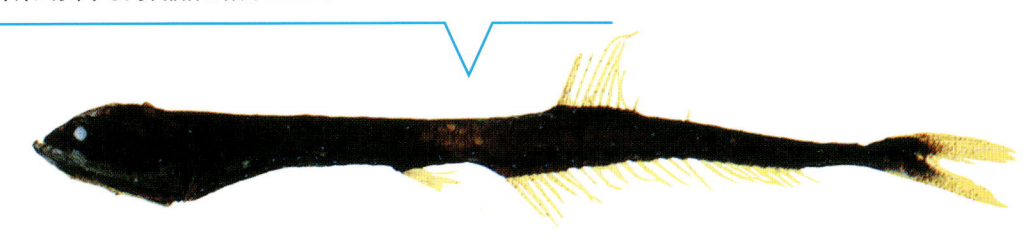

222 ヨコエソ
●○○○
Gonostoma gracile
ヨコエソ科

体は著しく細長く、極めて側扁する。頭は大きい。口は大きく眼のはるか後方まで開く。両顎に細長い歯が並び、その間をやや短い歯で埋める。眼は極めて小さい。脂鰭はない。頭部には小さい発光器がある。体側の発光器は小さく、互いに離れる。背側発光器は6個、体側発光器は12個、腹側発光器は32個で、胸部発光器がない。生後1年で雄として成熟した後、体長7～9cmで雌になる。水深100～500mの中深層に棲む。北海道の太平洋岸から土佐湾；北太平洋に分布する。写真個体は体長8.9cm。

4. 雌雄同時に成熟する雌雄同体

　ヒメ目の仲間のうち、浅海に棲むエソ類（雌雄異体型）を除いて、深海へ移住したアオメエソ類、デメエソ類、ハダカエソ類、ヤリエソ類、ボウエンギョ類、ミズウオ類、フデエソ類などのすべての種は雌の卵巣と雄の精巣が同時に成熟する雌雄同体型です（図65）。一個体の魚が、雌雄の両生殖腺をもっていますが、自ら受精して子孫を残す自家受精はしないようです。この現象は雌雄のバランスを安定させるのに好都合であると言われています。また、深海では生息密度が低いので、異性に出会う機会が少ないために生じた戦略だと考えられています。

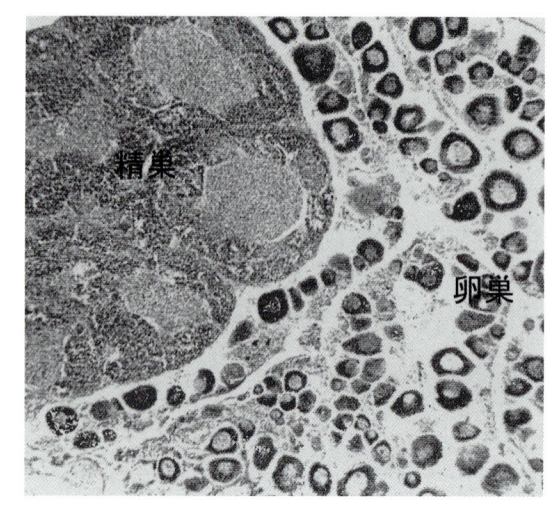

図65　アオメエソ類、パラスディス トラクレンタス (*Parasudis truculentus*) の雌雄同体魚の生殖腺
(Mead 1960 より)

アオメエソ ●○○○
Chlorophthalmus albatrossis
アオメエソ科
詳しくはP.197参照

223

224

フデエソ ●○○○
Scopelosaurus smithii
フデエソ科
詳しくはP.93参照

デメエソ ○●○○
Benthalbella linguidens
デメエソ科
詳しくはP.106参照

225

ヒカリエソ ●●○○
Notolepis rissoi
ハダカエソ科
体は著しく細長く、側扁する。吻は尖り、長く突出し、頭長のおよそ半分。口は眼の前縁まで開かない。上顎の前に小さくて鋭い歯が1列に並ぶ。鱗は小さく剥げやすい。背鰭は極めて小さく、腹鰭より前にある。臀鰭は体の後方1/5にある。水深500〜1500mに棲む。東北以南の太平洋、小笠原諸島；太平洋、インド洋、地中海、大西洋に分布する。写真個体は23.9cm。

226

227
クサビウロコエソ ●●○○
Paralepis atlantica
ハダカエソ科
詳しくは P.111 参照

229
ミズウオ ●●○○
Alepisaurus ferox
ミズウオ科
詳しくは P.84 参照

228
ヤセハダカエソ ○●○○
Stemonosudis molesta
フデエソ科
詳しくは P.160 参照

230
マルアオメエソ ●○○○
Chlorophthalmus borealis
アオメエソ科

体はほとんど円筒形。眼が大きく、頭の背縁近くまで広がる。口は眼の中ほどまで開く。背鰭と腹鰭の始部はほとんど同じ。水深 322 ～ 600m に棲む。銚子以南の南日本および九州・パラオ海嶺に分布する。写真個体は体長 10cm。

231
ヤリエソ ●●○○
Coccorella atlantica
ヤリエソ科
詳しくは P.101 参照

232
ボウエンギョ ●●●○
Gigantura chuni
ボウエンギョ科
詳しくは P.102 参照

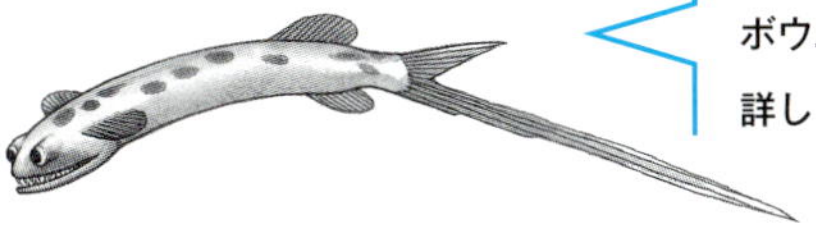

233
テンガイヤリエソ ●○○○
Evermannella bulbo
ヤリエソ科
詳しくは P.102 参照

VIII. 防御

種が生存するために摂餌と繁殖は欠かせない重要な要因であることはすでに述べてきましたが、捕食者から身を守ることも当然加えなければならないでしょう。深海魚ではあまり知られていませんが、唯一変わった特技を身につけた魚はアカナマダで、外敵に襲われそうになると肛門からねばねばしたカビ臭いインクを噴き出します。インク囊(のう)は鰾の後ろ下方にあり、肛門直前で直腸につながります（P.145 図66）。インクには捕食者が嫌がる物質が含まれているのかもしれません。

チョウチンアンコウは体に触れられると竿を立て、ルアーから発光物質を放出することが知られています。これは補食のためであると解釈されていますが（P.18 Ⅰ.発光参照）、防御のための威嚇行動とも考えられています。体の腹面に発光器をもっているワニトカゲギス類などは発光して体の輪郭を消して敵から身を守ります（P.18 Ⅰ.発光参照）。海底生活者のキホウボウ類、トクビレ類などは鎧(よろい)・兜(かぶと)のように骨板で身を包んで身を守ります。発電は防御にも使われていますが、これについては発電（P.62）を参照してください。

1. 肛門から墨を放出

イカ類は体内にインク囊をもち、危険が迫ると漏斗(ろうと)から水と一緒にインクを放出して敵から逃れることがよく知られています。アカナマダは体内にインク囊をもつ唯一の魚です。鰾をスポイトのように使用して空気を押し出し、インクを肛門(総排泄孔)から噴き出して、捕食者を驚かし、その間に逃げます(図66)。

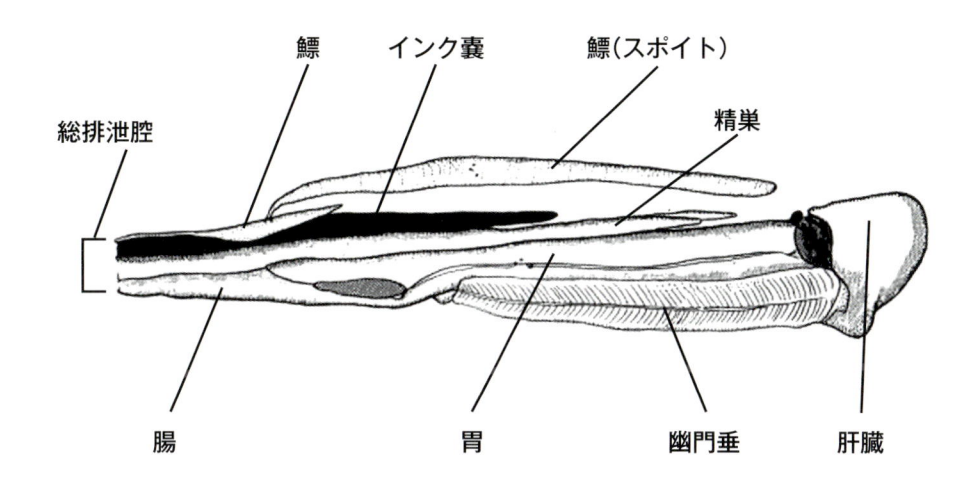

図66 鰾の下にあったアカナマダのインク囊 (本間・水沢 1981 より)

アカナマダ ●○○○
Lophotus capellei

アカナマダ科

体は高い。頭の前端は垂直。その角から伸長した背鰭鰭条が出る。胸鰭の直下に極めて小さい腹鰭がある。臀鰭は 18〜21 本で、尾鰭の直前にある。体長 200cm ほどになる。南日本の太平洋、日本海；太平洋と大西洋の暖海域に分布する。写真個体は体長 121.5cm。

234

2. 発光液を放出

　チョウチンアンコウやミツクリエナガチョウチンアンコウは捕食者が接近してきたときに頭の前にあるルアーや背鰭の前にあるコブ状の突起物から発光液を出して捕食者を驚かせて防御することができるようです。ソコダラ類は肛門から発光液を雲のように発射して、捕食者から逃げ去ることができると考えられています。これらも発光器の役割の1つです。（P.18　I. 発光参照）。

オニスジダラ ●○○○
Hymenogadus gracilis

ソコダラ科

体は細長く、円筒形に近い。尾部に向かって細くなる。頭は柔らかい皮膚で覆われ、隆起ははっきりしない。肛門の前に長い発光器があり、その両端にそれぞれ1個のレンズがある。水深300〜500mに棲む。小型種。南日本；東シナ海、フィリピンに分布する。写真個体は全長11cm。

235

236〜241

キシュウヒゲ ●○○○
Caelorinchus smithi
ソコダラ科
詳しくはP.32参照

スジダラ ●○○○
Hymenocephalus striatissimus
ソコダラ科
詳しくはP.32参照

サガミソコダラ ●○○○
Ventrifossa garmani
ソコダラ科
詳しくはP.31参照

キュウシュウヒゲ ●○○○
Caelorinchus jordani
ソコダラ科
詳しくはP.32参照

ムスジソコダラ ●○○○
Caelorinchus hexafasciatus
ソコダラ科
詳しくはP.31参照

ヤリヒゲ ●○○○
Caelorinchus multispinulosus
ソコダラ科
詳しくはP.31参照

242

ミツクリエナガチョウチンアンコウ ●○○○
Cryptopsaras couesii

ミツクリエナガチョウチンアンコウ科

詳しくはP.136参照

243

チョウチンアンコウ ●○○○
Himantolophus groenlandicus

チョウチンアンコウ科

詳しくはP.22参照

3. 骨板や棘で包まれる

　体は鱗が変形してできた固い骨板や棘で覆われ、捕食者から身を守るのに適しています。泳ぎは得意ではありません。もっぱら海底で生活をしています。そのために胸鰭の下部軟条が太く、膜でつながっていないので、脚のようにして海底を歩くことができたり、口の近くの髭で海底の餌を探すなどの特徴を兼ね備え、不得意な運動を補っています。

ヒゲキホウボウ ●○○○
Satyrichthys amiscus

キホウボウ科

体は扁平で、骨板で覆われる。頭は大きく幅広く、吻の突起は正三角形。口は大きく、頭の下面に開く。両顎に歯がない。下唇に7対の髭があり、もっとも外側のものは長く伸びる。下顎に3本の髭がある。頭の後端の角に2本の棘がある。体には4列の骨板がならび、各骨板には後方へ向かう棘を備える。胸鰭の下部の2軟条は太く、他から離れる。水深340〜610mの海底に棲む。南日本、九州・パラオ海嶺；フィリピンに分布する。写真個体は体長17.9cm。

背面　**244**

側面

ソコキホウボウ ●○○○
Satyrichthys engyceros

キホウボウ科

体は4列の強い骨板で覆われる。吻突起は長方形で、平行に突き出す。口は頭の下面に開く。下唇に5本の髭があり、もっとも外側のものは長く、眼の後縁下付近まで伸びる。下顎には3本の髭がある。胸鰭の下部の2軟条は他から完全に遊離する。水深295〜540mに棲む。南日本、東シナ海；ハワイ海域に分布する。写真個体は体長23.6cm。

245

背面

背面

246

エンマハリゴチ ●○○○
Hoplichthys haswelli

ハリゴチ科

体と頭は著しく平たくて、吻はへら状で薄い。頭の背面、体の背側面に多数の棘が列をなして並ぶ。体の腹面に鱗がない。側線上の棘は鋭く、後方に向かう（P.201 図 77D・E）。水深 510～520m の海底に棲み、トロール網で獲れる。ニュージーランド南東海域からオーストラリア南西海域に分布する。写真個体は体長 27.8cm。

側面

背面

247

ヤセトクビレ ●○○○
Freemanichthys thompsoni

トクビレ科

体は細長く、棘状の骨板で覆われる。吻の下面に 1 対、上顎の後部に 2 対の房状の髭がある。頭の側面に外側へ張り出す骨質の突起がある。水深 100～300m の砂れき底に棲む。小型種で大きくならない。富山湾および塩釜以北、オホーツク海に分布する。写真個体は体長 15.2cm。

IX. 色彩

海に降り注いだ太陽光線は深度が増すにしたがって青色が強くなり、青の世界となりますが、その青色もだんだんと濃くなって、最後には青色も到達できない暗黒の世界になります。そんな深海から、黒色の魚や色素のない魚に混じって鮮やかな赤色の魚が獲れます。黒色や透明なのは、闇に隠れてカムフラージュするための工夫です。では何故、暗黒の世界に赤色の魚がいるのでしょうか。

1. 赤色

深海魚の中には意外に赤色の魚が多いのに驚かされます。それは赤い色は青色を吸収して黒く見えるためです。黒い体を上から見ると周囲の暗さに溶け込みますが、薄明かりのところでは、下から見ると黒い体は目立ってしまいます。そのため、これらの赤い魚は、下から狙われることのないような底近くに多く見られます。さらに深くなり、暗黒の世界になると色も見えないので問題ありません。

ダルマコンニャクウオ●○○○
Careproctus cyclocephalus

クサウオ科

体は前部では丸みを帯び、幅は広く、後部では細長い。鰓孔は胸鰭よりも上に開く。胸鰭はくぼみ、下葉の鰭条は糸状に長く伸びる。腹鰭は小さくて丸い吸盤になる。背鰭と臀鰭の縁辺は黒い。水深380〜950mに棲む。網走沖から知られている。写真個体は体長28.1cm。

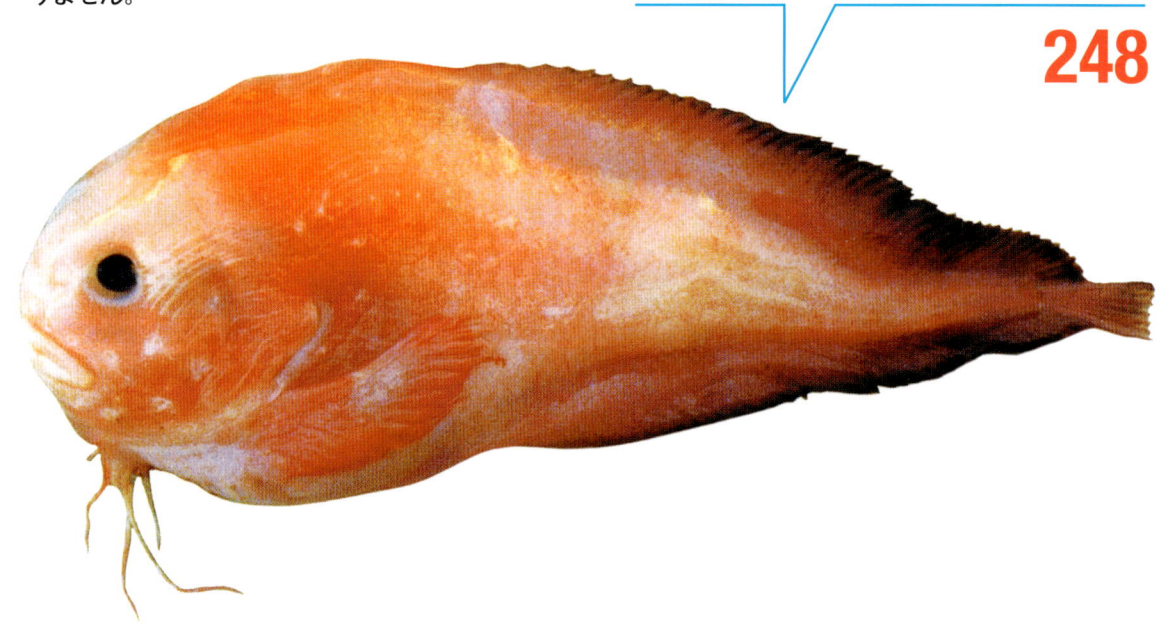

248

アカチゴダラ ●○○○
Physiculus rhodopinnis

チゴダラ科

体は側扁する。吻は丸い。眼は頭の前部にある。口は眼の後縁下付近まで開く。歯は小さく、やすり状である。両眼間隔域は広くて平坦。黒い卵形の発光器が肛門と腹鰭始部の間にある。すべての鰭は真紅色で、背鰭の下半分は黒い。水深342～540mに棲む。九州・パラオ海嶺から知られている。写真個体は体長19cm。

249

ヒシダイ ●○○○
Antigonia capros

ヒシダイ科

体は菱形で、著しく側扁する。口は小さく、眼の前方までしか開かない。鱗は小さく、体に密着し、脱落し難い。背鰭、臀鰭、腹鰭の棘は強い。水深50～750mに棲み、トロール網で多量に獲れることがあるが、食用としては利用されていない。本州中部以南、九州・パラオ海嶺；ハワイ近海、南アフリカ、大西洋に分布する。写真個体は体長14.3cm。

250

ナンヨウキンメ ●○○○
Beryx decadactylus

キンメダイ科

体は側扁し、高い。眼は大きく、頭の前端付近に位置する。口は大きく、眼の中央部下まで開く。吻は短く、側面に二叉した強い棘がある。体は紅色で、眼は黄金色。水深500m付近に棲む。南日本；太平洋、インド洋、大西洋、地中海に広く分布する。写真個体は体長19.9cm。

カゴマトウダイ ●○○○
Cyttopsis roseus

マトウダイ科

体は側扁し、高い。吻は長く突き出す。上顎は長く筒状に伸ばすことができる。眼は大きく、頭の背縁に接する。背鰭と臀鰭の基底に沿って、小さい棘状鱗が並ぶ。腹鰭と肛門の間に変形鱗がある。水深200～500mに棲み、アオメエソなど底に棲む小魚を食べる。駿河湾以南；太平洋、大西洋に分布する。写真個体は体長18cm。

キチジ ●●○○
Sebastolobus macrochir

フサカサゴ科

体は長卵形で、頭は大きい。眼の下方の隆起に8本以上の棘が並ぶ。胸鰭は二葉に分かれ、下葉の数本は指状に肥厚し、後方に伸びる。腹鰭は長い。背鰭棘部に1黒色斑紋がある。水深500～1300mの底に棲む。駿河湾以北の太平洋岸、北海道；オホーツク海、ベーリング海に分布する。写真個体は体長28cm。

オオサガ
●●○○

Sebastes iracundus

フサカサゴ科

詳しくは P.203 参照

254

アカクジラウオダマシ ●●○○

Barbourisia rufa

アカクジラウオダマシ科

体は長楕円形で側扁する。眼は小さく、管で取り囲まれた眼窩の奥にある。口は大きく眼のはるか後ろまで開く。体と各鰭は微細な小棘で覆われ、表面はビロード状である。側線は明瞭な孔として開く。体と鰭は一様に橙赤色。水深 600 〜 1400 m に棲む。北日本の太平洋岸、沖縄舟状海盆；インド洋、メキシコ湾、スリナム沖に分布する。写真個体は体長 26.7 cm。

255

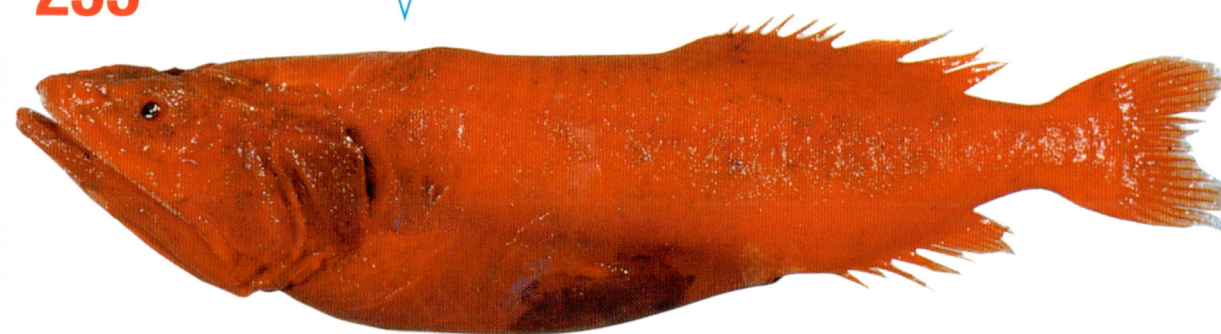

アカゲンゲ ●○○○

Puzanovia rubra

ゲンゲ科

体は側扁し、柔らかい。吻端は丸い。眼は小さく、頭の上部にある。腹鰭はない。水深 200 〜 600m の底近くに棲み、トロール網でまれに獲れる。小型種で利用されていない。北海道太平洋岸、オホーツク海；ベーリング海に分布する。写真個体は体長 32.3cm。

256

COLUMN 026

世界初！
深海魚クジラウオ類の化石の発見

魚の化石は世界から数多く報告されていますが、日本ではそれほど多く知られていませんでした。しかし近年、魚の化石への関心の高まりと、研究者の情熱によって、日本各地から多数の興味深い化石が報告されています。下の化石は青森市下湯温泉の2km上流、荒川の林道から1970年に発見され、2007年にアカクジラウオダマシ科の新属新種アオモリムカシクジラウオ *Miobarbourisia aomori* として報告されました（図67）。この化石は今から1500万年ほど前の中新世中頃の地層から見つかりました。現生のアカクジラウオダマシ（P.152）によく似ていますが、より大きくて長い腹鰭、より前から始まる背鰭と臀鰭、背鰭よりもかなり後方から始まる臀鰭など、現生種と違う原始的な特徴を備えているそうです。この化石はクジラウオ類の初めての化石で、今後、魚の進化の解明に役立つでしょう。

図67 青森市下湯温泉から発見された化石、アオモリムカシクジラウオ
(Fujii, Uyeno & Shimaguchi 2007より)

2. 黒色

　深海魚の 90% 以上は全身が黒色で、あらゆる層、あらゆる海底に見られます。周囲の闇の中にまぎれるために好都合だからです。浅海に棲む魚は背側を濃く、腹側を淡くして、上下の捕食者から見え難くしています。中深層以浅に棲む全身が黒い魚は下から見られると目立つので、腹側の発光器を灯して、上の明るさに溶け込む工夫をしています（P.18 I.発光参照）。

クロソコイワシ ●●○○
Pseudobathylagus milleri

ソコイワシ科

体は弱い。眼は大きく、頭の前端近くにある。吻は丸くて著しく短い。鱗は大きく、離脱しやすい。発光器はない。水深 800 〜 1200m に棲む。体長 20cm ぐらいになる。岩手県以北、北海道のオホーツク海；ベーリング海に分布する。写真個体は体長 19.7cm。

257

ウケグチイワシ ●●○○
Bajacalifornia megalops

セキトリイワシ科

体はほとんど円筒形。口は大きく、眼の後縁下まで開く。下顎は上顎よりも突き出し、前端に先端の尖った骨質の突起がある。頭には鱗がない。水深 970 〜 1300m に棲み、底引き網でまれに獲れる。体長 40cmほどになる。東北・北海道の太平洋岸；ほとんどの世界の海洋に分布する。写真個体は体長 22.1cm。

クロシギウナギ ●●●○
Avocettina infans

シギウナギ科

258 詳しくは P.87 参照

259

ハゲイワシ ●●○○
Alepocephalus owstoni

セキトリイワシ科

体は比較的高く、側扁する。吻はいくぶん丸い。眼は大きく、眼窩の上縁は強く隆起する。口は体の前端にあり、眼の後縁下まで開く。下顎の前端に小さい突起がある。両顎の歯は円錐形で、1列に並ぶ。背鰭は臀鰭よりも前から始まる。水深500～1000mに棲む。相模湾以南、沖縄舟状海盆に分布する。写真個体は体長22.5cm。

260

カラスダラ ●●○○
Halargyreus johnsonii

チゴダラ科

体は側扁する。口はかなり大きく眼の中央下まで開く。下顎は上顎より前に突き出す。両顎の歯はやすり状の歯帯をつくる。下顎に髭がない。腹鰭は背鰭より前から始まり、外側の2軟条は糸状に伸びる。臀鰭の中央部は大きくくぼむ。水深920～1420mに棲む。岩手県大槌沖から和歌山県太地沖；南太平洋、大西洋の温帯域に分布する。写真個体は体長47.9cm。

261

クロコオリカジカ ●●○○
Icelus canaliculatus

カジカ科

体は細長く、前部で円筒形、後部でわずかに側扁する。両眼の間は狭く、くぼむ。後頭部に1棘がある。眼下骨の下縁に沿って5個の感覚孔があり、前方の3個は著しく大きい。前鰓蓋骨の縁辺に4本の強い棘が突出し、もっとも上のものは二叉する。体側に3本の小棘の生えた鱗の列がある。水深750～1005mの海底に棲む。オホーツク海の北見大和堆；オホーツク海、ベーリング海に分布する。写真個体は体長20cm。

262

263 イサゴビクニン ●○○○
Liparis ochotensis

クサウオ科

体は柔らかい。成熟すると体表の皮膚にざらざらした突起が出てくるが、極めて剥がれやすい。頭は扁平で幅広い。腹鰭は吸盤に変形する。胸鰭は大きくくびれ、上葉と下葉に分かれる。水深600m以浅に棲む。北海道の周辺海域；千島列島、ベーリング海に分布する。写真個体は体長58.3cm。

264 シロブチヘビゲンゲ ●●○○
Lycenchelys albomaculatus

ゲンゲ科

詳しくはP.165参照

265 クロボウズギス ○●○○
Pseudoscopelus sagamianus

クロボウズギス科

体は側扁する。頭の背面は平坦。口は水平で、著しく大きく、眼のはるか後方まで開く。両顎には犬歯状の鋭い歯がある。体は無鱗で、両顎部、腹面などに多数の小さい黒点状の発光器がある。水深1100m付近に棲む。相模湾以南、沖縄舟状海盆に分布する。写真個体は体長14.5cm。

266 ムカシクロタチ ●○○○
Scombrolabrax heterolepis

ムカシクロタチ科

体は側扁する。眼は非常に大きい。口は大きく、眼の中央部下まで開く。両顎の歯は強い犬歯状で、上顎の前端に2〜3本の大きな牙状歯がある。側線は背部外郭に沿って第2背鰭の後端近くまで走る。水深380〜685mに棲む。九州・パラオ海嶺；西太平洋、インド洋、西大西洋の熱帯・亜熱帯域に分布する。写真個体は体長21.7cm。

3. 紫色または黒紫色

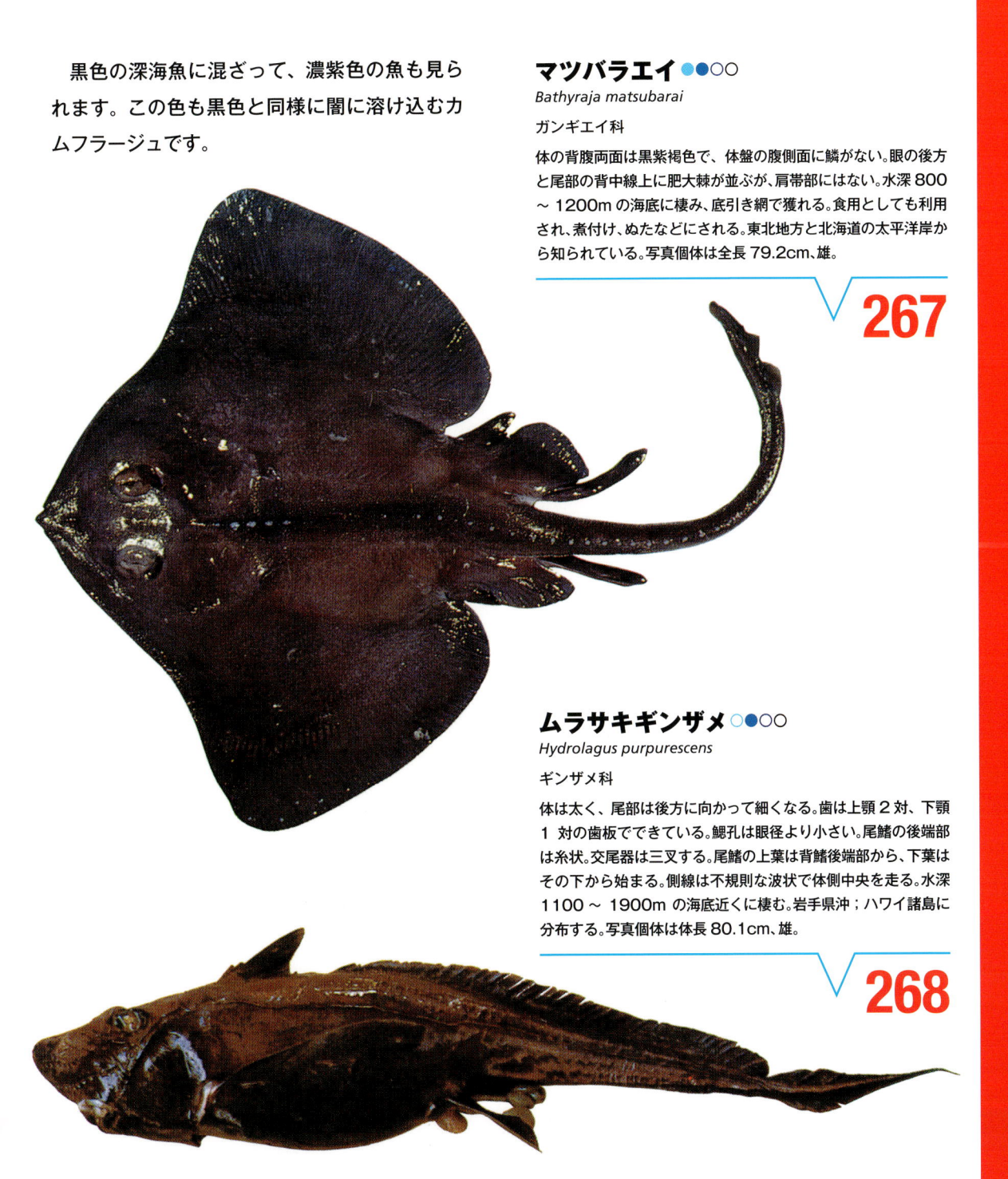

　黒色の深海魚に混ざって、濃紫色の魚も見られます。この色も黒色と同様に闇に溶け込むカムフラージュです。

マツバラエイ ●●○○
Bathyraja matsubarai

ガンギエイ科

体の背腹両面は黒紫褐色で、体盤の腹側面に鱗がない。眼の後方と尾部の背中線上に肥大棘が並ぶが、肩帯部にはない。水深800～1200mの海底に棲み、底引き網で獲れる。食用としても利用され、煮付け、ぬたなどにされる。東北地方と北海道の太平洋岸から知られている。写真個体は全長79.2cm、雄。

267

ムラサキギンザメ ○●○○
Hydrolagus purpurescens

ギンザメ科

体は太く、尾部は後方に向かって細くなる。歯は上顎2対、下顎1対の歯板でできている。鰓孔は眼径より小さい。尾鰭の後端部は糸状。交尾器は三叉する。尾鰭の上葉は背鰭後端部から、下葉はその下から始まる。側線は不規則な波状で体側中央を走る。水深1100～1900mの海底近くに棲む。岩手県沖；ハワイ諸島に分布する。写真個体は体長80.1cm、雄。

268

269 ムラサキホシエソ
●○○○
Echiostoma barbatum

ホテイエソ科

詳しくは P.116 参照

270 ムラサキシャチブリ
●○○○
Ateleopus purpureus

シャチブリ科

体は極めて柔らかい皮膚で覆われる。尾部は細長く伸び、側扁する。吻は突出し、ゼラチン質でできている。眼は著しく小さい。口は頭の下面に開く。背鰭の基底は短く、後頭部にある。臀鰭の基底は著しく長い。体は暗紫褐色で、胸鰭は黒い。水深 100 〜 600m の砂泥底に棲む。茨城県以南；東シナ海と南シナ海に分布する。写真個体は体長 56.6cm。

271 ナカムラギンメ ●○○○
Diretmoides parini

ナカムラギンメ科

体は高く、よく側扁する。眼は著しく大きく頭の背縁に接する。下顎は上顎より突出し、その先端に腹方へ向かう棘がある。両顎と鰓蓋部の骨の表面に多数の細かな隆起線が走る。側線がない。腹鰭と臀鰭の間の腹中線上に 4 〜 5 本の棘をもつ大きな鱗がある。水深 850 〜 880 mに棲む。東北地方の太平洋；太平洋、インド洋、大西洋に分布する。写真個体は体長 17.9cm。

272 ソコマトウダイ ●○○○
Zenion japonicum

ソコマトウダイ科

体は長卵形。眼は著しく大きく、眼径は頭長のおよそ 1/2。口はほとんど垂直に開き、前方に伸出させることができる。両顎歯は著しく小さい。背鰭と臀鰭の基部に沿って板状の鱗が並ぶ（P.201 図 77B）。水深 200 〜 400m に棲み、底引き網で多量に獲れることがある。熊野灘、土佐湾、沖縄舟状海盆、九州・パラオ海嶺に分布する。写真個体は体長 6.5cm。

アイビクニン ●●○○
Careproctus cypselurus

クサウオ科

体は細長く、後半部で強く側扁する。体は柔軟で、弱々しい。口は小さく、幅広く開く。歯は微細な円錐形で、やすり状の歯帯をつくる。背鰭と臀鰭は皮膚で覆われる。腹鰭は三角形の小さい吸盤になり、眼の下方にある。尾鰭の後端は深く二叉する。水深933～1608mに棲む。北日本の太平洋とオホーツク海；ベーリング海、ワシントン以北の北米太平洋岸に広く分布する。写真個体は体長27.2cm。

273

ヒメコンニャクウオ ●●○○
Careproctus rotundifrons

クサウオ科

体は細長く、尾部に向かって細くなる。ぶよぶよしている。頭は大きくて丸い。口は頭の前端にあり、眼の前縁下まで開く。両顎歯は小さい円錐歯で、数列に並ぶ。大部分の内側の歯は弱い三尖頭。腹鰭はほとんど円形の吸盤で、眼の下方にある。吸盤の直後に肛門が開き、その後ろに泌尿生殖突起がある。体は円滑で、骨質物はない。水深521～1100mに棲む。福島県から相模湾に分布する。2008年に新種として記載された。写真個体は体長9.8cm。(篠原現人氏提供)

274

ハナゲンゲ ●○○○
Petroschmidtia albonotata

ゲンゲ科

体は短い円筒形。眼は頭の背縁にあり、両眼間隔域は突出する。口は小さく、眼の前縁下まで開く。両顎には小さい円錐歯が1～3列に並ぶ。頭は円滑で、鱗がない。小さい腹鰭が胸鰭基底下より前にある。背鰭には3個の大きな馬蹄形の白斑紋がある。水深208～512mに棲む。北海道のオホーツク海；オホーツク海に分布する。写真個体は体長38.3cm。

275

4. 無色、淡色、透明

　赤色も黒色も上から見ると下界の闇の中に溶け込むことができますが、下から見上げられると黒く見えます。このために体を透明にして、明るい背景から体を隠す魚もいます。これこそ究極のカムフラージュと言えるでしょう。

ヤセハダカエソ ○●○○
Stemonosudis molesta

ハダカエソ科

体は細長く、側扁する。頭は細長い。吻は著しく突出する。口は水平に開き、上顎に4本、下顎に10本の長い歯があり、それらは内側に倒すことができる。側線はほとんど体の中央部を走り、その鱗は前後に細長い。側線鱗以外に鱗はなく、皮膚は円滑。頭と尾部を除けばほとんど淡色。水深1400m付近に棲む。東北地方太平洋、鹿島灘；ニュージーランド東方海域、カリフォルニア沖に分布する。写真個体は体長36.2cm。

276

ナメハダカ ●○○○
Lestidium prolixum

ハダカエソ科

体は細長く、側扁する。皮膚は薄く、側線を除いて、無鱗。発光器は鰓蓋下方から腹鰭の前までの腹中線上にある。背鰭は腹鰭より後方にある。体はほとんど半透明。水深200～615mに棲む。駿河湾以南、沖縄舟状海盆に分布する。写真個体は体長22.4cm。

277

ヤワラゲンゲ
●●●○
Lycodapus microchir

ゲンゲ科

詳しくはP.131参照

278

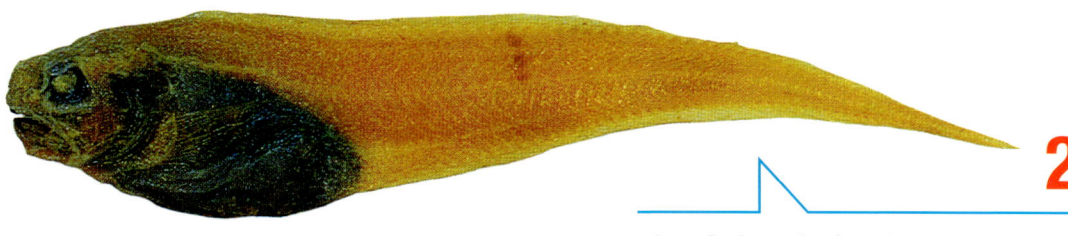

279 リュウキュウインキウオ ●○○○
Paraliparis meridionalis

クサウオ科

体は細長く、側扁する。皮膚は薄い膜からなる。口は水平に開き、上顎に16〜18列、下顎に14〜16列のやすり状の歯帯がある。頭部の感覚孔は小さい。胸鰭は中央部でくびれ、上葉に16本、凹入部に4本、下葉部に3本の鰭条がある。腹鰭吸盤はない。体は黒ずんだ半透明。水深600〜930mに棲む。沖縄舟状海盆から知られているだけである。写真個体は体長14.9cm。(アルコール漬標本)

280 ヒラインキウオ ●●○○
Paraliparis grandis

クサウオ科

体は強く側扁し、後方に向かって細くなる。頭は小さい。口は小さく、上顎は眼の中央下まで水平に開く。両顎にやすり状の歯帯がある。胸鰭は中央部で深くくぼむ。腹鰭は吸盤を形成しない。背鰭と臀鰭の前部鰭条は皮下に埋没する。尾鰭は細く、後端は少し湾入する。水深400〜1000mに棲む。北海道オホーツク海、青森県太平洋沖；オホーツク海、カムチャッカ東岸に分布する。写真個体は体長36.6cm。

281 クログチコンニャクハダカゲンゲ ●●○○
Melanostigma atlanticum

ゲンゲ科

体は柔らかいゼラチン質でできている。鱗がない。頭は著しく小さい。鰓孔は極めて小さい孔である。頭に感覚孔がよく発達する。雄の両顎歯は雌のものより大きい。口内と腹膜は黒い。水深960〜1120mに棲む。北大西洋、地中海ジェノア湾に分布する。写真個体は体長12.7cm。

COLUMN 027

深海魚の和名の接頭語

深海をイメージする和名をもつ魚を探してみると（表2）、「深さ」と「暗黒」を連想させる名前に大きく分けることができました。深海と名前が付いたものは2種、深みは1種です。そのまま深海底をイメージできる底はもっとも多く、11種ありました。はかり知れないほどの深さを意味する千尋（チヒロ）の名前をもつものが6種もいるのに驚かされました。

やはり深さをストレートに表現している名前が多いように感じます。変わったところでは深海を黄泉の国に見立てた「ヨミノアシロ」です。

一方、暗黒では、提灯（チョウチン）、行灯（アンドン）、蝋燭（ローソク）、灯火（トモシビ）、および蛍火（ホタルビ）と明かりに関するものばかりでした。黄泉や蛍火は深海を霊界と結びつける日本人的な発想なのでしょうか。

表2　深海魚の和名に見られる深海を意味する接頭語

深海	シンカイヨロイダラ、シンカイエソ
深み	フカミフデエソ
千尋	チヒロカスベ、チヒロカブトウオ、チヒロクジラウオ、チヒロホシエソ、チヒロクロハダカ、チヒロザメ
底	ソコクジラウオ、ソコノコギリイワシ、ソコクロダラ、ソコダラ、ソコボウズ、オオソコイタチウオ、ソコグツ、ソコキホウボウ、ソコハリゴチ、ソコトクビレ、ソコビクニン
黄泉	ヨミノアシロ
提灯	チョウチンアンコウ
行灯	アンドンモグラアンコウ
蝋燭	ローソクモグラアンコウ、ローソクホシエソ
灯火	トモシビトカゲハダカ
蛍火	ホタルビハダカ

X. 特徴的な体形

これまで機能別に特技をもった深海魚を見てきました。ここで掲げる深海魚の中にはすでに紹介してきたキーフレーズに該当している種もありますが、深海魚としての存在感がある奇妙な体形をしているので、この項で取り上げることにしました。

1. スプーン形

頭が盤状で、尾部は棒状のスプーン形です。大さじ、小さじ、柄の長いもの、短いものなど、いろいろな種がいます。海底にへばり付いて棲み、泳ぐのは苦手です。

フウリュウウオ ●○○○
Malthopsis luteus

アカグツ科

頭部は三角形状で、尾部は太い棒状。体の背面は大小の骨質の突起で覆われる。吻端に長い鋭い棘があり、前上方へ向かう。吻の下面に深い凹に楕円形のルアーがある。水深200～730mの海底に棲む。南日本、九州・パラオ海嶺；西部太平洋に分布する。写真個体は体長7cm。

282

ソコグツ ●●○○
Dibranchus japonicus

アカグツ科

体は円盤状の頭部と棒状の尾部からなる。眼は細長い楕円形で頭の前背面にある。ルアーは吻の下面にある三角形のくぼみの中にあり、3葉からなる（P.21 図5L）。頭の縁辺は感覚管で囲まれる。体の全表面は無数の小棘で密に覆われる。水深 620 ～ 1500 m の海底に棲む。私たちが記載した新種です。岩手県、宮城県、三宅島および和歌山県から知られている。写真個体は体長 12cm。

283

アミメフウリュウウオ ●○○○
Halicmetus reticulatus

アカグツ科

体は半月形の平たい頭部と棒状の尾部からなる。頭の背面は微細な棘で覆われ、紙やすり状。ルアーは大きな塊で、吻の下面の凹所の中に収まる。口は頭の前下面に水平に開く。体の側面に板状の骨質の突起が列をなして並ぶ。水深 290 ～ 610m の海底に棲む。熊野灘、土佐湾、沖縄舟状海盆；フィリピンに分布する。写真個体は体長 9.5cm。

284

ヤマトシビレエイ ○●○○
Torpedo tokionis

シビレエイ科
詳しくは P.63 参照

285

2. ウナギ形

体は細長く、鱗がない種、鱗が皮下に埋没した種、鱗が特異な形や配列をした種などが多くいます。このような体形は一般に砂泥底(さでいてい)に潜る習性に適応して発達したと言われています。鰭が丈夫でないので体をくねらせてヘビのように泳ぎます。海底に潜り、頭部だけ竹の子のように出して並んでいる姿は滑稽です。

トカゲギス
●●○○
Aldrovandia affinis
トカゲギス科
286 詳しくはP.71参照

クロシギウナギ
●●●○
Avocettina infans
シギウナギ科
287 詳しくはP.87参照

ソコギス ○●●○
Polyacanthonotus challengeri
ソコギス科
体はわずかに側扁し、尾部は細長く伸びる。頭は小さい。吻は突き出し、前端で尖る。口は小さく、頭の下面に開く。背鰭の棘は短く、鰭膜でつながらない。臀鰭の前部は強くて短い棘からなる。体は小さい鱗で覆われる。水深 1260 ～ 3429m に棲む。本州の中部以北；北太平洋、ベーリング海、ニュージーランド海域に分布する。写真個体は体長 42.4cm。

288

シロブチヘビゲンゲ
●●○○
Lycenchelys albomaculatus
ゲンゲ科
体はウナギ形で、比較的高い。吻は丸く、眼径より長い。両眼間隔域は盛り上がる。口は眼の後半部下まで開く。唇はぶ厚く、上顎歯は 1 列、下顎歯は帯状である。頭の感覚孔は小さいが、はっきりしている。体の背側面に 6 ～ 10 個の白色斑がある。水深 530 ～ 1200m に棲む。小名浜以北、北海道のオホーツク海；千島列島に分布する。写真個体は体長 37.4cm。

キセルクズアナゴ
○●○○
Venefica tentaculata
クズアナゴ科
289 詳しくはP.87参照

290

291 バケフサアナゴ ●○○○
Coloconger japonicus

フサアナゴ科

体は側扁し、太く短い。胴部は高い。頭は小さく、前部で突き出す。口は眼の後縁下まで開く。上顎歯は1列、下顎歯は2列に並ぶ。皮膚は薄く、鱗がない。側線は管状に開く。水深750～777mの海底に棲み、トロール網で獲られる。沖縄舟状海盆；南シナ海に分布する。写真個体は全長56.2cm。

292 オビアシロ ○●○○
Brotulotaenia nigra

アシロ科

体は細長く、よく側扁する。口は大きく、眼の後方まで開く。両顎の歯は細長くて1列に生える。体と頭は小さい星形に変形した鱗で覆われる。胸鰭は著しく小さい。腹鰭はない。水深1143～1153mに棲む。ニュージーランド北側、インド洋南西部、南アフリカ南岸、北部大西洋の両岸に分布する。写真個体は体長67.1cm。

293 ヨロイホソナガゲンゲ ●●○○
Lycodonus mirabilis

ゲンゲ科

体は極めて細長く、後方に向かって細くなる。頭部には感覚孔がよく発達する。背鰭と臀鰭の基底に沿って硬い骨板が並ぶ。腹部と頭部は濃褐色。水深848～1417mに棲む。北大西洋に分布する。写真個体は体長25cm。

294 ノコバウナギ ●●○○
Serrivomer sector

ノコバウナギ科

詳しくはP.87参照

COLUMN 028

世界一大きな動物の子供

1928〜1930年にかけてダナ号が世界一周の海洋調査の航海をしたときに、アフリカの南方の水深340mから、巨大なウナギ形の仔魚を採集しました（図68）。この仔魚の体長は尾部の先端に付いている糸状物を加えると184cmあり、この長さはおそらく動物の中でもっとも長身の子供ではないかと言われています。この巨大な仔魚は多くの魚類学者によって研究されましたが、残念ながら親は不明でした。その後、一人の研究者はこの仔魚が450個もある筋節をもつことからシギウナギ類（P.86, 87）かその近縁の魚であると考えました。しかし他の研究者はソコギス類（P.165）であると述べています。この子供の体の比率がウナギのものと同じであるとすると、この子供の親は何と体長30mを超えます。昔から航海者に恐れられている想像上の動物、シーサーペントの子供ではないかという話も飛び出してきて話題はつきることはありません。現在、この子供はニュージーランド沖やフロリダ沖からも知られ、レプトセファルス ギガンテウス（*Leptocephalus giganteus*）と命名され、ソコギス類の子供ではないかと言われています。しかし、依然として親は未確定です。

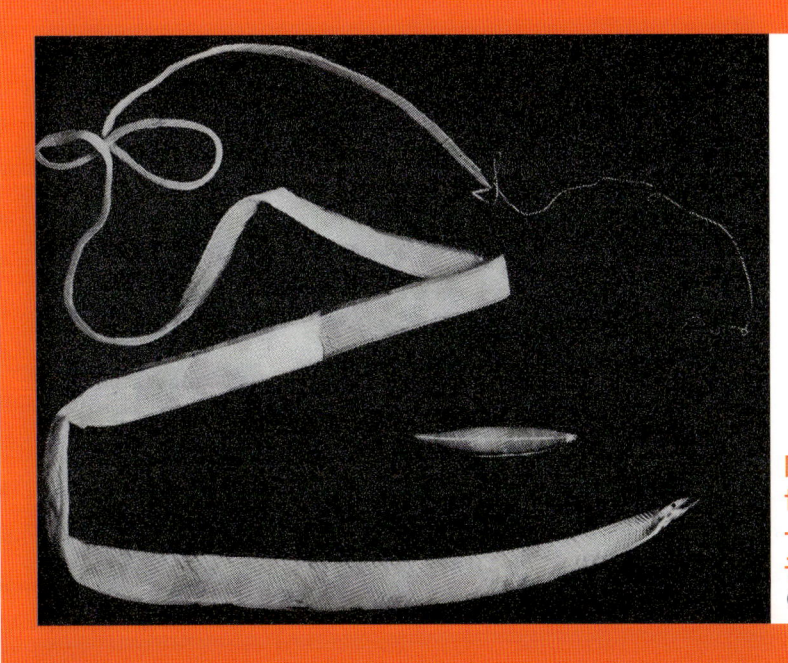

図68
世界一長身な動物の子供
一緒に写っている小さい子供はウナギの仲間
（Nielsen & Larsen 1970 より）

ウナギは深海魚か

2007年6月、日本のウナギの産卵場が見つかったという報道が飛び交いました。東大海洋研究所の塚本勝巳教授がウナギの産卵場をグアム島近くのスルガ海山付近に絞り込みました。そこから、生まれて間もない仔魚から2日ほど経た、全長がわずか数mm～10mm前後のウナギの仔魚のレプトセファルス幼生がまとまって捕れたからです（図69）。仔魚は海流に乗って分散するので、生まれた直後の小さい子供がたくさん捕れたところが産卵場に近いということです（Tsukamoto 1992）。私はこのニュースを聞き、ずいぶん昔に読んだ火野葦平の小説『赤道祭』を思い出しました。魚研究者を志した青年がウナギの産卵場探しに青春の夢とロマンをかけた話です。マグロ延縄漁船に乗って南下し、フィリピンの東方海域でやっとウナギの仔魚を採集し、また、産卵直前のウナギを捕らえて、喜び勇んで帰途につく途中に船が難破。青年と恋人はウナギの標本と一緒に何処かに消えてしまうという話です。2人は何処かの無人島に漂着したという余韻を残していますが、標本は行方不明になってしまいました。当時ウナギの仔魚は九州大学に1尾しか保存されていなかったので、このような結末になったのかもしれません。ヨーロッパウナギはヨーロッパからはるかに離れた大西洋の西インド諸島の東南海域のサルガッソー海で産卵することをデンマークのシュミットが十数年かけて明らかにしてから、日本のウ

COLUMN 029

ナギも南の海で産卵するのではないかと考えられ、多くの研究者の夢をかきたてました。そんな中で、この小説が誕生したのでしょう。実名ではありませんが、何人かの実在した研究者が登場しています。昔から、ウナギが海へ下って産卵場に向かう頃には眼が大きくなることから、ウナギは3000mほどの深海底で産卵するのではないかと考えられていました。塚本教授は深海でもかすかな光が到達する200mくらいから500mくらいまでの水深ではないかと考えています。また、産卵期のウナギは鰾がよく発達していることから底層ではなくて、中層で産卵すると同教授は推測しています。日本から南下した親ウナギが地磁気に誘導されて海山に到達し、新月に産卵しているようです。群れをつくらないウナギが集まって産卵するためのサインを月齢に求めているらしいのです。しかし、どのようなルートをたどって海山まで来るのか、どれくらいの日数を費やしているのか、現時点では何もわかっていません。日本やヨーロッパのウナギは、何故そんなに遠くまで南下して産卵するのか、本当に不思議です。

ウナギという種が誕生した頃には陸地の分布が現在と異なり、産卵場からそれほど遠くないところに棲んでいました。しかしプレートがだんだんと移動することで産卵場から遠くなったと考えられています。蝶、サケ、マグロなど多くの動物は、信じられないくらい遠方から生まれた場所へ戻って産卵することが知られています。何故、それほどまでして産卵場所に固執するのかはわかりません。よく使われる解答は"それは習性です"というもの。それでは何も答えにはなっていないのですが…。

追記：2008年9月、ウナギの産卵場所と考えられていたスルガ海山南方海域の水深200～350mで、6月と8月に水産庁の調査船開洋丸が中層トロール網で4尾のウナギの成熟個体を世界で初めて捕獲したというビッグニュースが流れました。親魚は全長48.5～66.2cmで、1尾は性別が不明でしたが、2尾はよく発達した精巣を、1尾は収縮した産卵後の卵巣をもっていました。産卵直後の仔魚や成熟した親魚の捕獲から、この海域はニホンウナギの産卵場所であることは間違いないようです。次の興味はここまでたどり着くルートと日数の解明に移ります。

図69
1991年7月白鳳丸のウナギ産卵場調査で採集されたウナギのレプトセファルス幼生
（上から全長9.8mm、21.6mm、33.5mm）
（塚本勝巳氏提供）

3. ボックス形

体は箱形ですが、ハコフグのようにがっちりと骨板で覆われていません。その代わりに厚い皮膚に多数の棘が生えています。

ユメソコグツ ●●○○
Coelophrys brevicaudata

アカグツ科

体は箱形で、やや側扁する。尾部は短くて、強く側扁する。吻の前縁は直線状で、中央部で少しくぼむ。両眼間隔域は幅広くくぼむ。誘引突起は短い。ルアーは大きく、3葉からなる。体の背面は小さい針状の棘で覆われる。頭部に感覚管がよく発達し、そこからの1本は吻端から眼の背縁を通り、体の背部外縁に沿って走り、尾鰭基底に達する。水深700〜1200mに棲む。沖縄舟状海盆；スマトラ沖に分布する。写真個体は体長5cm（背面）。

295

296

ガクガクギョ ●●○○
Oreosoma atlanticum

オオメマトウダイ科

体は短く、横断面は三角形状。腹部は大きく拡張し、突き出る。眼は著しく大きい。体は小さい鱗で覆われる。幼魚では体に23本の大きな円錐形の突起がある。水深0〜1095mに棲む。ニュージーランド、オーストラリア、南アフリカから知られている。写真個体は体長8.7cm。

4. カレイ形

　体は扁平で、左右不相称です。両方の眼が体の片側にあります。孵化したときは普通の魚のように左右に眼がありますが、発生が進むにつれて一方の眼が他方に移動して、眼を上にして体を横倒しにします（図70）。仔魚のときに背鰭の前の1本の鰭条がポールのように伸び、そこから鯉のぼりのように数本の皮状物をなびかせる種もいます。これは浮遊のために使われます。成魚は海底にへばり付き、砂泥に潜って隠れて、敵から逃れたり、餌に近づいて捕らえるのに適しています。

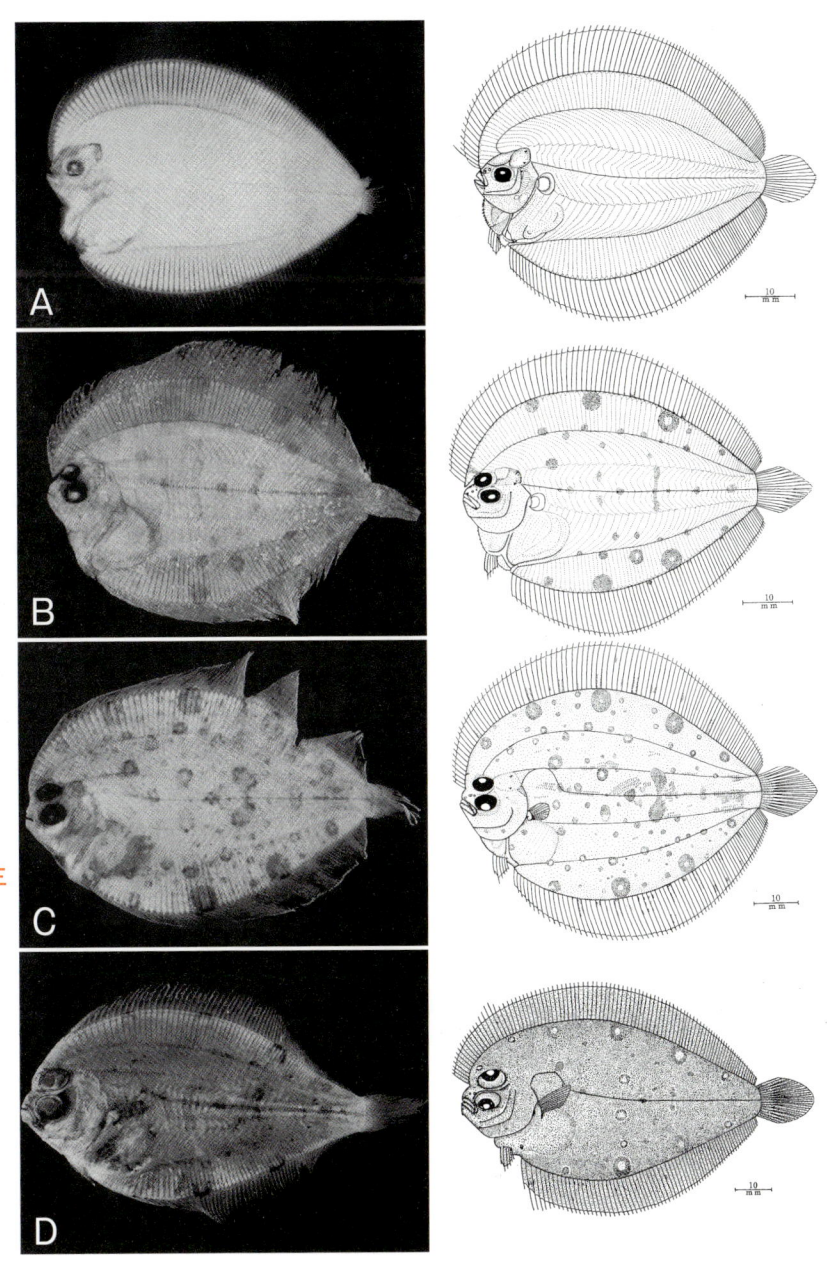

図70
イトヒキガンゾウビラメの発生
A　眼が体の両側にある
　　（体長 5.9cm）
B　頭の前にできた割れ目を
　　通って眼が移動して来た
　　（体長 6.0cm）
C　眼の移動が完了し、割れ
　　目が閉じる
　　（体長 7.0cm）
D　成魚の形に近づく
　　（体長 8.1cm）
(Amaoka 1970 より)

ザラガレイ ●○○○
Chascanopsetta lugubris lugubris

ダルマガレイ科

体は著しく扁平で、柔らかい。口は大きく、眼のはるかに後方まで開く。下顎は上顎よりも前方に突き出す。下顎の腹面は多少袋状である。眼は小さく頭の前端近くにある。腹膜は薄い青色。仔魚は大きく、体長12cmくらいで眼の移動が終了する。体は著しく扁平。透明で内臓が透けて見える（図71）。水深200〜600mの海底に棲む。南日本；太平洋、インド洋に広く分布する。写真個体は体長26.3cm。

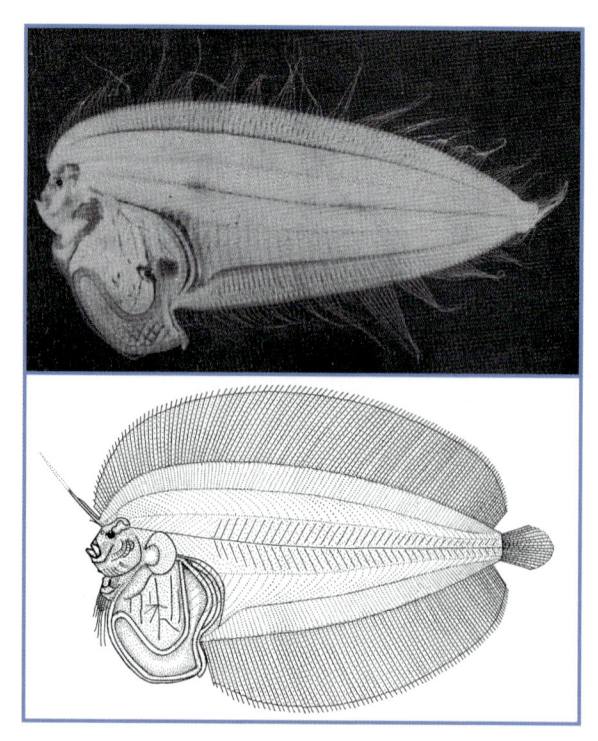

297

図71 ヒラメ・カレイ類の中でもっとも巨大なザラガレイの子供
眼がまだ体の両側にある（体長12cm）
（Amaoka 1971より）

ムテカツビラメ ●〇〇〇
Apterygopectus milfordi

ムテカツビラメ科

体は著しく扁平。眼は大きく、鱗を被る。鱗は小さく、有眼側は櫛鱗で、無眼側は櫛鱗と円鱗で覆われる。胸鰭は体の両側ともにない。水深 623 ～ 700m の海底に棲む。南半球にしかいない種で、ニュージーランド、パタゴニア海域、喜望峰沖に分布する。写真個体は体長 30.5cm。

298

カラスガレイ
●●〇〇
Reinhardtius hippoglossoides

カレイ科

体は長楕円形で、側扁する。口は大きく、下眼の後縁下まで開く。上眼は頭の背縁にある。上顎歯は 2 列で、内列歯の前部に 1 ～ 2 対の強い犬歯がある。下顎歯は 1 列。鱗は小さく両側ともに円鱗。背鰭は上眼の直後から始まる。無眼体側は暗褐色。水深 400 ～ 1000m の海底に棲む。ギンガレイという名前でも刺身や寿司種にされる。相模湾以北；日本海、オホーツク海、北太平洋、北極海に分布する。写真個体は体長 35cm。

299

アブラガレイ
●〇〇〇
Atheresthes evermanni

カレイ科

口は著しく大きく、下眼の後縁下を越えて後ろまで開く。上眼は頭の背縁に達する。眼の表面に鱗がある。歯の大部分は先端にかえしがある矢じり状。尾柄は細長い。尾鰭は強い。水深 60 ～ 900m の海底に棲む。食用されるが脂が多い。東北地方以北、日本海北部；オホーツク海、ベーリング海に分布する。写真個体は体長 49.9cm。

300

301 イトヒキガンゾウビラメ
●○○○
Taeniopsetta ocellata

ダルマガレイ科

体は卵円形で薄い。両眼は大きく、体の左側にある。口は小さく眼の前縁下までしか開かない。両顎の歯は小さい円錐歯で、1列に生える。雄では背鰭の第13〜20軟条と臀鰭の第1〜6軟条は糸状に長く伸び、吻端と下顎端に強い棘がある。仔魚の体はほとんど円形で、桃色がかった透明、体の後半部にオレンジ色の横V字形（>）の狭い帯がある。背鰭と臀鰭の基部に沿って赤橙色の斑紋が並ぶ。これらの色斑は眼の移動前に消失する（P.171 図70）。水深300〜400mの海底に棲む。南日本以南；西部太平洋、インド洋に分布する。写真個体は体長16.8cm、雄。

302 シモフリガレイ
●○○○
Embassichthys bathybius

カレイ科

体は卵円形で、扁平。頭は非常に小さく、尾柄は極めて低い。口は著しく小さく、下眼の前縁下までしか開かない。上眼は頭の背縁にある。体に多数の青白い斑点がある。無眼体側は一様に暗褐色。水深340〜850mの海底に棲む。襟裳岬以北；北太平洋、ベーリング海に分布する。写真個体は体長42.3cm。

303 サメガレイ
●●○○
Clidoderma asperrimum

カレイ科

体は円形に近く、扁平。鱗がないが有眼側に大小の骨板状の棘が散らばり、中央部の数列は大きい。眼は大きい。口は小さく、下眼の前縁下までしか開かない。歯は円錐歯で2列。側線は胸鰭の上で低い湾曲部をもつ。無眼体側は暗紫色。水深500〜1000mの海底に棲む。皮を剥いで食用にする。北日本各地；サハリン、千島列島、朝鮮半島、黄海、東シナ海、ブリティシュコロンビアに分布する。写真個体は体長24.4cm。

COLUMN 030

15年目の深海からの手紙

2008年1月26日の新聞記事の「水揚げしたカレイに15年前の手紙 千葉・銚子」(asahi.com)、「14年前の風船手紙、底引き網漁で水揚げのカレイがお届け」(Yomiuri online)、「15年前のお手紙 カレイの背に」(北海道新聞)の見出しに興味をもちました。記事の内容は1993年11月、川崎市の小学校の生徒が風船に付けて飛ばした手紙がサメガレイ（体長50cm）の背中に付いて水揚げされたというものでした。手紙は縦14cm、横20cmの耐水紙に油性ペンで書かれ、四つ折りにされたもの。端に開けられた穴に糸が結びつけられ、糸の端に赤い風船の一部が残っていました。サメガレイは犬吠埼南東約45km沖の水深1000mから底引き網で漁獲され、市場で仕分け中に発見されたそうです。14年間も海中で残り得たのは耐水紙に油性ペンで書かれていたためですが、1000mほどの海底に棲むカレイの背中にどのようにしてたどり着き、カレイの背中に長い間張り付いていたのか理解できません。どの記事にも、カレイの体は粘液で覆われているので、付着した紙はこれで保護されたのではないかと述べられています。しかし確信はもてません。

魚には面白い習性があるようです。サヨリは輪ゴムが水面に浮かんでいると、輪に体を通して遊ぶ習性があるようで、輪ゴムが付いたサヨリがときどき報告されています。それを考えると、紙についていた糸がカレイの体に絡んだとも考えられます。しかし、そのようなことは書かれていません。カレイの背中に到達した紙が10年以上も張り付いたままでいられるでしょうか。さすがにそれは無理です。私は海底に沈んでいた紙がカレイとともに網に入り、網の中でカレイの広い背中に張り付いたのではないかと考えています。サメガレイの体は他のカレイに比べて幅が広く、体にはサメ肌のようにたくさんの大小の骨状の棘が生えているので剥がれ難く、その上、体は多くの粘液で覆われているので、網の中で強く張り付いたのではないでしょうか。しかしここは野暮な詮索をしないで、カレイが糸をくわえて深海から手紙を運んできたことにした方が夢があり、よさそうです。

図72　獲れたての甲板上でのサメガレイ

5. ラットテイル形

　ラットテイルとはソコダラ類の英名（rat tail）です。体は延長して、尾部はネズミのしっぽのように長く伸びることからこう呼ばれています。尾鰭はありません。多くの種では肛門の前方に発光器があり、共生している発光バクテリアで発光します。発光器は黒い斑紋として外部から見ることができますが、種によって形は様々で、ない種もあります（P.29 図8）。この類の子供はわずかな種類しか知られていませんが、オタマジャクシ形をしています（P.179 図73）。

305

オニヒゲ ●○○○
Caelorinchus gilberti

ソコダラ科

体は細長く、側扁する。尾部は紐状で長い。頭は大きく、顕著な隆起線が発達する。吻は著しく突出し、先端に鋭い1本の棘がある。口は頭の下面、眼の下に開く。両顎歯は小さい円錐状で、歯帯をつくる。下顎の先端に髭がある（倒れて写真には写っていない）。発光器は小さく肛門の直前にある（P.29 図8A）。水深700～930mの海底付近に棲む。北海道以南の太平洋岸、九州・パラオ海嶺に分布する。写真個体は体長59cm。

バケダラ ○●○○
Squalogadus modificatus

バケダラ科

体は側扁し、細長い。頭は風船状に肥大し、柔らかい。吻は丸く突出する。眼は小さく、両眼間隔域は高く盛り上がる。口は頭の下面、眼の後ろに開く。両顎歯は小さく、歯帯をなす。下顎に髭がない。水深 1100 ～ 1400m の海底近くに棲む。豊後水道～岩手県沖；メキシコ湾に分布する。写真個体は全長 36cm。（遠藤広光氏提供）

304

アナダラ ●●○○
Bathygadus antrodes

ソコダラ科

体は前部では太く、尾部では扁平で細長く伸びる。口は頭の前端にあり、眼の後縁付近まで開く。両顎歯は微細で、やすり状に生え、その幅は上顎が下顎より広い。下顎端に髭がない。鱗が小さくて、薄く剥がれやすい。発光器がない。水深 790 ～ 1200m に棲み、小型甲殻類を食べる。底引き網でまれに獲れる。最大で全長 60cm ぐらいになる。相模湾以南の日本の中部太平洋岸に分布する。写真個体は全長 35cm。（遠藤広光氏提供）

306

307 マトウヒゲ ●○○○
Caelorinchus matsubarai

ソコダラ科

吻は突き出し、先端に鋭い細長い棘がある。眼は頭部の背縁に近い。頭部の隆起はよく発達する。発光器は腹中線上にあり、著しく長く、腹鰭の基底部から肛門直前まで伸びる。胸鰭の上方に大きな円形斑がある。水深330〜600mに棲む。九州・パラオ海嶺；天皇海山に分布する。写真個体は全長33cm。

308 ムネダラ ●●○○
Albatrossia pectoralis

ソコダラ科

吻は前方へ突き出す。口は大きく眼の後縁下より後方まで開く。下顎は上顎より短い。側線は前部では背側を、その後、体の中央を尾柄まで走る。上顎歯は2列で、下顎歯は1列。腹部に発光器がない。水深500〜1500mの砂泥底に棲む。全長150cmになる。かまぼこの原料として考えられたが、水分が多すぎるため、利用されていない。銚子以北の太平洋；オホーツク海、ベーリング海、北太平洋に分布する。写真個体は体長60.2cm。

309 キタノソコダラ ○●○○
Coryphaenoides filifer

ソコダラ科

吻端は尖る。口は大きく、眼の後方まで開く。両顎の歯は狭い歯帯を形成する。背鰭は大きく腹部の上方にあり、第2軟条の前縁に棘が並ぶ。腹鰭はわずかに伸びる。水深1200〜2900mに棲む北方系のソコダラ類。北海道のオホーツク海；北太平洋、ベーリング海、東部太平洋に広く分布する。写真個体は全長50.5cm。

310

イバラヒゲ ●●○○
Coryphaenoides acrolepis

ソコダラ科

体は比較的太く短い。吻は短くて、先端は尖る。口は頭の下面にあり、眼の後縁下付近まで開く。両顎の歯はやすり状で、上顎の外列のものは著しく肥大する。下顎の先端に短い髭がある。第1背鰭は高い。水深300〜1500mに棲む。北方系ソコダラ類の代表種で、肉が硬いので惣菜にされる。関東以北の太平洋；北太平洋、オホーツク海、ベーリング海に分布する。写真個体は全長58.8cm。

COLUMN 031

珍しいソコダラ類の仔魚

深海魚には子供が見つかっていない種類がたくさんあります。中でもソコダラ類は多くの種類がいるにもかかわらず、子供がわかっているものは極めて少ないのです。この仔魚はイバラヒゲなどに含むホカケダラ属の一種に査定されました。この類は海底近くで産卵しますが、受精した卵は餌となる小型甲殻類がたくさんいる水深200m近くまで浮上し、そこで孵化します。そして、成長すると深海へと戻っていくのです。仔魚はオタマジャクシのようで、非常に可愛い顔をしています。頭が大きくて、ゴロンとし、尾部は細くて、後端に向かってだんだんと細くなります。この類のご先祖様はこんな姿をしていたのかもしれません(図73)。

図73 ホカケダラ属の一種 *Coryphaenoides* sp. の仔魚（全長約3mm）
（遠藤広光氏提供）

6. サメ形

　体はたいてい円筒形で、胸鰭は普通の形で両側に張り出し、体と一体になっていません。トレードマークの鰓孔は5〜7対あり、体の側面に開きます。鱗は普通の魚と違って、棘が紙やすりのように一面に生えた楯鱗で、各棘は歯に似た構造をしています。尾鰭はよく発達し、いろいろな形が見られます。深海のサメ類は一般的なサメの体形の特徴である紡錘形とはほど遠く、縦扁形や細長い形のものが多く、遊泳力は強くありません。

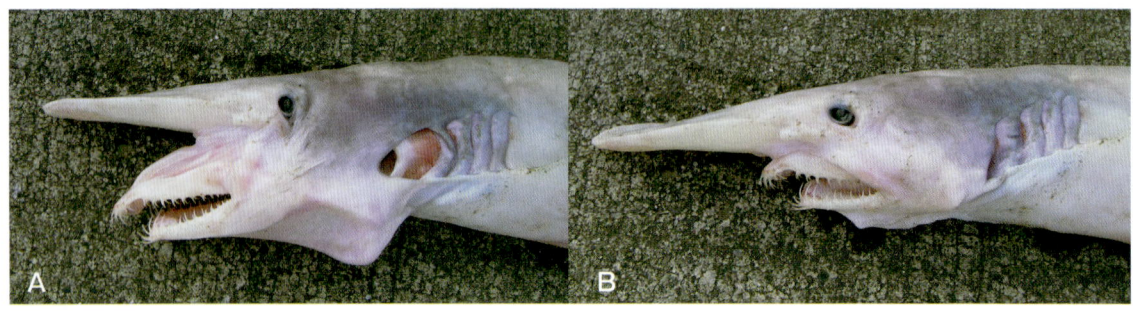

図74　ミツクリザメの口部　A 口を突き出した状態、B 口を引き戻した状態（仲谷一宏氏提供）

ミツクリザメ ●○○○
Mitsukurina owstoni

ミツクリザメ科

体は側扁する。吻は著しく長く突出し、薄板状。吻の背面正中線が隆起する。口は吻の下面に開き、著しく前方に突出できる。歯は細長く、少し内側に曲がる。水深400〜730mに棲む。中世代白亜紀のサメと似ているので、「生きた化石」と言われている。相模湾、駿河湾、熊野灘、土佐湾；インド洋、オーストラリア近海、南アフリカ、ポルトガル、スリナムなどに分布する。写真個体は全長136cm。

311

312

ラブカ ●●○○
Chlamydoselachus anguineus

ラブカ科

体は細長い。口は頭の前端にあり、極めて大きくて眼の後端を越えて開く。両顎歯はフォーク状で、3本の長い尖頭部の間に微小な尖頭部がある。鰓孔は6対で大きく、第1鰓孔は長く伸び、左右のものは腹面でつながる。側線は溝状で、管を形成しない。背鰭と臀鰭は体の後端で対をなす。水深1300mあたりに棲むが、産卵期にはそれより以浅でも見られる。駿河湾沿岸ではサクラエビ網で獲れることがある。主にイカ類、魚類を食べる。原始的な特徴をもつサメと言われている。地中海を除くほぼ全海洋に分布する。写真個体は全長66.5cm。

アラメヘラザメ ●●○○
Apristurus fedorovi

トラザメ科

詳しくはP.121参照

313

ツラナガコビトザメ ●○○○
Squaliolus laticaudus

ヨロイザメ科

体は潜水艦のような形で、吻は尖る。眼は大きい。口は小さく、その後端から後方へ溝が走る。上顎歯は小さい棘状、下顎歯は幅広いナイフ状。20cmたらずで成熟するもっとも小さいサメ類で、最大でも30cmぐらいにしかならない。水深350～912mに棲む。ハダカイワシ類、イカ類、小型甲殻類を食べる。相模湾以南；西部太平洋、インド洋、大西洋の温・熱帯域に分布する。写真個体は全長25.4cm。

314

ダルマザメ ●●●○
Isistius brasiliensis

ヨロイザメ科

詳しくはP.90参照

315

フジクジラ ●○○○
Etmopterus lucifer

カラスザメ科

詳しくはP.38参照

316

ヘラツノザメ ●●○○
Deania calcea

アイザメ科

体はやや側扁し、頭は平たい。背鰭は二基あり、いずれも前端に棘を備える。第2背鰭棘は長大。臀鰭はない。両顎歯はともに1尖頭。上顎歯は直立する。下顎歯は連続した切縁を形成し、強く外側へ傾く。鱗は先の開いたフォーク状の3尖頭。水深560～1000mに棲む。沖縄舟状海盆；北太平洋、北大西洋、南アフリカ、ニュージーランドに分布する。写真個体は全長109cm。

317

7. エイ形

体は上下に扁平で、水平に広がった大きな胸鰭が平たい体から左右に張り出し体盤を形成します。尾部は一般に細長いです。口は頭の下面に開きます。腹面に普通5対の鰓孔があります。海底に棲み、胸鰭を波状に動かして泳ぎます。北の海の深海底にはこの類が多く、カスベ類と言われています。尾部の両側に発電器をもっています（P.62 図26）。

チヒロカスベ ●●○○
Bathyraja abyssicola

ガンギエイ科

体盤の幅と長さがほとんど等しい。体盤の前半部は幅が狭くなり、吻は尖る。尾部は体盤長より短い。尾部には31本の強い棘が並ぶ。体盤の腹面は口のまわりや体のごく一部分を除き小さい鱗で覆われる。交尾器は細長く、先端部は肥大する。体の腹面が一様に暗褐色。水深1000～2900mに棲む。東北地方太平洋；北東太平洋に分布する。写真個体は全長120cm、雄。

318

コマンドルカスベ ●○○○
Bathyraja lindbergi

ガンギエイ科

詳しくはP.121参照

319

イトヒキエイ ●●○○
Anacanthobatis borneensis

ホコカスベ科

体盤は長さと幅がほとんど等しく、著しく薄い。吻は柔らかくて長く、先端に細くて短い糸状突起がある。背鰭がない。腹鰭の前葉部は後葉部から完全に分かれ、脚状である。腹鰭の内縁は完全に尾部と癒合する。尾部は極めて細長く、むち状。体にはまったく棘や鱗がない。水深600～1000mの海底に棲む。沖縄舟状海盆；南シナ海に分布する。写真個体は体盤長29cm。

320

321 ミツボシカスベ ○●○○
Amblyraja badia

ガンギエイ科

体は横に広い。吻は少し突き出す。眼は著しく小さく、噴水孔より小さい。眼の前と後、噴水孔の後方にそれぞれ1棘がある。体の背中線上に20本の強い棘が1列に並ぶ。体の腹面は一部を除いて暗紫色。水深1100～1420mの海底に棲む。青森県の太平洋岸、オホーツク海に分布する。写真個体は全長87.5cm。

オナガカスベ ●●○○
Rhinoraja longicauda

ガンギエイ科

尾部は著しく長く、その長さは体盤長におよそ等しい。眼の後方と尾部の背中線上に肥大棘が並ぶ。体の背面上に多数の大きな鱗があり、表面はざらざらする。水深300～1000mに棲み、底引き網で獲れる。煮付け、ぬたなどにして、食用にされる。銚子以北の北日本の太平洋岸から知られている。写真個体は全長37.3cm。

322

323 ムツエラエイ ●●○○
Hexatrygon longirostra

ムツエラエイ科

腹面の鰓孔は6対ある。体は柔らかく、前部を除いて丸い。吻は強く前方へ突き出し、先端で尖る。尾部背面にかえしのある1本の大きな棘がある。眼は小さい。噴水孔は眼の後方にある。水深350～1000mに棲む。鰓孔が6対あることで極めて特異である。沖縄舟状海盆；南シナ海に分布する。写真個体は体盤長72.1cm。

マツバラエイ ●●○○
Bathyraja matsubarai

ガンギエイ科

詳しくはP.157参照

324

8. リボン形

体はリボン形で、長く、銀白色のものが多い。リュウグウノツカイ類、アカナマダ類、フリソデウオ類などでは背鰭の基底は長く、体の背面に沿って尾鰭基部まで達します。臀鰭はありません。普段は頭を斜め上にしてゆっくりと立ち泳ぎをしていると考えられます。珍しい種類ばかりで、その上、形と色が特徴的なので、捕れると注目されます。海岸に漂着することが多いです。

アカナマダ ●○○○
Lophotus capellei
アカナマダ科
詳しくはP.145参照

325

オキフリソデウオ ●●○○
Desmodema lorum

フリソデウオ科

体は著しく側扁し、頭は小さい。体は後方に向かって低くなり、後半部はほとんど紐状。吻長は眼径より大きい。背鰭は後頭部から尾鰭基部まで伸びる。臀鰭はない。体は銀色で、背鰭は淡橙色。沖合の150～1000mの中深層に棲む。極めてまれにしか獲れない。東北地方の太平洋岸、小笠原諸島海域；北太平洋の温帯海域に分布する。写真個体は体長115.1cm。

326

リュウグウノツカイ
●○○○
Regalecus russellii
リュウグウノツカイ科
詳しくはP.117参照

327

サケガシラ●●○○
Trachipterus ishikawae

フリソデウオ科

眼が大きい。口は大きく突出することができる。背鰭は高い。尾鰭は小さく上方を向く。腹鰭は退化的か、ない。外洋の中深層域に棲み、立ち泳ぎをしている。ときどき沿岸に漂着する。深海１本釣りにかかることがある。最大体長 270cm になる。体側にダルマザメに食べられたクレーター状の傷をもった個体が多く見られる（P.91 図46）。北海道から四国の太平洋岸、沖縄県沖、日本海に分布する。写真個体は体長 167.8cm。

テングノタチ●●○○
Eumecichthys fiskii

アカナマダ科

体は低く、著しく細長い。前頭部は著しく前方に突出し、その先端から背鰭鰭条が長く伸びる。尾鰭の直前に 5～9 本の臀鰭鰭条がある。尾鰭は小さい。沖合の中深層に棲む。体長 100cm ほどになる。和歌山県、高知県、山口県；南アフリカに分布する。写真個体は体長 72.2cm。

ユキフリソデウオ●○○○
Zu cristatus

フリソデウオ科

体は後方に向かって細くなる。眼は大きいが、吻長よりやや短い。尾部の側線は波を打つ。尾鰭の上葉は上を向く。背鰭の前６軟条は伸びて、後方の鰭条から離れる。沖合の中深層に棲む。極めて珍しい種である。本州の太平洋岸、日本海、小笠原諸島海域；太平洋、大西洋の暖海域に分布する。写真個体は体長 36cm。

フリソデウオ ●○○○
Desmodema polystictum

フリソデウオ科

体は前部で高く、尾部は著しく細長い。吻長は眼径よりも小さい。背鰭は後頭部から尾鰭基底まで伸びる。臀鰭と腹鰭はない。幼魚では体は伸長せず、背鰭の前の数軟条は伸長し、よく発達した腹鰭をもつ。体全体に小黒色斑がある。沖合の中深層に棲む。体長 100cmほどになる。北海道から四国、山口県；太平洋と大西洋の熱帯海域に分布する。写真個体は体長 68.7cm。

331

COLUMN 032

リュウグウノツカイとサケガシラの漂着

リュウグウノツカイやサケガシラは沿岸に打ち上げられ、新聞ネタになることが多いです。特に北日本の日本海側の各地、北海道では松前から津軽海峡側の各地に毎年多く打ち上げられます。暖海域の中深層にいるのに何故こうした地域で打ち上げられるのでしょうか。これらの魚は日本海側へ入れば、対馬暖流に乗って北上します。しかし北から寒流の親潮が南下してきて、低温の海流が暖流の下に潜り込みます。そうすると魚が生息していた暖流の層が北へ行くほどだんだんと薄くなり、魚は表層へ追いやられ、遊泳力が弱くて大きな魚は風によって沿岸にうち寄せられることになります。生きている魚が見つかったときには飼育できないかといつも考えさせられますが、いまだに実現していません。最近、この類が山口県の日本海側でたくさん捕れました。今までいなかった南方系の動物もたくさん見られることから、この現象は海水温の上昇が原因で、やはり地球の温暖化と関係があるようです。

一方、これらの魚の打ち上げと地震との関係を調べようとした魚研究者がいます。ナマズが地震の前のかすかな地電流の変化を感知して異常な運動をするといいます。これらの魚は深海底の変化を察知して深海から逃れて、浮上したのではないかと考えたようです。昔からこれらの魚が打ち上げられると話題になり、記録がたくさん残っているので、大地震との相関関係を調べることができました。しかし、誰もが期待することですが、満足のいく結果はまだ得られていないようです。

9. ぶよぶよ形

体には鱗がなく、ぶよぶよした皮膚で覆われています。クサウオ類、ウラナイカジカ類、ゲンゲ類などの仲間に多く見られます。

シャチブリ
●○○○
Ateleopus japonicus
シャチブリ科

体は柔らかく、頭はゼラチン質の組織で覆われ、ぶよぶよしている。眼は小さい。両眼間隔域の中央が深く窪む。口は吻の下面にあり、眼の中央下まで開く。上顎に細かい歯が帯状に生える。下顎に歯がない。背鰭は一基で、後頭部にある。臀鰭の基底は長く尾鰭につながる。腹鰭条は3本で、外側の1本は長く伸びる。水深150～500mの砂泥底に棲み、底引き網で獲れる。仔魚は表層近くで捕らえられることがある。体は透明で、赤・黄色の斑紋がある（P.190 コラム33、図75）。南日本、沖縄舟状海盆；東シナ海に分布する。写真個体は体長77.4cm。

332

ガンコ ●○○○
Dasycottus setiger
ウラナイカジカ科

頭は大きく、体は縦扁する。尾部は比較的細い。皮膚は柔軟で弾力性に富む。眼は頭の背面にある。頭部背面に上向きの多数の棘がある。その内、眼の上、頭の側面と後部のものは大きい。口は大きく、眼の後縁近くまで開く。下顎は上顎より前に飛び出す。体の背側面に骨質の突起が1列に並ぶ。頬と下顎に多数の皮質突起がある。水深400～500mの海底に棲む。銚子以北の太平洋・島根県以北の日本海；北太平洋、オホーツク海、ベーリング海に分布する。写真個体は体長25cm。

333

背面

バラビクニン
●○○○
Careproctus rhodomelas
クサウオ科

体は側扁し、柔らかく、ぶよぶよしている。吻は丸い。口は水平で、眼の中央部下付近まで開く。下顎は上顎の前端に達しない。胸鰭はくびれ、下葉は伸長し、臀鰭始部近くに達する。腹鰭は吸盤状。水深605～928mに棲む。駿河湾から豊後水道に分布する。写真個体は体長11.3cm。

334

トビビクニン
●●○○
Careproctus roseofuscus

クサウオ科

体は著しく高くて側扁し、ぶよぶよしている。頭は小さく幅が狭い。口は小さく、眼の前縁下まで開く。両顎歯は後方へ反り返った槍状で、幅広い歯帯をなす。鰓孔は胸鰭の基底より上に開く。胸鰭は凹み、下葉部は伸びる。腹吸盤は大きく杯状。背鰭と臀鰭の前部鰭条はゼラチン状の組織の中に埋まっている。水深400～1000mに棲む。オホーツク海；カムチャッカ半島東岸に分布する。写真個体は体長34cm。

335

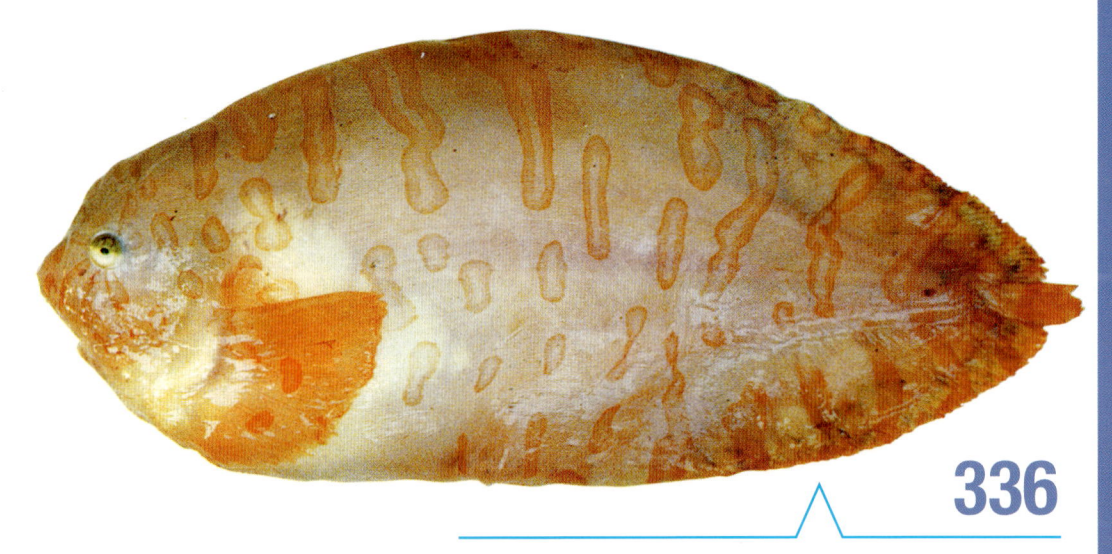

336

シロゲンゲ
●●○○
Bothrocara zestum

ゲンゲ科

体はゼラチン質でぶよぶよよし、側扁する。眼は楕円形で小さい。吻は丸く、眼径より著しく長い。口は大きく、眼の後縁下を越えて開く。体は小さい鱗で覆われる。腹鰭はない。水深900～1490mに棲み、底引き網で多量に獲れることがある。みそ汁にして食べられる。北日本の太平洋、オホーツク海；ベーリング海に分布する。写真個体は体長64.7cm。

337

アバチャン ●○○○
Crystallichthys matsushimae

クサウオ科

体は側扁し、ゼラチン質の組織で覆われ、ぶよぶよしている。吻の下面と口のまわりに髭がある。両顎の歯は三尖頭で、歯帯を形成する。腹鰭は吸盤に変化し、丸くて大きい。水深60～380mに棲む。北日本；オホーツク海に分布する。写真個体は体長33.2cm。

シャチブリの仔魚の発見

シャチブリ（P.188）の子供は、近年になるまでずっと知られていませんでした。この風変わりな深海魚の仔魚がどんな形や色をしているのか、長年注目されていました。2002年5月と6月に山口県の長門市仙崎湾と萩市萩湾からそれぞれ1個体の大きな仔魚（体長 18.5cm と 25.8cm）が獲られました。仔魚は岸近くの海面で体をくねらせて遊泳しているのをたも網ですくわれ、別の個体はイワシ中層引き網でシラスと一緒に獲られました。仔魚は体が透明で、頭、体の中軸部、胸鰭、腹鰭、臀鰭の基部の筋肉は乳白色、体側面に 20 ～ 22 個の橙色の斑紋、臀鰭に多数の黄色斑をもち、極めて特徴的な色斑をしていて美しいです。背鰭と腹鰭は著しく長く糸状に伸びています。臀鰭条も比較的長いです（図75）。深海魚の子供が採集されることはそんなに多くありません。今回のように岸近くを遊泳していることは極めて珍しいことです。通常は沖合の中層を遊泳していますが、水温や海流の変化で岸近くの表層へ流されてきたものと考えられます。近年、この海域の海水温が上昇し、南方系の魚が来遊しています。シャチブリの仔魚の出現は地球温暖化による海況異変と関係があるようです。

図75
神秘的なシャチブリの子供
A 全身、B 体の前部のクローズアップ
（吉村　猛撮影、萩博物館提供）

10. オタマジャクシ形

頭が大きくてごろんとし、尾部は細長くてバランスが悪い魚です。見るからに泳ぎは得意ではありません。ほとんどいつも海底でじっとしていて、餌が近付いて来るのを待つタイプの魚です。

ミドリフサアンコウ ●○○○
Chaunax abei

フサアンコウ科

頭は著しく大きく、丸い。尾部はだんだんと細くなる。鋭い微細な棘で覆われた皮膚は厚く、肉質部から離れ、だぶだぶしている。下顎と下唇には多数の髭状の皮弁がある。1対の粘液孔が体の背面を吻端から尾鰭基底付近まで走る。水深90～500mに棲む。南日本、東シナ海に分布する。写真個体は体長15.7cm。

338

背面

ホテイカジカ ●○○○
Psychrolutes marcidus

ウラナイカジカ科

体はオタマジャクシ形で、ぶよぶよした皮膚で覆われ、皮弁や突起はない。頭は著しく大きく、丸い。両顎にはやすり状の歯帯がある。体の側線は極めて不鮮明。水深427mからトロール網で獲られた。ニュージーランド、オーストラリア南東海域に分布する。写真個体は体長33.5cm。

339

背面

340

ニュウドウカジカ●●○○
Psychrolutes phrictus

ウラナイカジカ科

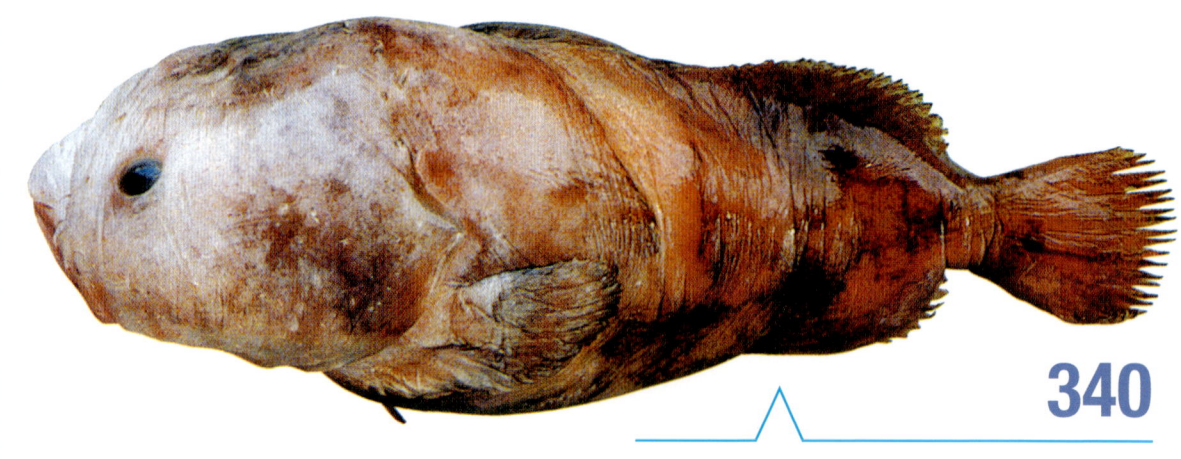

体はオタマジャクシ形で、ぶよぶよした皮膚で覆われ、鱗がない。頭は大きくて丸く、突起物はない。眼は小さく、左右の眼の間は広くて盛り上がる。下顎は上顎よりも短い。両顎には大きな歯がなく、やすり状。腹鰭は著しく小さい。水深800～2800mに棲む。大型の種で、体長50cm以上になる。東北沖の太平洋、オホーツク海；ベーリング海に分布する。写真個体は体長43.5cm。

ムカシミシマ●○○○
Pleuroscopus pseudodorsalis

ミシマオコゼ科

体は短く、胸鰭の付近でもっとも幅が広い。体の鱗は不規則に散らばり、列を形成しない。頭の背面は平坦で、小さな顆粒突起で覆われる。眼は頭の背側面にあり、前背方を向く。水深200～800mの海底に棲み、トロールで獲れる。成長に伴って形態が大きく変化する。南半球のオーストラリア南岸、ニュージーランド北岸、南アフリカ南岸に分布する。写真個体は体長30.6cm。

341

背面

アカドンコ●●○○
Ebinania vermiculata

ウラナイガジカ科

詳しくはP.98参照

342

11. その他

　形の上では、今までに紹介した 1～10 のどのカテゴリーにも分類することができませんが、特徴的な体形の深海魚として掲げたい種をここにまとめました。

343

テングギンザメ ●●○○
Rhinochimaera pacifica
テングギンザメ科

体は後方に向かって細長くなり、尾部で強く側扁する。吻は剣状に前方へ向かって突出する。眼は楕円形で、頭の背縁近くにある。口は頭の腹面、眼よりも前方にある。尾鰭の下葉は上葉よりも高い。尾鰭の先端は糸状に伸びる。水深 750 ～ 1100m に棲む。相模湾、茨城県、福島県沖；ニュージーランド、ペルーに分布する。写真個体は全長 62.3cm。

344

フエカワムキ ●○○○
Macrorhamphosodes uradoi
ベニカワムキ科

体は側扁する。吻は管状で、極めて長く突き出し、その先端に吸盤状の口が上向きに開く。上顎に 1 本、下顎に 15 ～ 16 本の門歯がある。鰓孔は小さく、胸鰭の前上方に開く。体全体は細かな鱗で覆われる。水深 300 ～ 400m に棲む。本州の中部以南の太平洋、九州・パラオ海嶺；南アフリカに分布する。写真個体は体長 17cm。

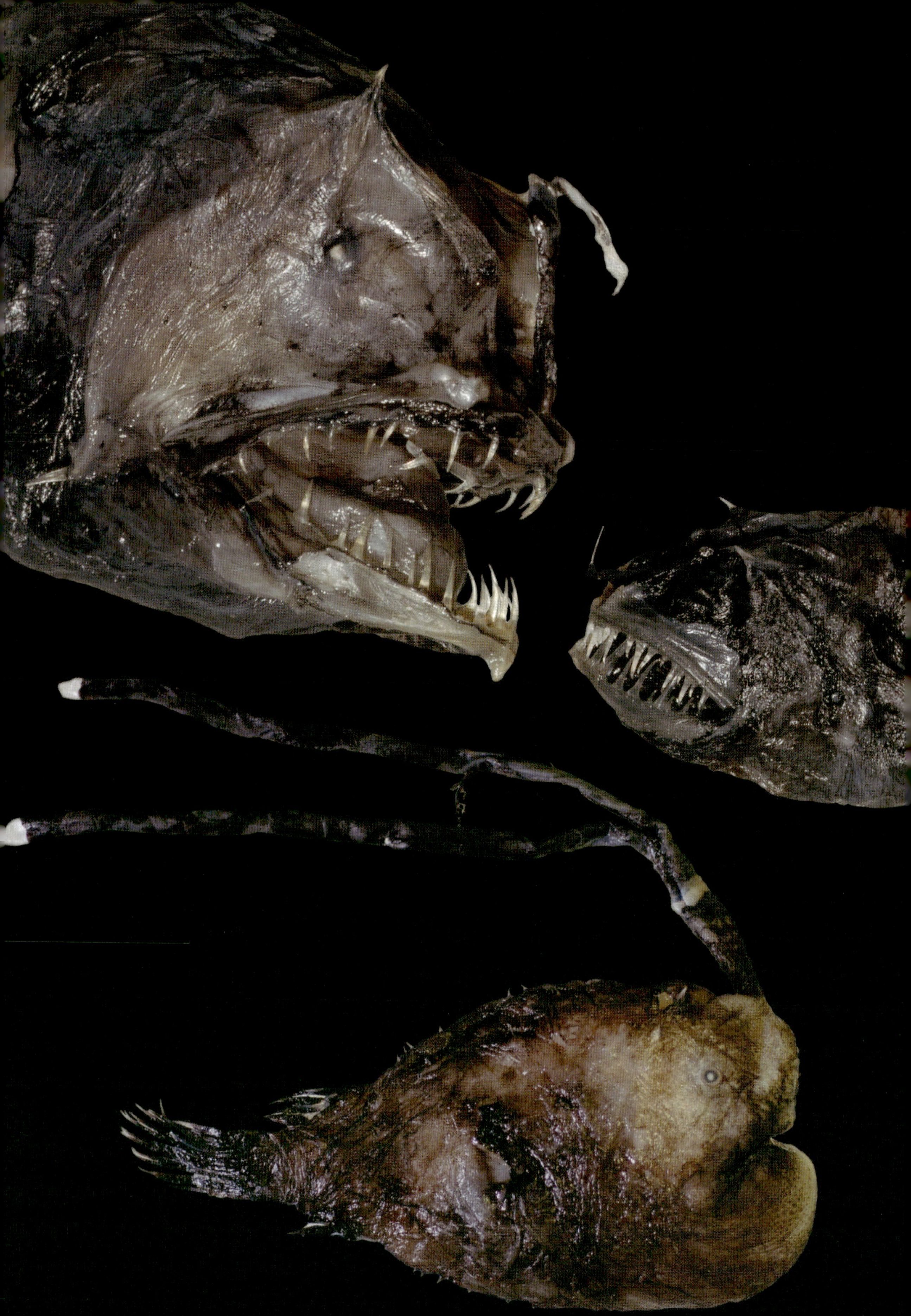

図76　チョウチンアンコウ類の表情
左からヒメラクダアンコウ、
チョウチンアンコウ属の一種
(*Himantolophus macroceratoides*)、
オニアンコウ属の一種 (*Linophryne* sp.)、
クロツノアンコウ、ラクダアンコウ

XI. 利用

1. 食料になる

　比較的深みに棲んでいるキンメダイ、ハマダイ類は従来から高級魚であり、スケトウダラはかまぼこの材料の代表格です。しかしほとんどの深海魚は今までそれほど利用されていませんでした。それは肉に水分が多くて、タンパク質が少ないこと、ゼラチン質が多いこと、有害な脂質をもつものがあることなどからです。しかし、水産資源の有効利用の観点から、水産庁は1977～1979年に北転船（北洋漁場を専門にしたトロール船）で北海道、東北太平洋、九州・パラオ海嶺、沖縄舟状海盆など日本周辺海域の深海の未利用資源の調査を実施しました。この調査によって新種や日本初記録種など科学的に価値のある種類が多く発見されましたが、漁業の観点から見れば、量と味からすぐに利用の対象となる魚はそれほど多くありませんでした。一方、海洋水産資源開発センター（現・水産総合研究センター開発調査センター）は1970～1990年にかけて大型トロール調査船の深海丸などで、スリナム・ギアナ海域、パタゴニア海域、ニュージーランド海域、グリーンランド海域など海外のトロール漁場の調査と開発を進め、多くの学術的に貴重な種とともに、フサカサゴ類（アカウオ類）、カラスガレイ（ギンガレイ）、ソコダラ類（シロダラ）、メルルーサ類（メル、ミナミダラ、ホキ）、アシロ類（メロ）、オオメマトウダイ類（クロマトウダイ）など多くの有用深海魚が発見されました。海外の魚はほとんど冷凍切り身になって店頭に並ぶので、全身で見ることはめったにありません。今まで利用されていた代表的な種に加え、有用な種を選んでみました。今まで切り身にされて姿を知らずに食べていた魚の全身が見られるかもしれません。

345

ハマダイ ●○○○
Etelis coruscans

フエダイ科

体は紡錘形で細長い。口は大きく眼の中央下まで開く。下顎は上顎より前に出る。両顎の先端に一対の犬歯がある。両顎の外列歯は強い円錐歯で、内側にやすり状の歯帯がある。尾鰭は深く二叉し、上下葉は糸状に長く伸びる。水深200～300m付近の岩礁域に棲み、1本釣りで漁獲される。小魚、エビ類などを食べる。最大体長はおよそ100cm。沖縄では高級魚で刺身にする。沖縄美ら海水族館の深海魚の水槽で展示されている（P.204図78A・C）。南日本；西部太平洋、インド洋に分布する。写真個体は体長38.5cm。

346

アオメエソ ●○○○
Chlorophthalmus albatrossis

アオメエソ科

体は細長い円筒形。眼は大きく、頭の中央部に位置し、吻長より長い。下顎の先端は上顎より突出する。両顎の歯は小さく、狭い歯帯を形成する。背鰭の前端と腹鰭の前端はほとんど同一垂直線上にある。脂鰭は臀鰭の上にある。水深 300～600m の海底に棲む。干物、練り製品の原料にする。相模湾以南、九州・パラオ海嶺に分布する。写真個体は体長 12.9cm。

ホキ ●●○○
Macruronus novaezelandiae

メルルーサ科

体は強く側扁する。口は著しく大きく、眼の中央部下まで開く。下顎は上顎より突き出す。両顎には大きい円錐歯が並ぶ。すり身などにして利用する。水深 200～1000m に棲む。ニュージーランド、南オーストラリアに分布する。写真個体は体長 64.9cm。

347

ニュージーランドヘイク（メルルーサ） ●●○○
Merluccius australis

メルルーサ科

体は側扁する。口は斜めで大きく、眼の後縁下付近まで開く。鱗は小さい。水深 600～1000m 付近に生息し、8 月頃に 600m 前後で産卵する。子供は 100m 以浅で生活する。魚類、イカ類、エビ類などを食べる。30 歳ぐらいまで生き、最大でおよそ 130cm ほどになる。切り身にして一般に売られている。練り製品の原料になる。ニュージーランド、アルゼンチン、チリのパタゴニア水域に分布する。写真個体は体長 40.4cm。

348

カラスガレイ ●●○○
Reinhardtius hippoglossoides

カレイ科

詳しくはP.173参照

349

シロダラ ●●○○
Coryphaenoides rupestris

ソコダラ科

体は側扁する。吻は丸く、先端に骨質物をもつ。眼は大きく丸い。口は頭の下にあり、水平に開く。背鰭第2棘の前縁に鋭い棘が並ぶ。腹鰭の外側軟条は頭長より長く伸びる。水深350～2500mに棲み、トロール網で漁獲される。成魚は800m以深に棲み、深度を増すにつれて大型になる。90cmを超えるとほとんどの個体が成熟する。水深1500m付近で周年産卵するという説がある。切り身にして一般に売られている。グリーンランド、アイスランド、ビスケ湾からフェロー諸島の北大西洋に分布する。写真個体は全長43cm。

350

アンコウ ●○○○
Lophiomus setigerus

アンコウ科

体はオタマジャクシ形で、体盤は体長の約1/2。鰓孔は小さく、胸鰭の基底背面に達しない。口は大きく横に広がり、眼の前縁下まで開く。下顎端は上顎より突出する。両顎には多数の犬歯状の鋭い歯を備える（P.201 図77A）。下顎、体側に多数の皮弁がある。吻上から竿が伸び、先端にルアーを備える。水深30～500mの砂泥底に棲み、ルアーで餌生物を誘い寄せ、丸飲みする。帯状のゼラチン質の中に卵を入れて産む。全身が食用として利用される。鍋物にすると美味である。北海道以南の日本各地；インド・西太平洋に分布する。写真個体は体長17.3cm。

351

キンメダイ ●○○○
Beryx splendens

キンメダイ科

体は楕円形で、よく側扁する。口は大きく、眼の中央部下まで開く。眼は極めて大きく、金色に輝く。背鰭の基底は短く体の中央部にあり、臀鰭基底は長く背鰭の後端下から始まる。尾鰭は深く二叉する。水深200～800mの岩礁帯に棲む。刺身、煮物、鍋、干物などにする。福島県以南、九州・パラオ海嶺；太平洋、インド洋、大西洋、地中海に分布する。写真個体は体長38.7cm。

352

スケトウダラ ●●○○
Theragra chalcogramma

タラ科

体はやや側扁する。頭は大きく、吻は尖る。両顎は頭の前端にあり、眼の前縁下まで開く。背鰭は三基、臀鰭は二基で、互いによく離れる。尾鰭は大きく、その後縁は直線状。水深400～1280mに棲み、トロール網、刺し網、延縄などで漁獲される。産卵期は日本では12月～4月。卵巣はタラコに、肉は練り製品の原料にされる重要種である。山口県以北の日本海と宮城県以北の太平洋；オホーツク海、北太平洋に広く分布する。写真個体は体長47.1cm。

353

COLUMN 034

魚食民族、日本人

日本人ほど魚類をこよなく愛し、魚食文化をはぐくんでいる民族は他にないでしょう。外国では見向きもされないハゼ（ゴリ）、ギンポなどから、高級魚のマグロ、魚の子供であるカタクチイワシ（シラス）、イカナゴ（クギ煮）、マアナゴ（のれそれ）までも利用します。それぞれの特有の料理方法が工夫され、我々はその微妙な味を価格に関係なく同等に楽しみます。私は仕事柄、外国へ魚を採集に出かけますが、そこで必ず魚料理を食べます。しかし出された魚はどれもすべて同じ味つけです。私は魚の分類学を専門にしているので、味による魚の分類を楽しんでいます。ハダカイワシ、カンテンゲンゲ、チゴダラなどの干物、ソコダラやシャチブリの煮付け、キホウボウやベニカワムキの焼き物、ザラガレイやサケビクニンの刺身などいろいろな深海魚を食べてみました。それぞれは固有の味をもっています。最近のテクノロジーは肉の一片からDNAを分析して種の査定を可能にしていますが、我々日本人は昔から舌によって行ってきたことを自慢しています。

ミナミダラ ●○○○
Micromesistius australis

タラ科

354

体は側扁し、細長い。尾柄は低い。口は眼の前縁付近まで開く。上顎には外側に円錐歯がまばらに、内側には細かい絨毛状歯がある。下顎には小さい円錐歯がある。鱗は極めて剥がれやすい。背鰭は三基で、各基底は短い。臀鰭は二基で、基底は長い。水深480～650mに棲む。7歳で体長40cmぐらいになる。オキアミなどの小型甲殻類の他にハダカイワシ類、ソコダラ類、サルパ類などを食べる。すり身、タラコにする。ニュージーランドと南米パタゴニアに分布する。写真個体は体長30cm。

リング ●○○○
Genypterus blacodes

アシロ科

355

体は細長く伸長し、いくぶん側扁する。口は大きく、眼の後ろまで開く。両顎に絨毛状の歯帯があり、外側の歯は肥大する。背鰭は胸鰭の上方、臀鰭は体の中央部のやや前から始まり、後で尾鰭とつながる。腹鰭は著しく前にあり、眼の中央下より前に位置する。鱗は小さい。水深200～400mの海底近くに棲む。主にソコダラ類、ホキ、ミナミダラなどの魚類、エビ類を食べる。全長160cmぐらいになる。肉は良質の白身で、切り身になる。商品名はキング。チリ、アルゼンチン、ニュージーランド、オーストラリアに分布する。写真個体は体長22.5cm。

ギンワレフー ●○○○
Seriolella punctata

イボダイ科

356

体は楕円形で側扁する。体には多数の粘液孔が開く。口は大きく眼の後縁下付近まで開くが、突き出すことができない。体には小さい鱗があるが、剥がれやすい。両顎の歯は多数の微小な円錐歯で、1列に並ぶ。胸鰭は鎌状、腹鰭は体側にある溝に収納できる。水深550m以浅に棲む。みそ漬けなどにして、食用される。シルバー、メダイ、ギンヒラスなどの商品名がつけられている。ニュージーランド、オーストラリアに分布する。写真個体は体長17cm。

COLUMN 035

ツートンカラーの透明標本

魚の骨格を調べるとき、大きい魚の場合は染色してから解剖したり、レントゲンを撮って調べます。しかし小さい魚では硬骨に対して赤く染まるアリザリンレッドと、軟骨に対して青く染まるアルシャンブルーで二重染色した後、解剖しないで肉をトリプシンで溶かして透明にしてから骨組みを調べます。硬骨部と軟骨部が明瞭に染め分けられて、観察しやすいです。アンコウ（図77A）の大きな顎に生えている鋭い歯、ハリゴチ（図77D・E）の体の側面に一面に並んだ強い棘、ソコマトウダイの大きな眼（図77B）、トサダルマガレイ（図77C）の全身にある細かい小骨が観察できます。

図77　透明標本
Aアンコウの子供
Bソコマトウダイ
Cトサダルマガレイ
Dハリゴチ
Eハリゴチの頭部

オレンジラフィ●●○○
Hoplostethus atlanticus

ヒウチダイ科

体は卵円形で側扁する。頭には骨質の隆起がよく発達し、隆起の間は半透明の幕で覆われる。口は大きく、眼の後縁付近まで開く。体の鱗は小さいが、側線の鱗は大きく頑丈である。腹鰭と臀鰭の間および背鰭の前の正中線上に中央が隆起した大型の鱗がある。尾鰭の背腹基底に約 10 本の小棘がある。水深 500 ～ 1100m に棲む。皮下にワックスがあるので、これを除いて食用にする。ニュージーランド近海、オーストラリア南部および大西洋に分布する。写真個体は体長 40 cm。

357

358

クロマトウダイ●○○○
Allocyttus niger

オオメマトウダイ科

体は高く、側扁する。眼は著しく大きく、頭長の 1/2 以上ある。眼の上縁は頭部背縁に侵入する。体の鱗は極めて剥がれ難い。小型のものには腹部に数個の骨質の突起がある。水深 750 ～ 959m に棲む。全長 40cm になる。トロールで多量に漁獲される。クロマトウダイまたはクロバトウの商品名で売られ、調理用食材として利用されている。ニュージーランド海域、オーストラリア海域に分布する。写真個体は体長 28.7cm。

アブラガレイ
●●○○
Atheresthes evermanni

カレイ科

詳しくは P.173 参照

359

オキアカウオ
●●○○
Sebastes mentella

フサカサゴ科

体は側扁する。下顎は突き出し、先端に前方に向かう強い突起がある。眼の前下方に強い 2 棘がある。鰓孔の前に 5 本の棘がある。水深 300 ～ 1000m に棲み、トロール網で多量に漁獲される。500m 以深で春から夏にかけて子供を産む。成長につれて深みに移動する。主に甲殻類を食べる。体長 50cm ぐらいになる。粕漬けなどにする。タイセイヨウアカウオと一緒にタイセイヨウアカウオ類という。グリーンランド南部、カナダ大西洋岸、アイスランド、北海、バレンツ海に広く分布する。写真個体は体長 22.9cm。

360

361

バラムツ ●○○○
Ruvettus pretiosus

クロタチカマス科

体は少し側扁する。体は骨質の棘のある鱗で覆われ、鱗は剥がれ難い。腹部正中線上に骨質の隆起腺がある。水深200～650mに棲むが、ときどき浮上してマグロ延縄にかかる。全長300cmほどになる。以前は食用にされていたが、食べ過ぎると下痢をおこすので、現在は流通禁止となっている。資源量が豊富なので、ワックスを取り除いて有効に利用する研究がなされている。東北地方以南の太平洋岸；世界の温・熱帯海域に分布する。写真個体は体長32cm。

362

オオサガ ●●○○
Sebastes iracundus

フサカサゴ科

体はタイ形で、全体に深紅色である。体側に大きな1黒斑をもつものが多いが、位置や大きさは個体変異が見られる。オキアミ類、魚類、イカ類などを食べる。5～6月頃に子供を産む。水深200～1300mの岩礁域に棲むが、400～800mに多く見られる。メヌケの仲間で、刺身、煮付け、鍋物にする。極めて美味。千島列島から銚子、天皇海山に分布する。写真個体は体長39.4cm。

COLUMN 036

メヌケの意味

メヌケ類はメバル類と同じフサカサゴ科の仲間ですが、深海に棲む大形の赤色系の一群をさします。深海から一気に引き上げられたときに水圧の急激な変化のために眼が飛び出すことから「目抜け」と呼ばれました。日本の代表的な種はバラメヌケ、サンコウメヌケ、オオサガの御三家ですが、それにアコウダイが加わります。ときどきアラメヌケ、ヒレグロメヌケ、アラスカメヌケなど北洋に棲む種が混じって獲れることがあります。いずれも卵胎生魚で、交尾して仔魚を産みます。成長が遅いので、獲りすぎるとすぐに資源が枯渇します。北海道では祝いごとに鯛のように刺身、焼き魚、鍋物などにして利用しますが、最近、漁獲量がめっきり少なくなりました。

深海魚の飼育

深海魚を本格的に飼育している唯一の水族館は「沖縄美ら海水族館」です。深海魚の飼育でもっとも困難な問題は水圧です。深海魚を釣り上げて一気に引き上げると鰾の中の空気が膨張し、腹がばんばんに膨れ、胃袋が口から飛び出し、ときには肛門から腸が出てきます。深海魚を飼育するにはまず水圧の問題を解決しなければなりません。深海魚を捕らえたら急いで注射器で鰾の空気を抜き取り、生かしたままもち帰ります。圧力の急激な変化によって生じた潜水病には魚を加圧できる大きなタンクの中に閉じ込めて、治療してから展示水槽に移しているそうですが、飼育技術が確立されるまでに 8 年もかかったそうです。今まで、650m から捕られたイモリザメの飼育に成功しているそうです。現在、この水槽ではハマダイ（図 78C）、ナガタチカマス（図 78B）、ツノザメなどが飼育されています。薄暗い水槽の中でナガタチカマスが斜めに立って静止している姿や、深海の貴婦人と言われている美しいハマダイが長い尾鰭を振って泳いでいる姿が観察できます（図 78A）。担当の佐藤圭一博士は将来、チョウチンアンコウ類、ホテイエソ類などの発光する中深層の深海魚や水深 1000m 以深に棲む深海魚を飼育することを目標にしているそうです。これが成功すれば、現在、この水族館のアイドルであるジンベイザメを超える人気モノになることでしょう。

A

COLUMN 037

図78
沖縄美ら海水族館で飼育されている深海魚
Aハマダイとナガタチカマス
Bナガタチカマス
Cハマダイ
（佐藤圭一氏提供）

謝辞

本書の執筆に当たって、多くの機関と研究者から標本写真と図の使用を快く許可していただきました。また、多くの方々に図の借用、情報の提供、作図などに協力していただきました。記して厚くお礼を申し上げます。

機関：アメリカ魚類・爬虫類学会、青森県立郷土館、オーストラリア博物館、ベルギー動物博物館、大英博物館、デンマーク大学博物館、萩博物館、ハワイ大学出版、北海道大学、海外漁業協力財団、海洋研究開発機構、海洋出版株式会社、高知大学、国立科学博物館、ロスアンジェルス郡博物館、日本動物学会、日本動物分類学会、日本魚類学会、日本生物地理学会、日本水産資源保護協会、沖縄美ら海水族館、水産総合研究センター開発調査センター（前海洋水産資源開発センター）。

国内：藍澤正宏氏、尼岡利崇氏、荒井孝男氏、遠藤広光氏、藤井英一氏、原田誠一郎氏、林　公義氏、堀　成夫氏、本間義治氏、今村　央氏、片倉晴雄氏、故川口弘一氏、河合俊郎氏、河村章人氏、木村清志氏、小林知吉氏、町田吉彦氏、松浦啓一氏、宮　正樹氏、仲谷一宏氏、越智豊子氏、故岡村　収氏、三戸秀敏氏、猿渡敏郎氏、佐々木邦夫氏、佐藤圭一氏、島口　天氏、下村政雄氏、篠原現人氏、白井　滋氏、宗宮弘明氏、高橋正憲氏、戸田　実氏、塚本勝巳氏、内田詮三氏、上野輝彌氏、矢部　衞氏、山口益次郎氏、山川　武氏、柳澤牧央氏、吉池直史氏、吉村　猛氏、北海道大学大学院水産科学院海洋生物学講座魚類体系学教室の学生諸君。

国外：A. P. Andriashev 氏、Margaret Bradbury 氏、Ralf Britz 氏、Ingvar Byrkjedal 氏、Dan Cohen 氏、Sergei Evseenko 氏、Peter Herring 氏、Tomio Iwamoto 氏、Geoff Moser 氏、Tom Munroe 氏、Jørgen Nielsen 氏、Nik Parin 氏、John Paxton 氏、Ted Pietsch 氏、Dimitry Pitruk 氏、Christine Thacker 氏。

この本をまとめるに当たって、巻末に示した多くの文献を参考にさせていただきました。著者の方々に厚くお礼を申し上げます。

最後に、この本を提案された加藤洋氏、出版を快諾されたブックマン社社長木谷仁哉氏に感謝いたします。

あとがき

　子供の頃から魚が大好きだった私は近くの川や池でコイ、フナ、オイカワ、カワムツ、ドジョウ、ドンコ、モツゴ、タナゴなどを釣りで、ナマズやウナギを延縄で、アユを友釣りや突きで、オイカワを瓶で、ウナギを筒で、ありとあらゆる方法で魚を獲って遊んでいました。念願かなって、大学で魚の研究をするようになり、標本を採集するために日本各地の魚市場をまわりました。その時、深海から底引き網で獲れた魚を見て、その奇抜な格好や色などの特徴に驚きました。それらは魚屋や水族館などで見たこともないものばかりでした。それ以後、これらの魚の魅力に取り付かれて国内外の大学や博物館に保存されている標本を調べてきました。1900年代の後半、海外漁場の開発調査、日本周辺海域の深海魚資源調査、水産資源の未開発国からの依頼で水産資源の調査などが始まり、多くの深海魚を調べる機会をもちました。それらをすべて写真に収めて魚類資源開発のガイドブックとして公表してきました。これらを漁業関係者や専門家だけが利用するのはもったいないことです。また、私が初めて深海魚を見たときの驚き、魅力を独り占めすることは申し訳ないことです。そこで深海魚の魅力を皆様に伝えたくて新たな視点からこの本をまとめました。できるだけいろいろな人に理解していただけるようにわかりやすく書きましたが、各種の記載は簡潔にするために少し専門的すぎたかも知れません。写真を見ながら理解してください。この本から深海魚の面白さを通して魚の多様性について知っていただき、自然界の仕組みを理解していただければこの上ない喜びです。

参考にした文献

A

Ahlstrom, E. H., H. G. Moser and D. M. Cohen. 1984. Argentinoidei: Development and relationships. pp. 155-169. In: Ontogeny and systematics of fishes. Spec. Publ., No. 1, Amer. Soc. Ichthyol. and Herpeto.

藍澤正宏．1990．ギンハダカ科，ムネエソ科，トカゲハダカ科．111-116頁，119-120頁．尼岡邦夫・松浦啓一・稲田伊史・武田正倫・畑中　寛・岡田啓介編．ニュージーランド海域の水族．海洋水産資源開発センター．

藍澤正宏．2006．深海で進化した光る魚．国立科学博物館ニュース，(444): 6-7.

Amaoka, K. 1970. Studies on the larvae and juveniles of the sinistral flounders-I. *Taeniopsetta ocellata* (Günther). Japan. J. Ichthyol., 17(3): 95-104.

Amaoka, K. 1971. Studies on the larvae and juveniles of the sinistral flounders-II. *Chascanopsetta lugubris*. Japan. J. Ichthyol., 18(1): 25-32.

尼岡邦夫．1982．ダルマガレイ科，ベニカワムキ科．296-299頁，302-305頁．岡村　収・尼岡邦夫・三谷文夫編．九州－パラオ海嶺ならびに土佐湾の魚類．日本水産資源保護協会．

尼岡邦夫．1983．セキトリイワシ科，アカグツ科，ラクダアンコウ科，クロアンコウ科，シダアンコウ科，ナカムラギンメ科，カブトウオ科，アカクジラウオダマシ科，クジラウオ科，ヤエギス科，アシロ科．72-75頁，114-125頁，128-129頁，250-255頁．尼岡邦夫・仲谷一宏・新谷久男・安井達夫編．東北海域・北海道オホーツク海域の魚類．日本水産資源保護協会．

尼岡邦夫．1990．ダルマガレイ科．322-325頁．尼岡邦夫・松浦啓一・稲田伊史・武田正倫・畑中　寛・岡田啓介編．ニュージーランド海域の水族．海洋水産資源開発センター．

尼岡邦夫．1995．ニギス科，ソコイワシ科，ヒウチダイ科，オニキンメ科，カブトウオ科，アカクジラウオダマシ科．68-71頁，145-148頁．岡村　収・尼岡邦夫・武田正倫・矢野和成・岡田啓介・千国史郎編．グリーンランド海域の水族．海洋水産資源開発センター．

Amaoka, K. and T. Kobayashi. 2003. Two large postlarvae of *Ateleopus japonicus* (Osteichthyes:Ateleopodiformes:Ateleopodidae) collected from Senzaki Bay and Hagi Bay, Yamaguchi, Japan. Species Diversity, 8: 107-117.

Amaoka, K. and E. Yamamoto. 1984. Review of the genus *Chascanopsetta*, with the description of a new species. Bull. Fac. Fish., Hokkaido Univ., 35(4): 201-224.

尼岡邦夫・仲谷一宏・矢部衛．1995．北日本魚類大図鑑．北日本海洋センター，390頁．

尼岡邦夫・仲谷一宏・新谷久男・安井達夫編．1983．東北海域・北海道オホーツク海域の魚類．日本水産資源保護協会，371頁．

尼岡邦夫・松浦啓一・稲田伊史・武田正倫・畑中　寛・岡田啓介編．1990．ニュージーランド海域の水族．海洋水産資源開発センター，410頁．

Andriyashev, A. P. 1955. A new fish of the lumpfish family (Pisces, Liparidae) found at a depth of more than 7 kilometers. Trud. Inst. Okeano., 7: 340-344.

荒井孝男．1990．ソコダラ科．171-194頁．尼岡邦夫・松浦啓一・稲田伊史・武田正倫・畑中　寛・岡田啓介編．ニュージーランド海域の水族．海洋水産資源開発センター．

荒井孝男・上野輝弥．1980．深海魚の種類．月刊海洋科学，12(8): 594-611.

B

Barbour, T. 1941a. *Ceratias mitsukurii* in M. C. Z. Copeia 1941(3): 175.

Barbour, T. 1941b. Notes on pediculate fishes. Proc. New England Zool. Club., 19: 7-14.

Beebe, W. 1933. Deep-sea stomiatoid fishes. One new genus and eight new species. Copeia, 1933(4): 160-179.

Beebe, W. 1934. Deep-sea fishes of the Bermuda oceanographic expeditions. Idiacanthidae. Zoologica, 16(4): 149-241.

Bertelsen, E. 1951. The ceratioid fishes. Ontogeny, taxonomy, distribution and biology. Dana Report, (39): 1-282.

Bertelsen, E. 1958. The argentinoid fish *Xenophthalmichthys danae*. Dana Report, (45): 3-10.

Bertelsen, E. 1980. Notes on Linophrynidae V: A revision of the deep-sea anglerfishes of the *Linophryne arborifera*-group (Pisces, Ceratioidei). Steenstrupia, 6(6): 29-70.

Bertelsen, E. 1982. Notes on Linophrynidae VIII: A review of the genus *Linophryne*, with new records and descriptions of two new species. Steenstrupia, 8(3): 49-104.

Bertelsen, E. and G. Krefft. 1988. The ceratioid family Himantolophidae (Pisces, Lophiiformes). Steenstrupia, 14(2): 9-89.

Bertelsen, E. and J. G. Nielsen. 1987. The deep sea eel family Monognathidae (Pisces, Anguilliformes). Steenstrupia, 13(4): 144-198.

Bertelsen, E. and T. W. Pietsch. 1996. Revision of the ceratioid anglerfish genus *Lasiognathus* (Lophiiformes: Thaumatichthyidae), with the description of a new species. Copeia, 1996(2): 401-409.

Bertelsen, E. and P. J. Struhsaker. 1977. The ceratioid fishes of the genus *Thaumatichthys*. Osteology, relationships, distribution and biology. Galathea Report, 14: 7-40, pls.1-3.

Bertelsen, E., T. W. Pietsch and R. J. Lavenberg. 1981. Ceratioid anglerfishes of the family Gigantactinidae: Morphology, systematics, and distribution. Contr. Sci. (Los Angeles), (332): i-vi+1-74.

Bertin, L. 1934. Les poissons apodes appartenant au sous-ordre des Lyomères. Dana Report, (3): 1-56.

Bertin, L. 1938. Formes nouvelles et formes larvaires de poissons Apodes appartenant au sous-ordre des Lyomères. Dana Report, (3): 1-56.

Bradbury, M. G. and D. M. Cohen. 1958. An illustration and a new record of the North Pacific bathypelagic fish *Macropinna microstoma*. Stanford Ichthyol. Bull., 7(3): 57-59.

Bullock, T. H. 1973. Seeing the world through a new sense: Electroreception in fish. Amer. Sci., 61: 316-325.

C

Campbell, A. and J. Dawer (松浦啓一監訳)．2007．海の動物百科2．魚類　I．朝倉書店，73+15頁．

Campbell, A. and J. Dawer (松浦啓一監訳)．2007．海の動物百科3．魚類　II．朝倉書店，149+15頁．

Cohen, D. M. 1958. *Bathylychnops exilis*, a new genus and species of argentinoid fish from the North Pacific. Stanford Ichthyol. Bull., 7(3): 47-52.

E

遠藤広光．1995．タラ科．109-122頁．岡村　収・尼岡邦夫・武田正倫・矢野和成・岡田啓介・千国史郎編．グリーンランド海域の水族．海洋水産資源開発センター．

遠藤広光．2006．ソコダラ類の形とその意味．国立科学博物館ニュース，(444): 10-11.

F

藤井英一．1982．ホテイエソ科，ホウライエソ科，ホウキボシエソ科，ワニトカゲギス科，ミツマタヤリウオ科，ハダカイワシ科．82-91頁，102-113頁．岡村　収・尼岡邦夫・三谷文夫編．九州－パラオ海嶺ならびに土佐湾の魚類．日本水産資源保護協会．

藤井英一．1983．ヨコエソ科，ホテイエソ科，フデエソ科，デメエソ科．132-136頁，149-154頁，171-172頁，197頁．上野輝弥・松浦啓一・藤井英一編．スリナム・ギアナ沖の魚類．海洋水産資源開発センター．

藤井英一．1990．ヤリエソ科．147頁．尼岡邦夫・松浦啓一・稲田伊史・武田正倫・畑中　寛・岡田啓介編．ニュージーランド海域の水族．海洋水産資源開発センター．

Fujii, E., T. Uyeno and T. Shimaguchi. 2007. *Miobarbourisia aomori* gen. et sp. nov. (order Stephanoberyciformes), Miocene whalefish from Aomori, Japan. Bull. Nat. Mus. Nat. Sci. Ser C (Geology & Paleontology), 33: 89-93.

G

Gibbs, R. H., Jr. 1964. Family Idiacanthidae. pp. 512-522. In: Fishes of the Western North Atlantic. Mem. Sears Found. Mar. Res. Mem., 1 (pt 4).

Gibbs, R. H., Jr. 1960. The stomiatoid fish genera *Eustomias* and *Melanostomias* in the Pacific, with descriptions of two new species. Copeia, 1980(3): 200-203.

Gibbs, R. H., Jr., K. Amaoka and C. Haruta. 1984. *Astronesthes trifibulatus*, a new Indo-Pacific stomioid fish (family Astronesthidae) related to the Atlantic *A. similis*. Japan. J. Ichthyol., 31(1): 5-14.

H

Haedrich, R. L. and J. E. Cradock. 1969. Distribution and biology of the opisthoproctid fish, *Winteria telescopa* Brauer 1901. Brevoria (294): 1-11.

Haneda, Y. 1938. Über den leuchtfisch *Malacocephalus laevis* (Lowe). Japn. J. Med. Sci. III. Biophysics, 3: 355-366.

Haneda, Y. 1952. Some luminous fishes of the genera *Yarrella* and *Polyipnus*. Pacific Sci., 6: 13-16.

羽根田弥太．1972．発光生物の話．北隆館，225頁．

Herring, P. (沖山宗雄訳). 2006. 深海の生物学. 東海大学出版会, 429頁.

本間義治・水沢六郎. 1981. 糸魚川海岸へ漂着したアカナマダ（真骨魚類・紐体類）－墨の吐出をめぐって. 新潟県生物教育研究会誌, (16): 21-25.

Honma, Y. and K. Tsumura. 1980. Notes on a crestfish (Lophotidae, Lampridiformes) caught off Sado Island in the Sea of Japan. Sado Mar. Biol. St., Niigata Univ., (10): 11-16.

Hulley, P. A. 1995. ハダカイワシ科. 100-105頁. 岡村 収・尼岡邦夫・武田正倫・矢野和成・岡田啓介・千国史郎編, グリーンランド海域の水族. 海洋水産資源開発センター.

I

井田 斉. 1982. ホラアナゴ科, コンゴウアナゴ科, ノコバウナギ科, シギウナギ科, ヒシダイ科, マトウダイ科. 62-69頁, 212-217頁. 岡村 収・尼岡邦夫・三谷文夫編. 九州－パラオ海嶺ならびに土佐湾の魚類. 日本水産資源保護協会.

稲田伊史. 1990. メルルーサ科. 167頁. 尼岡邦夫・松浦啓一・稲田伊史・武田正倫・畑中 寛・岡田啓介編. ニュージーランド海域の水族. 海洋水産資源開発センター.

石田 実. 1995. フサカサゴ科. 151-152頁, 160頁. 岡村 収・尼岡邦夫・武田正倫・矢野和成・岡田啓介編. グリーンランド海域の水族. 海洋水産資源開発センター.

岩井 保. 1971. 魚学概論. 恒星社厚生閣, 228頁.

岩井 保. 1980. 深海魚の生理・生態. 月刊海洋科学, 12(8): 548-554.

Iwamoto, T. and D. L. Stein. 1974. A systematic review of the rattail fishes (Macrouridae: Gadiformes) from Oregon and adjacent waters. Occ. Pap. Calif. Acad. Sci., (111): 1-79.

J

James, G. D. and T. Inada. 1990. オオメマトウダイ科. 220-224頁. 尼岡邦夫・松浦啓一・稲田伊史・武田正倫・畑中 寛・岡田啓介編. ニュージーランド海域の水族. 海洋水産資源開発センター.

K

蒲原稔治. 1950. 深海の魚族. 日本出版社, 189+9頁.

金山 勉. 1982. ヌタウナギ科, フサカサゴ科. 38-39頁, 270-279頁. 岡村 収・尼岡邦夫・三谷文夫編. 九州－パラオ海嶺ならびに土佐湾の魚類. 日本水産資源保護協会.

金山 勉. 1983. ソコイワシ科. 76-83頁, 230-235頁. 尼岡邦夫・仲谷一宏・新谷久男・安井達夫編. 東北海域・北海道オホーツク海域の魚類. 日本水産資源保護協会.

Kawaguchi, K. and H. G. Moser. 1984. Stomiatoidea: Development. pp.169-181. In: Ontogeny and systematics of fishes. Spec. Publ. No. 1, Amer. Soc. Ichthyol. and Herpeto.

木戸 芳. 1983. オオメマトウダイ科, バラムツ科, クサウオ科. 126-127頁, 130-131頁, 160-161頁, 292-303頁. 尼岡邦夫・仲谷一宏・新谷久男・安井達夫編. 東北海域・北海道オホーツク海域の魚類. 日本水産資源保護協会.

木戸 芳・矢部 衞. 1995. クサウオ科. 176-185頁. 岡村 収・尼岡邦夫・武田正倫・矢野和成・岡田啓介・千国史郎編. グリーンランド海域の水族. 海洋水産資源開発センター.

木村清志・河野芳巳・塚本洋一・沖山宗雄. 1990. 日本周辺海域から採集されたニセイタチウオ（新称）. 魚雑, 37(3): 318-320.

岸本浩和. 1990. ミシマコゼ科. 297-300頁. 尼岡邦夫・松浦啓一・稲田伊史・武田正倫・畑中 寛・岡田啓介編. ニュージーランド海域の水族. 海洋水産資源開発センター.

Kishimoto, H., P. R. Last, E. Fujii and M. F. Gomon. 1988. Revision of a deep-sea stargazer genus *Pleuroscopus*. Japan. J. Ichthyol., 35(2): 150-158.

Koefoed, E. 1927. Fishes from the sea-bottom. Scient. Results M. Sars N. Atlant. Deep-Sea Exped. 1910 v. 4 (pt 1): 1-148, pls. 1-6.

国立科学博物館. 2006. 特集 深海魚の世界を探る. 国立科学博物館ニュース, (444):1-30.

小柳 貢. 1995. ゲンゲ科. 188-206頁. 岡村 収・尼岡邦夫・武田正倫・矢野和成・岡田啓介・千国史郎編. グリーンランド海域の水族. 海洋水産資源開発センター.

久保田 正. 2007. 駿河湾産板鰓類の採集記録－1969-1996. 板鰓類研究会報, (48): 14-21.

久保田 正・高橋 俊介・関根 敬済・平野 敦資. 2007. 駿河三保海岸で冬春季に採集された打ち上げ魚類. 漂着物学会誌, 5: 1-9.

久新健一郎・尼岡邦夫・仲谷一宏・井田 斉・谷野保夫・千田哲資. 1982. 南シナ海の魚類. 海洋水産資源開発センター, 333頁.

L

Luck, D. G. and T. W. Pietsch. 2008. *In-situ* observations of a deep-sea ceratioid anglerfish of the genus *Oneirodes* (Lophiiformes: Oneirodidae). Copeia 2008(2): 446-451.

M

Machida, Y. 1989. Record of *Abyssobrotula galatheae* (Ophidiidae: Ophidiiformes) from the Izu-Bonin Trench, Japan. Bull. Mar. Sci. Fish., Kochi Univ., (11): 23-25.

町田吉彦. 1990. アシロ科. 196-197頁. 尼岡邦夫・松浦啓一・稲田伊史・武田正倫・畑中 寛・岡田啓介編. ニュージーランド海域の水族. 海洋水産資源開発センター.

町田吉彦. 1984. フサアナゴ科, ニギス科, ヨコエソ科, ムネエソ科, トカゲハダカ科, ホテイエソ科, アシロ科, フサイタチウオ科, ミズウオクメウオ科. 86-89頁, 140-157頁, 244-267頁. 岡村 収・北島忠弘編. 沖縄舟状海盆及び周辺海域の魚類 I. 日本水産資源保護協会.

Machida, Y. and T. Yamakawa. 1990. Occurrence of the deep-sea diceratiid anglerfish *Phrynichthys wedli* in the East China Sea. Proc. Japan. Soc. Syst. Zool., (42): 60-65.

Marshall, N. B. 1965. The life of fishes. Weidenfeld and Nicolson Natural History, 402 pp.

Marshall, N. B. 1967. Sound-producing mechanisms and the biology of deep-sea fishes. Amer. Mus. Nat. Hist. (Marine Bioacoustic), 2: 123-133.

Marshall, N. B. 1979. Developments in deep-sea biology. Blandford Press, 566 pp.

松原喜代松・落合明・岩井保. 1979. 新版 魚類学（上）. 恒星社厚生閣, 375頁.

益田 一・尼岡邦夫・荒賀忠一・上野輝弥・吉野哲夫編. 1984. 日本列島産魚類大図鑑. 東海大学出版会, 466頁, 370 図版.

松井 魁. 1983. 伝説と幻を秘めた人魚. 条例出版社, 326+20頁.

松浦啓一. 1985. ダルマガレイ科. 610-617頁. 岡村 収編. 沖縄舟状海盆及び周辺海域の魚類 II. 日本水産資源保護協会.

松浦啓一・宮 正樹編. 1999. 魚の自然史. 水中の進化学. 北海道大学図書刊行会, 234頁.

Mead, G. W. 1960. Hermaphroditism in archibenthic and pelagic fishes of the order Iniomi. Deep-Sea Res., 6: 234-235.

Mead, G. W. 1964. Family Ipnopidae. pp.147-161. In: Fishes of the Western North Atlantic. Mem. Sears Found. Mar. Res. Mem. 1 (pt 5).

Mead, G. W. 1966. Family Bathypteroidae. pp. 114-161. In: Fishes of the Western North Atlantic. Mem. Sears Found. Mar. Res. Mem. 1 (pt 5).

Merrett, N. R. and J. G. Nielsen. 1987. A new genus and species of the family Ipnopidae (Pisces, Teleostei) from the eastern North Atlantic, with notes on its ecology. J. Fish. Biol., 31: 451-464.

宮 正樹. 1999. 分岐系統からみた深海性オニハダカ属魚類の大進化, 自然史研究における系統樹の発見的価値. 117-132頁. 松浦啓一・宮正樹編. 魚の自然史. 水中の進化学. 北海道大学図書刊行会.

Miya, M. and T. Nemoto. 1985. Protandrous sex reversal in *Cyclothone atraria* (family Gonostomatidae). Japan. J. Ichthyol., 31(4): 438-440.

Miya, M., N. I. Holcroft, T. P. Satoh, M. Yamaguchi, M. Nishida and E. O. Wiley. 2007. Mitochondrial genome and a nuclear gene indicate a novel phylogenetic position of deep-sea tube-eye fish (Stylephoridae). Ichthyol. Res., 54: 323-332.

望月賢二. 1982. シャチブリ科, アカグツ科, テンジクダイ科, ムツ科. 114-117頁, 190-197頁, 226-229頁. 岡村 収・尼岡邦夫・三谷文夫編. 九州－パラオ海嶺ならびに土佐湾の魚類. 日本水産資源保護協会.

望月賢二. 1990. テンジクダイ科. 258-264頁. 尼岡邦夫・松浦啓一・稲田伊史・武田正倫・畑中 寛・岡田啓介編. ニュージーランド海域の水族. 海洋水産資源開発センター.

Morrow, J. E., Jr. and R. H. Gibbs, Jr. 1964. Family Melanostomiatidae. pp. 351-511. In: Fishes of the Western North Atlantic. Mem. Sears Found. Mar. Res. Mem. 1 (pt 4).

Moser, H.G. 1981. Morphological and functional aspects of marine fish larvae. pp. 89-131. In: Marine fish larvae. Morphology, ecology, and relation to fisheries.

Moser, H. G. and E. H. Ahlstrom. 1974. Role of larval stages in systematic investigations of marine teleosts: The Myctophidae, a case study. Fish. Bull., 72(2): 391-413.

Moser, H. G., E. H. Ahlstrom and J. R. Paxton. 1984. Myctophidae: Development. pp. 218-239. In: Ontogeny and systematics of fishes. Spec. Publ., No. 1, Amer. Soc. Ichthyol. and Herpeto.

Munk, O. and E. Bertelsen. 1983. Histology of the attachment between the parastic male and the female in the deep-sea anglerfish *Haplophryne mollis* (Brauer, 1902) (Pisces, Ceratioidei). Vidensk. Medd. Dansk Nat. Foren., 144: 49-74.

N

Nafpaktitis, B. G. and M. Nafpaktitis. 1969. Lanternfishes (family Myctophidae) collected during Cruises 3 and 6 of the R/V Anton Bruun in the Indian Ocean. Bull. Los Angels County Mus. Nat. Hist., Sci., (5): 1-79.

長沼　毅．1998．深海生物への招待．NHKブックス775．日本放送出版協会，235頁．

中坊徹次編．2000．日本産魚類検索，全種の同定 I, II．第2版．東海大学出版会，1248頁．

中村　泉．1982．トカゲギス科，ムカシクロタチ科．70-71頁，260-261頁．岡村　収・尼岡邦夫・三谷文夫編．九州-パラオ海嶺ならびに土佐湾の魚類．日本水産資源保護協会．

中村　泉編．1986．パタゴニア海域の重要水族．海洋水産資源開発センター，369頁．

中村　泉・岡村　収．1995．セキトリイワシ科，ハナメイワシ科．72-86頁．岡村　収・尼岡邦夫・武田正倫・矢野和成・岡田啓介編．グリーンランド海域の水族．海洋水産資源開発センター．

仲谷一宏．1982．ツノザメ科，アカエイ科．44-53頁，54-57頁．岡村　収・尼岡邦夫・三谷文夫編．九州-パラオ海嶺ならびに土佐湾の魚類．日本水産資源保護協会．

仲谷一宏．1983．シビレエイ科，ガンギエイ科，イレズミコンニャクアジ科．52-61頁，48-149頁，220-227頁．尼岡邦夫・仲谷一宏・新谷久男・安井達夫編．東北海域・北海道オホーツク海域の魚類．日本水産資源保護協会．

仲谷一宏．1990．ラブカ科，トラザメ科．54頁，58-61頁．尼岡邦夫・松浦啓一・稲田伊史・武田正倫・畑中　寛・岡田啓介編．ニュージーランド海域の水族．海洋水産資源開発センター．

仲谷一宏．1984．ツノザメ科，ムツエラエイ科．50-59頁，72-73頁．岡村　収・北島忠弘編．沖縄舟状海盆及び周辺海域の魚類 I．日本水産資源保護協会．

仲谷一宏．2003．サメのおちんちんはふたつ．不思議なサメの世界．築地書館，232頁．

Nelson, J. S. 2006. Fishes of the world. 4th edition. John Wily and Sons, Inc. 601pp.

Nielsen, J. G. 1964. Fishes from depths exceeding 6000 meters. Galathea Report, 7: 113-124.

Nielsen, J. G. 1969. Systematics and biology of the Aphyonidae (Pisces, Ophidioidea). Galathea Report, 10: 1-90.

Nielsen, J. G. 1977. The deepest living fish *Abyssobrotula galatheae*. A new genus and species of oviparous ophidioids (Pisces, Brotulidae). Galathea Report, 14: 41-48.

Nielsen, J. G. and E. Bertelsen. 1985. The gulper-eel family Saccopharyngidae (Pisces, Anguilliformes). Steenstrupia, 11(6): 157-206.

Nielsen, J. G. and V. Larsen. 1970. Remarks on the identity of the giant Dana eel-larva. Vidensk. Medd. Dansk Nat. Foren., 133: 149-157.

Nielsen, J. G. and Y. Machida. 1985. Notes on *Barathronus maculatus* (Aphyonidae) with two records from off Japan. Japan. J. Ichthyol., 32(1): 1-5.

Nielsen, J. G. and A. Schwagermann. 1995. ノコバウナギ科，フウセンウナギ科，フクロウナギ科，ヨコエソ科，ホウライエソ科，ワニトカゲギス科，ホテイエソ科，トカゲハダカ科，ホウキボシエソ科．65-67頁，89-94頁．岡村　収・尼岡邦夫・武田正倫・矢野和成・岡田啓介・千国史郎編．グリーンランド海域の水族．海洋水産資源開発センター．

Nielsen, J. G. and D. G. Smith. 1978. The eel family Nemichthyidae (Pisces, Anguilliformes). Dana Report, 88: 1-71.

Nielsen, J. G., E. Bertelsen and A. Jespersen. 1989. The biology of *Eurypharynx pelecanoides* (Pisces, Eurypharyngidae). Acta Zool., 70(3): 187-197.

日刊水産経済新聞．2008．世界で初めてウナギの成熟個体捕獲．水産経済新聞社．（9月24日）

Norman, J. R. 1963. A history of fishes. Ernest Benn Limited, 398 pp.

O

Okamura, O. 1970. Fauna Japonica, Macrourina (Pisces). Academic Press of Japan. 216 pp. 44 pls.

Okamura, O. 1970. Studies on the macrouroid fishes of Japan. -Morphology, ecology and phylogeny-. Rept. Usa Mar. Sci. Biol. Sta., 17(1-2): 1-179.

岡村　収．1982．アオメエソ科，チゴダラ科，ソコダラ科，イタチウオ科．92-99頁，118-185頁．岡村　収・尼岡邦夫・三谷文夫編．九州-パラオ海嶺ならびに土佐湾の魚類．日本水産資源保護協会．

岡村　収．1984．セキトリイワシ科，アオメエソ科，イトヒキイワシ科，ソトオリイワシ科，ヤリエソ科，ソコイワオ科，アンコウ科．110-113頁，122-123頁，132-135頁，170-171頁，176-183頁，190-193頁，266-271頁．岡村　収・北島忠弘編．沖縄舟状海盆及び周辺海域の魚類 I．日本水産資源保護協会．

岡村　収．1985．シャチブリ科，クロボウズギス科．438-441頁，558-559頁．岡村　収・北島忠弘編．沖縄舟状海盆及び周辺海域の魚類 II．日本水産資源保護協会．

岡村　収編．1985．沖縄舟状海盆及び周辺海域の魚類 II．日本水産資源保護協会，415-781頁．

岡村　収．1990．イトヒキイワシ科．132頁．尼岡邦夫・松浦啓一・稲田伊史・武田正倫・畑中　寛・岡田啓介編．ニュージーランド海域の水族．海洋水産資源開発センター．

岡村　収．1995．ソコダラ科，イッカクダラ科．123-130頁．岡村　収・尼岡邦夫・武田正倫・矢野和成・岡田啓介・千国史郎編．グリーンランド海域の水族．海洋水産資源開発センター．

岡村　収・尼岡邦夫編．2007．日本の海水魚．第3版，山と渓谷社，784頁．

岡村　収・北島忠弘編．1984．沖縄舟状海盆及び周辺海域の魚類 I．日本水産資源保護協会，414頁．

岡村　収・尼岡邦夫・三谷文夫編．1982．九州-パラオ海嶺ならびに土佐湾の魚類．日本水産資源保護協会，435頁．

岡村　収・尼岡邦夫・武田正倫・矢野和成・岡田啓介・千国史郎編．1995．グリーンランド海域の水族．海洋水産資源開発センター，304頁．

Olsson, R. 1974. Endocrine organs of a parasitic male deep-sea angler-fish, *Edriolychnus schmidti*. Acta Zool., 55: 225-232.

P

Parin, N. V. and G. N. Pokhilskaya. 1974. A review of the Indo-Pacific species of the genus *Eustomias* (Melanostomiatidae, Osteichthyes). Trudy Inst. Okeanol. Akad. Nauk SSSR v. 96: 316-368. [In Russian, English summ.]

Parin, N. V. and G. N. Pokhilskaya. 1978. On the taxonomy and distribution of the mesopelagic fish genus *Melanostomias* Brauer (Melanostomiatidae, Osteichthyes). Trudy Inst. Okeanol. Akad. Nauk SSSR v. 111: 61-86. [In Russian, English summ.]

Parr, A. E. 1930. On the probable identity, life-history and anatomy of the free-living and attached males of the ceratioid fishes. Copeia, 1930: 129-135.

Paxton, J. E. 1989. Synopsis of the whalefishes (family Cetomimidae) with descriptions of four new genera. Records Australian Mus., 41: 135-206.

Pietsch, T. W. 1976. Dimorphism, parasitism and sex: Reproductive strategies among deep-sea ceratioid anglerfishes. Copeia, 1976(4): 781-793.

Pietsch, T. W. 1978. The feeding mechanism of *Stylephorus chordatus* (Teleostei: Lampridiformes): Functional and ecological implications. Copeia, 1978(2): 255-262.

Pietsch, T. W. 2005. Dimorphism, parasitism, and sex revisited: Modes of reproduction among deep-sea ceratioid anglerfishes (Teleostei: Lophiiformes). Ichthyol. Res., 52(3): 207-236.

Pietsch, T. W. 2005. New species of the ceratioid anglerfish genus *Lasiognathus* Regan (Lophiiformes: Thaumatichthyidae) from the eastern north Atlantic off Madeira. Copeia, 2005(1): 77-81.

Pietsch, T. W. and Z. H. Baldwin. 2006. A revision of the deep-sea anglerfish genus *Spiniphryne* Bertelsen (Lophiiformes: Ceratioidei: Oneirodidae), with description of a new species from the Central and Eastern North Pacific Ocean. Copeia, 2006(3): 404-411.

Pietsch, T. W. and J. W. Orr. 2007. Phylogenetic relationships of deep-sea anglerfishes of the suborder Ceratioidei (Teleostei: Lophiiformes) based on morphology. Copeia, 2007(1): 1-34.

Pietsch, T. W., H. C. Ho and H. M. Chen. 2004. Revision of the deep-sea anglerfish genus *Bufoceratias* Whitley (Lophiiformes: Ceratioidei: Diceratiidae), with description of a new species from the Indo-Pacific Ocean. Copeia, 2004(1): 98-107.

Prokofiev, A. M. and E. I. Kukuev. 2007. Systematics and distribution of the swallowerfishes of the genus *Pseudoscopelus* (Chiasmodontidae). Moscow,

KMK Scientific Press, 162pp

R

Raju, S. N. 1974. Three new species of the genus *Monognathus* and the leptocephali of the order Saccopharyngiformes. Fish. Bull., 72(2): 547-562.

Randall, D. J. and Farrell, A. P. (eds.) 1997. Deep-sea fishes. Academic Press. 388 pp.

Regan, C. T. 1925a. A rare anglerfish (*Ceratias holbolli*) from Iceland. Naturalist, 1925: 41-42.

Regan, C. T. 1925b. Dwarfed males parasitic on the females in oceanic anglerfishes (Pediculati, Ceratioidea). Proc. R. Soc. London, B 97: 386-400.

Regan, C. T. 1926. The pediculate fishes of the suborder Ceratioidea. Dana Oceanogr. Report, 2: 1-45.

Regan, C. T. and E. Trewavas. 1929. The fishes of the families Astronesthidae and Chauliodontidae. Danish Dana Exped. 1920-22, No. 5: 1-39, pls. 1-7.

Regan, C. T. and E. Trewavas. 1930. The fishes of the families Stomiatidae and Malacosteidae. Danish Dana Exped. 1920-22, No. 6: 1-143, pls. 1-14.

Regan, C. T. and E. Trewavas. 1932. Deep-sea anglerfish (Ceratioidea). Dana Report, 2: 1-113, pls. 1-10.

Roule, L. and F. Angel. 1933. Poissons provenant des compagnes du Prince Albent ler de Monaco. Résult. Camp. Sci. Monaco, 86: 1-115, pls. 1-6.

S

Saemundson, B. 1922. Zoologiske meddelelser fra Island. XIV. 11 Fiske, nye for Island, og supplerende om andre, tidligere kendte. Vidensk. Medd. Dansk Nat. Foren., 74: 159-201.

坂本一男. 1983. クズアナゴ科、ホラアナゴ科、シギウナギ科、フクロウナギ科、ソコギス科. 64-73頁, 228-231頁. 尼岡邦夫・仲谷一宏・新谷久男・安井達夫編. 東北海域・北海道オホーツク海域の魚類. 日本水産資源保護協会.

坂本一男. 1990. サギフエ科. 227-230頁. 尼岡邦夫・松浦啓一・稲田伊史・武田正倫・畑中寛・岡田啓介編. ニュージーランド海域の水族. 海洋水産資源開発センター.

猿渡敏郎. 2008. チョウチンアンコウの繁殖. 深海の片思い？相思相愛？ 2008年度日本魚類学会年会講演要旨, 55頁.

澤田幸雄. 1983. チゴダラ科、バケダラ科、ソコダラ科. 98-113頁, 244-251頁. 尼岡邦夫・仲谷一宏・新谷久男・安井達夫編. 東北海域・北海道オホーツク海域の魚類. 日本水産資源保護協会.

清水 長. 1990. ヒウチダイ科、ナカムラギンメ科. 203頁, 206-210頁. 尼岡邦夫・松浦啓一・稲田伊史・武田正倫・畑中 寛・岡田啓介編. ニュージーランド海域の水族. 海洋水産資源開発センター.

篠原現人. 2006. 深海魚の世界を探る. 国立科学博物館ニュース, (444): 4-5.

篠原直哉・岡村 収. 1995. クロボウズギス科. 218頁. 岡村 収・尼岡邦夫・武田正倫・矢野和成・岡田啓介・千田史郎編. グリーンランド海域の水族. 海洋水産資源開発センター.

白井 滋. 1983. トラザメ科、ツノザメ科、ギンザメ科、テングギンザメ科. 46-51頁, 60-63頁, 228-229頁. 尼岡邦夫・仲谷一宏・新谷久男・安井達夫編. 東北海域・北海道オホーツク海域の魚類. 日本水産資源保護協会.

Shirai, S. and K. Nakaya. 1992. Functional morphology of feeding apparatus of the cookie-cutter shark, *Isistius brasiliensis* (Elasmobranchii, Dalatiinae). Zool. Sci., 9(4): 811-821.

宗宮弘明. 1980. 深海魚の視覚と生態，一アオメエソを例にして一. 月刊海洋科学, 12(8): 555-564.

Starks, E. C. 1908. The characters of atelaxia, a new suborder of fishes. Bull. Mus. Comp. Zool., Harvard Coll., 52(2): 17-22, pls.1-5.

Stearn, D. D. and T. W. Pietsch, 1995. ミツクリエナガチョウチンアンコウ科、シダアンコウ科、ラクダアンコウ科、クロアンコウ科、オニアンコウ科、ヒレナガチョウチンアンコウ科. 131-144頁. 岡村 収・尼岡邦夫・矢野和成・岡田啓介・千田史郎編. グリーンランド海域の水族. 海洋水産資源開発センター.

末広恭雄. 1957. 魚と地震. 新潮社, 165頁.

T

為家節弥. 1982. ハマダイ科. 236-237頁. 岡村 収・尼岡邦夫・三谷文夫編. 九州－パラオ海嶺ならびに土佐湾の魚類. 日本水産資源保護協会.

Tanaka, S. 1908. Notes on some rare fishes of Japan, with descriptions of two new genera and six new species. Jour. Coll. Sci., Imp. Univ. Tokyo, Japan, 23(13): 1-24, pls. 1-2.

Tåning, A. V. 1932. Notes on scopelids from the Dana Expeditions. Vidensk. Medd. Dansk Nat. Foren., 94: 125-146.

Tchernavin, V. V. 1953. Summary of the feeding mechanisms of a deep sea fish, *Chauliodus sloani*. Brit. Mus. (Nat. Hist.), 101 pp., 10 pls.

豊島 貢. 1983. ゲンゲ科. 258-276頁. 尼岡邦夫・仲谷一宏・新谷久男・安井達夫編. 東北海域・北海道オホーツク海域の魚類. 日本水産資源保護協会.

Tsukamoto, K. 1992. Discovery of spawning area of the Japanese eel. Nature, 356(6372): 789-791.

U

上野輝弥・佐々木邦夫. 1983. ラブカ科、ミツクリザメ科. 45頁, 48頁. 上野輝弥・松浦啓一・藤井英一編. スリナム・ギアナ沖の魚類. 海洋水産資源開発センター.

上野輝弥・松浦啓一・藤井英一編. 1983. スリナム・ギアナ沖の魚類. 海洋水産資源開発センター, 519頁.

W

Weihs, D. and H. G. Moser. 1981. Stalked eyes as an adaptation towards more efficient foraging in marine fish larvae. Bull. Mar. Sci., 31(1): 31-36.

Wisner, R. L. 1976. The taxonomy and distribution of lanternfishes (family Myctophidae) of the eastern Pacific Ocean. Navy Ocean Research and Development Activity. 229 pp.

Y

矢部 衛. 1983. フリソデウオ科、ウラナイカジカ科、カジカ科. 126-127頁, 154-159頁, 280-289頁. 尼岡邦夫・仲谷一宏・新谷久男・安井達夫編. 東北海域・北海道オホーツク海域の魚類. 日本水産資源保護協会.

矢部 衛. 1990. ハリゴチ科、ウラナイカジカ科. 239-241頁, 245-248頁. 尼岡邦夫・松浦啓一・稲田伊史・武田正倫・畑中 寛・岡田啓介編. ニュージーランド海域の水族. 海洋水産資源開発センター.

山田陽巳. 1990. メルルーサ科. 164-169頁. 尼岡邦夫・松浦啓一・稲田伊史・武田正倫・畑中 寛・岡田啓介編. ニュージーランド海域の水族. 海洋水産資源開発センター.

山川 武. 1982. アンコウ科、フサアンコウ科、ミツクリエナガチョウチンアンコウ科、ヒウチダイ科、キンメダイ科. 186-191頁, 198-199頁, 202-209頁. 岡村 収・尼岡邦夫・三谷文夫編. 九州－パラオ海嶺ならびに土佐湾の魚類. 日本水産資源保護協会.

山川 武. 1984. ヌタウナギ科、ハダカエソ科、アカグツ科、クロアンコウ科、フタツザオチョウチンアンコウ科. 34-35頁, 166-169頁, 278-289頁. 岡村 収・北島忠弘編. 沖縄舟状海盆及び周辺海域の魚類 I. 日本水産資源保護協会.

山川 武. 1985. ヒウチダイ科、オニガシラ科. 436-439頁, 452-453頁. 岡村 収編. 沖縄舟状海盆及び周辺海域の魚類 II. 日本水産資源保護協会.

山本栄一. 1982. ヨコエソ科、ムネエソ科. 72-79頁. 岡村 収・尼岡邦夫・三谷文夫編. 九州－パラオ海嶺ならびに土佐湾の魚類. 日本水産資源保護協会.

山本栄一. 1983. ミツマタヤリウオ科、ホテイエソ科、イトヒキイワシ科、ハダカイワシ科、デメエソ科、ハダカエソ科、ミズウオ科、ホウライエソ科. 84-97頁, 234-235頁, 240-243頁. 尼岡邦夫・仲谷一宏・新谷久男・安井達夫編. 東北海域・北海道オホーツク海域の魚類. 日本水産資源保護協会.

矢頭卓児. 1982. キホウボウ科. 282-287頁. 岡村 収・尼岡邦夫・三谷文夫編. 九州－パラオ海嶺ならびに土佐湾の魚類. 日本水産資源保護協会.

矢頭卓児. 1984. ソコダラ科. 220-223頁, 228-235頁, 244-245頁. 岡村 収・北島忠弘編. 沖縄舟状海盆及び周辺海域の魚類 I. 日本水産資源保護協会.

矢頭卓児. 1985. フサカサゴ科、キホウボウ科、クサウオ科. 562-575頁, 582-585頁, 594-595頁, 602-605頁. 岡村 収編. 沖縄舟状海盆及び周辺海域の魚類 II. 日本水産資源保護協会.

余吾 豊. 1987. 魚類に見られる雌雄同体現象とその進化. 1-47頁. 中園明生・桑村哲生編. 魚類の性転換. 東海大学出版会.

Z

Zugmayer, E. 1911. Poissons provenant des campagnes du yacht Princesse-Alice (1901-1910). Résult. Camp. Sci. Monaco, 35: 1-174, pls. 1-6.

和名索引

和名	学名	通し番号	ページ数	写真の出典、提供者（説明図を除く）
ア				
アイビクニン	Careproctus cypselurus	273	159	東北海域・北海道オホーツク海域の魚類（1983）
アオエソ	Chlorophthalmus albatrossis	16,223,**346**	30,142,**197**	沖縄舟状海盆及び周辺海域の魚類 I（1984）
アカクジラウオダマシ	Barbourisia rufa	255	152	著者
アカゲンゲ	Puzanovia rubra	256	152	著者
アカチゴダラ	Physiculus rhodopinnis	249	150	九州・パラオ海嶺ならびに土佐湾の魚類（1982）
アカドンコ	Ebinania vermiculata	143,**342**	98,**192**	著者
アカナマダ	Lophotus capellei	234,**325**	145,**185**	著者
アクマオニアンコウ	Linophryne lucifer	105	77	グリーンランド海域の水族（1995）
アナダラ	Bathygadus antrodes	306	177	遠藤広光氏
アバチャン	Crystallichthys matsushimae	336	189	著者
アブラガレイ	Atheresthes evermanni	300,**359**	173,**202**	東北海域・北海道オホーツク海域の魚類（1983）
アミメフウリュウウオ	Halicmetus reticulatus	284	164	沖縄舟状海盆及び周辺海域の魚類 I（1984）
アラメヘラザメ	Apristurus fedorovi	184,**209**,313	121,**139**,181	東北海域・北海道オホーツク海域の魚類（1983）
アンコウ	Lophiomus setigerus	351	198	沖縄舟状海盆及び周辺海域の魚類 I（1984）
アンドンモグラアンコウ	Gigantactis perlatus	7	24	著者
イ				
イサゴビクニン	Liparis ochotensis	263	156	著者
イトヒキエイ	Anacanthobatis borneensis	219,**320**	140,**183**	沖縄舟状海盆及び周辺海域の魚類 I（1984）
イトヒキガンゾウビラメ	Taeniopsetta ocellata	301	174	九州・パラオ海嶺ならびに土佐湾の魚類（1982）
イトヒキダラ	Laemonema longipes	188	125	東北海域・北海道オホーツク海域の魚類（1983）
イヌホシエソ	Eustomias sp.	64	53	藍澤正宏氏
イバラハダカ	Myctophum spinosum	69	57	九州・パラオ海嶺ならびに土佐湾の魚類（1982）
イバラヒゲ	Coryphaenoides acrolepis	310	179	著者
イレズミコンニャクアジ	Icosteus aenigmaticus	142	97	著者
ウ				
ウケグチイワシ	Bajacalifornia megalops	259	154	著者
ウケグチザラガレイ	Chascanopsetta prognathus	110	81	沖縄舟状海盆及び周辺海域の魚類 I（1984）
エ				
エンマハリゴチ	Hoplichthys haswelli	246	148	ニュージーランド海域の水族（1990）
オ				
オオアカクジラウオ	Gyrinomimus sp.	85,**164**	68,**112**	著者
オオクチホシエソ	Malacosteus niger	51,**84**	47,**68**	グリーンランド海域の水族（1995）
オオサガ	Sebastes iracundus	254,**362**	152,**203**	著者
オオソコイタチウオ	Cataetyx platyrhynchus	75,**138**	61,**96**	沖縄舟状海盆及び周辺海域の魚類 I（1984）
オオバンコンニャクウオ	Careproctus dentatus	144	98	著者
オオホウネンエソ	Argyropelecus gigas	33	40	ニュージーランド海域の水族（1990）
オオメギンソコダラ	Caelorinchus olivierianus	128	93	ニュージーランド海域の水族（1990）
オオメソコイワシ	Bathylagus euryops	123	92	グリーンランド海域の水族（1995）
オオメマトウダイ	Allocyttus verrucosus	131	94	東北海域・北海道オホーツク海域の魚類（1983）
オオヨコエソ	Sigmops elongatum	31	38	スリナム・ギアナ沖の魚類（1983）
オキアカウオ	Sebastes mentella	360	202	グリーンランド海域の水族（1995）
オキフリソデウオ	Desmodema lorum	326	185	著者
オナガカスベ	Rhinoraja longicauda	322	184	著者
オニキンメ	Anoplogaster cornuta	90,**104**	69,**76**	著者
オニスジダラ	Hymenogadus gracilis	235	146	沖縄舟状海盆及び周辺海域の魚類 I（1984）
オニハダカ	Cyclothone atraria	221	141	宮正樹氏
オニヒゲ	Caelorinchus gilberti	27,**305**	33,**176**	著者
オビアシロ	Brotulotaenia nigra	292	166	ニュージーランド海域の水族（1990）
オホーツクヘビゲンゲ	Lycenchelys melanostomias	165	112	東北海域・北海道オホーツク海域の魚類（1983）
オレンジラフィ	Hoplostethus atlanticus	357	202	ニュージーランド海域の水族（1990）
カ				
ガクガクギョ	Oreosoma atlanticum	296	170	ニュージーランド海域の水族（1990）
カゴマトウダイ	Cyttopsis roseus	251	151	九州・パラオ海嶺ならびに土佐湾の魚類（1982）

和名	学名	通し番号	ページ数	写真の出典、提供者（説明図を除く）
カナダダラ	*Antimora microlepis*	18	30	東北海域・北海道オホーツク海域の魚類（1983）
カブトウオ	*Poromitra crassiceps*	163	111	東北海域・北海道オホーツク海域の魚類（1983）
カラスガレイ	*Reinhardtius hippoglossoides*	299,349	173,198	著者
カラスダラ	*Halargyreus johnsonii*	261	155	東北海域・北海道オホーツク海域の魚類（1983）
カリブカンテントカゲギス	*Melanostomias macrophotus*	50,57,176	47,52,117	スリナム・ギアナ沖の魚類（1983）
ガンコ	*Dasycottus setiger*	333	188	著者
ギガンタクティス ミクロフィザルムス（雄）	*Gigantactis microphthalmus*	183	119	Bertelsen 1951
キシュウヒゲ	*Caelorinchus smithi*	23,236	32,146	九州・パラオ海嶺ならびに土佐湾の魚類（1982）
キセルクズアナゴ	*Venefica tentaculata*	117,289	87,165	東北海域・北海道オホーツク海域の魚類（1983）
キタノカスベ	*Bathyraja violacea*	215	140	著者
キタノソコダラ	*Coryphaenoides filifer*	309	178	著者
キチジ	*Sebastolobus macrochir*	253	151	著者
キバハダカ	*Omosudis lowii*	102	76	著者
キュウシュウヒゲ	*Caelorinchus jordani*	24,239	32,146	沖縄舟状海盆及び周辺海域の魚類 I（1984）
キョクヨウフタツボシエソ	*Borostomias antarcticus*	61	53	グリーンランド海域の水族（1995）
キロストミアス プリオプテラス	*Chirostomias pliopterus*	54	49	Regan & Trewavas 1930
ギンザケイワシ	*Nansenia ardesiaca*	95	72	沖縄舟状海盆及び周辺海域の魚類 I（1984）
キンメダイ	*Beryx splendens*	352	198	九州・パラオ海嶺ならびに土佐湾の魚類（1982）
ギンワレフー	*Seriolella punctata*	356	200	ニュージーランド海域の水族（1990）
クサビウロコエソ	*Paralepis atlantica*	161,227	111,143	東北海域・北海道オホーツク海域の魚類（1983）
クマイタチウオ	*Monomitopus kumae*	72	60	沖縄舟状海盆及び周辺海域の魚類 I（1984）
グラマトストミアス フラジェリバルバ	*Grammatostomias flagellibarba*	195	129	Roule & Angel 1933
グリーンランドサケイワシ	*Nansenia groenlandica*	125	93	グリーンランド海域の水族（1995）
クロアンコウ	*Melanocetus murrayi*	103,140,204	76,97,135	沖縄舟状海盆及び周辺海域の魚類 I（1984）／遠藤広光氏
クロアンコウ（雄）	*Melanocetus murrayi*	182	119	Bertelsen 1951
クロカサゴ	*Ectreposebastes imus*	167	113	沖縄舟状海盆及び周辺海域の魚類 II（1985）
クログチコンニャクハダカゲンゲ	*Melanostigma atlanticum*	97,281	72,161	グリーンランド海域の水族（1995）
クロコオリカジカ	*Icelus canaliculatus*	262	155	東北海域・北海道オホーツク海域の魚類（1983）
クロシギウナギ	*Avocettina infans*	116,258,287	87,154,165	東北海域・北海道オホーツク海域の魚類（1983）
クロソコイワシ	*Pseudobathylagus milleri*	257	154	著者
クロツノアンコウ	*Bufoceratias wedli*	87	68	沖縄舟状海盆及び周辺海域の魚類 I（1984）
クロハナメイワシ	*Sagamichthys schnakenbecki*	30	38	グリーンランド海域の水族（1995）
クロボウズギス	*Pseudoscopelus sagaminus*	265	156	沖縄舟状海盆及び周辺海域の魚類 II（1985）
クロホシエソ	*Trigonolampa miriceps*	46,172	46,116	グリーンランド海域の水族（1995）
クロマトウダイ	*Allocyttus niger*	358	202	ニュージーランド海域の水族（1990）
コヒレハダカ	*Stenobrachius leucopsarus*	42	44	著者
コブシカジカ	*Malacocottus zonurus*	132	94	東北海域・北海道オホーツク海域の魚類（1983）
コマンドルカスベ	*Bathyraja lindbergi*	185,217,319	121,140,183	著者
コワテゲタライタチウオ	*Porogadus miles*	162	111	東北海域・北海道オホーツク海域の魚類（1983）
コンゴウアナゴ	*Simenchelys parasiticus*	94	71	著者
サイウオ	*Bregmaceros japonicus*	190	126	沖縄舟状海盆及び周辺海域の魚類 I（1984）
サウマティクチス アクセリ	*Thaumatichthys axeli*	13	26	Bertelsen & Struhsaker 1977
サガミソコダラ	*Ventrifossa garmani*	20,238	31,146	沖縄舟状海盆及び周辺海域の魚類 I（1984）
サケガシラ	*Trachipterus ishikawae*	328	186	著者
サメガレイ	*Clidoderma asperrimum*	303	174	著者
ザラガレイ	*Chascanopsetta lugubris lugubris*	109,297	81,172	沖縄舟状海盆及び周辺海域の魚類 II（1985）
サラサイタチウオ属の一種	*Saccogaster* sp.	74	61	九州・パラオ海嶺ならびに土佐湾の魚類（1982）
サンゴイワシ	*Neoscopelus microchir*	41	44	沖縄舟状海盆及び周辺海域の魚類 I（1984）

	和名	学名	通し番号	ページ数	写真の出典、提供者（説明図を除く）
シ	シギウナギ	Nemichthys scolopaceus	115	86	九州・パラオ海嶺ならびに土佐湾の魚類（1982）
	シダアンコウ	Gigantactis vanhoeffeni	9	25	著者
	シモフリガレイ	Embassichthys bathybius	302	174	著者
	シャチブリ	Ateleopus japonicus	332	188	九州・パラオ海嶺ならびに土佐湾の魚類（1982）
	シロゲンゲ	Bothrocara zestum	337	189	東北海域・北海道オホーツク海域の魚類（1983）
	シロダラ	Coryphaenoides rupestris	350	198	グリーンランド海域の水族（1995）
	シロデメエソ	Scopelarchoides danae	151,158	102,106	スリナム・ギアナ沖の魚類（1983）
	シロヒゲホシエソ	Melanostomias melanops	44,58,171	46,52,116	九州・パラオ海嶺ならびに土佐湾の魚類（1982）
	シロブチヘビゲンゲ	Lycenchelys albomaculatus	264,290	156,165	東北海域・北海道オホーツク海域の魚類（1983）
ス	スキバクロボウズギス	Chiasmodon bolangeri	112	84	グリーンランド海域の水族（1995）
	スケトウダラ	Theragra chalcogramma	353	199	東北海域・北海道オホーツク海域の魚類（1983）
	スジダラ	Hymenocephalus striatissimus	22,73,200,237	32,60,131,146	沖縄舟状海盆及び周辺海域の魚類 I（1984）
	スタイルフォルス コルダタス	Stylephorus chordatus	93,150	71,102	Starks 1908
	スピニフリネ ズハメリ	Spiniphryne duhameli	6	23	Pietsch & Baldwin 2006
	スベスベカスベ	Bathyraja minispinosa	78	63	東北海域・北海道オホーツク海域の魚類（1983）
	スベスベラクダアンコウ	Chaenophryne longiceps	83	67	グリーンランド海域の水族（1995）
ソ	ソコギス	Polyacanthonotus challengeri	288	165	東北海域・北海道オホーツク海域の魚類（1983）
	ソコキホウボウ	Satyrichthys engyceros	245	147	沖縄舟状海盆及び周辺海域の魚類 II（1985）
	ソコグツ	Dibranchus japonicus	283	164	東北海域・北海道オホーツク海域の魚類（1983）
	ソコマトウダイ	Zenion japonicum	130,272	94,158	九州・パラオ海嶺ならびに土佐湾の魚類（1982）
	ソロイヒゲ	Caelorinchus parallelus	25	33	沖縄舟状海盆及び周辺海域の魚類 I（1984）
タ	ダイニチホシエソ	Eustomias orientalis	59	52	藍澤正宏氏
	ダイニチホシエソ類の一種の仔魚	Eustomias sp.	119	88	Kawaguchi & Moser 1984
	ダナラクダアンコウ	Danaphryne nigrifilis	4	23	グリーンランド海域の水族（1995）
	ダルマコンニャクウオ	Careproctus cyclocephalus	248	149	著者
	ダルマザメ	Isistius brasiliensis	122,315	90,182	仲谷一宏氏
チ	チゴダラ	Physiculus japonicus	17	30	九州・パラオ海嶺ならびに土佐湾の魚類（1982）
	チヒロカスベ	Bathyraja abyssicola	216,318	140,183	著者
	チョウチンアンコウ	Himantolophus groenlandicus	2,243	22,146	著者
	チョウチンハダカ	Ipnops murrayi	160	107	Mead 1964
ツ	ツマリウキエソ	Woodsia nonsuchae	126	93	ニュージーランド海域の水族（1990）
	ツマリデメエソ	Benthalbella dentata	159	106	東北海域・北海道オホーツク海域の魚類（1983）
	ツラナガコビトザメ	Squaliolus laticaudus	211,314	139,182	九州・パラオ海嶺ならびに土佐湾の魚類（1982）
テ	デメエソ	Benthalbella linguidens	145,157,225	100,106,142	東北海域・北海道オホーツク海域の魚類（1983）
	デメニギス	Macropinna microstoma	146	101	藤井英一氏
	テンガイヤリエソ	Evermannella bulbo	148,233	102,143	ニュージーランド海域の水族（1990）
	テングギンザメ	Rhinochimaera pacifica	343	193	東北海域・北海道オホーツク海域の魚類（1983）
	テングノタチ	Eumecichthys fiskii	329	186	著者
ト	トカゲギス	Aldrovandia affinis	92,286	71,165	九州・パラオ海嶺ならびに土佐湾の魚類（1982）
	トカゲハダカ	Astronesthes lucifer	37	42	沖縄舟状海盆及び周辺海域の魚類 I（1984）
	トガリムネエソ	Argyropelecus aculeatus	32	39	九州・パラオ海嶺ならびに土佐湾の魚類（1982）
	トビビクニン	Careproctus roseofuscus	335	189	著者
ナ	ナガヅエエソ	Bathypterois guentheri	175,194	116,127	沖縄舟状海盆及び周辺海域の魚類 I（1984）
	ナガタチカマス	Thyrsitoides marleyi	106	77	九州・パラオ海嶺ならびに土佐湾の魚類（1982）
	ナカムラギンメ	Diretomoides parini	271	158	東北海域・北海道オホーツク海域の魚類（1983）

和名	学名	通し番号	ページ数	写真の出典、提供者（説明図を除く）
ナミダハダカ	Diaphus knappi	70	58	九州・パラオ海嶺ならびに土佐湾の魚類（1982）
ナミダホシエソ	Melanostomias pollicifer	49,173	47,116	九州・パラオ海嶺ならびに土佐湾の魚類（1982）
ナメハダカ	Lestidium prolixum	277	160	沖縄舟状海盆及び周辺海域の魚類 I（1984）
ナンヨウキンメ	Beryx decadactylus	250	150	九州・パラオ海嶺ならびに土佐湾の魚類（1982）
ナンヨウミツマタヤリウオ	Idiacanthus fasciola	40	43	九州・パラオ海嶺ならびに土佐湾の魚類（1982）
ニシオニアンコウ	Linophryne algibarbata	11,**65**	25,**53**	著者
ニシミズウオダマシ	Anotopterus pharao	79	67	グリーンランド海域の水族（1995）
ニシユメアンコウ	Oneirodes macrosteus	14	26	グリーンランド海域の水族（1995）
ニセイタチウオ	Parabrotula plagiophthalma	197	130	木村清志氏
ニホンマンジュウダラ	Malacocephalus nipponensis	26,**71**	33,**60**	九州・パラオ海嶺ならびに土佐湾の魚類（1982）
ニュージーランドヘイク（メルルーサ）	Merluccius australis	348	197	ニュージーランド海域の水族（1990）
ニュウドウカジカ	Psychrolutes phrictus	340	192	東北海域・北海道オホーツク海域の魚類（1983）
ネオセラティアス スピニファー	Neoceratias spinifer	206	136	Bertelsen 1951
ネッタイソコイワシ	Melanolagus bericoides	124,**155**	92,**104**	グリーンランド海域の水族（1995）
ネッタイソコイワシの仔魚	Melanolagus bericoides (larva)	154	104	Ahlstrom et al 1984
ノコバウナギ	Serrivomer sector	118,**294**	87,**166**	九州・パラオ海嶺ならびに土佐湾の魚類（1982）
ノロゲンゲ	Bothrocara hollandi	198	130	東北海域・北海道オホーツク海域の魚類（1983）
ハゲイワシ	Alepocephalus owstoni	260	155	沖縄舟状海盆及び周辺海域の魚類 I（1984）
バケダラ	Squalogadus modificatus	304	177	遠藤広光氏
バケフサアナゴ	Cologonger japonicus	291	166	沖縄舟状海盆及び周辺海域の魚類 I（1984）
ハゲヤセムツ	Epigonus denticulatus	135	95	九州・パラオ海嶺ならびに土佐湾の魚類（1982）
バシミクロプス レギス	Bathymicrops regis	137	96	Koefoed 1927
ハナグロインキウオ	Paraliparis copei	96	72	グリーンランド海域の水族（1995）
ハナゲンゲ	Petroschmidtia albonotata	275	159	東北海域・北海道オホーツク海域の魚類（1983）
ハマダイ	Etelis coruscans	345	196	九州・パラオ海嶺ならびに土佐湾の魚類（1982）
バラビクニン	Careproctus rhodomelas	334	188	九州・パラオ海嶺ならびに土佐湾の魚類（1982）
バラムツ	Ruvettus pretiosus	361	203	著者
ヒガシオニアンコウ	Linophryne coronata	10,179,**196**,203	25,117,**129**,135	グリーンランド海域の水族（1995）
ヒガシホウライエソ	Chauliodus macouni	35	40	著者
ヒカリエソ	Notolepis rissoi	226	142	グリーンランド海域の水族（1995）
ヒカリハダカの仔魚	Myctophum aurolaternatum (larva)	153	104	Moser & Ahlstrom 1974
ヒゲキホウボウ	Satyrichthys amiscus	244	147	沖縄舟状海盆及び周辺海域の魚類 II（1985）
ヒシダイ	Antigonia capros	252	151	九州・パラオ海嶺ならびに土佐湾の魚類（1982）
ヒメコンニャクウオ	Careproctus rotundifrons	274	159	篠原現人氏
ヒモダラ	Coryphaenoides longifilis	191	126	東北海域・北海道オホーツク海域の魚類（1983）
ヒラインキウオ	Paraliparis grandis	280	161	東北海域・北海道オホーツク海域の魚類（1983）
ヒレナガショッカクダラ	Phycis chesteri	189	125	グリーンランド海域の水族（1995）
ヒレナガチョウチンアンコウ	Caulophryne jordani	192	126	著者
ヒレナガホテイエソ	Photonectes gracilis	48,**178**	47,**117**	スリナム・ギアナ沖の魚類（1983）
ビワアンコウ	Ceratias holboelli	3,**202**	22,**135**	著者
フウセンウナギ	Saccopharynx ampullaceus	67,80,**111**	55,67,**82**	グリーンランド海域の水族（1995）
フウリュウウオ	Malthopsis luteus	282	163	沖縄舟状海盆及び周辺海域の魚類 I（1984）
フエカワムキ	Macrorhamphosodes uradoi	344	193	九州・パラオ海嶺ならびに土佐湾の魚類（1982）
フクロウナギ	Eurypharynx pelecanoides	66,81,**107**	55,67,**79**	グリーンランド海域の水族（1995）
フサイタチウオ	Abythites lepidogenys	76	61	著者
フジクジラ	Etmopterus lucifer	29,213,**316**	38,139,**182**	東北海域・北海道オホーツク海域の魚類（1983）
フチマルギンメ	Diretmus argenteus	129	94	ニュージーランド海域の水族（1990）

和名	学名	通し番号	ページ数	写真の出典、提供者（説明図を除く）
フデエソ	*Scopelosaurus smithii*	**127**,224	**93**,142	スリナム・ギアナ沖の魚類（1983）
フトカラスザメ	*Etmopterus princeps*	207	139	九州・パラオ海嶺ならびに土佐湾の魚類（1982）
フリソデウオ	*Desmodema polystictum*	331	187	著者

ヘ

和名	学名	通し番号	ページ数	写真の出典、提供者
ヘラツノザメ	*Deania calcea*	212,**317**	139,**182**	沖縄舟状海盆及び周辺海域の魚類 I （1984）
ペリカンアンコウ	*Melanocetus johnsoni*	1,91	**22**,69	東北海域・北海道オホーツク海域の魚類（1983）
ペリカンザラガレイ	*Chascanopsetta crumenalis*	108	80	九州・パラオ海嶺ならびに土佐湾の魚類（1982）

ホ

和名	学名	通し番号	ページ数	写真の出典、提供者
ボウエンギョ	*Gigantura chuni*	89,**149**,232	69,**102**,143	Norman 1963より略写
ホウキボシエソ	*Photosomias guernei*	**39**,47	**43**,46	九州・パラオ海嶺ならびに土佐湾の魚類（1982）
ホウキボシエソ類の一種の仔魚	*Malacosteidae larva*	120	88	Moser 1981
ホウライエソ	*Chauliodus sloani*	52,86,**101**	49,68,**75**	著者
ホキ	*Macruronus novaezelandiae*	347	197	ニュージーランド海域の水族（1990）
ホソヒゲホシエソ	*Eustomias bifilis*	63,82,**169**	53,67,**116**	九州・パラオ海嶺ならびに土佐湾の魚類（1982）
ホソミクジラウオ	*Cetostoma regani*	**141**,166	**97**,112	東北海域・北海道オホーツク海域の魚類（1983）
ホテイエソ	*Photonectes albipennis*	38,45,56,170	42,46,52,116	沖縄舟状海盆及び周辺海域の魚類 I （1984）
ホテイカジカ	*Psychrolutes marcidus*	339	191	ニュージーランド海域の水族（1990）

マ

和名	学名	通し番号	ページ数	写真の出典、提供者
マツバラエイ	*Bathyraja matsubarai*	220,**267**,324	140,**157**,184	著者
マトウヒゲ	*Caelorinchus matsubarai*	307	178	九州・パラオ海嶺ならびに土佐湾の魚類（1982）
マメオニガシラ	*Ostracoberyx dorygenys*	133	95	沖縄舟状海盆及び周辺海域の魚類 I （1984）
マルアオメエソ	*Chlorophthalmus borealis*	230	143	九州・パラオ海嶺ならびに土佐湾の魚類（1982）
マルトゲスミクイウオ	*Rosenblattia robusta*	134	95	ニュージーランド海域の水族（1990）
マルヒウチダイ	*Hoplostethus crassispinus*	168	113	沖縄舟状海盆及び周辺海域の魚類 II （1985）

ミ

和名	学名	通し番号	ページ数	写真の出典、提供者
ミズウオ	*Alepisaurus ferox*	**113**,229	**84**,143	著者
ミスジオクメウオ	*Barathronus maculatus*	139,201,**214**	96,131,**139**	沖縄舟状海盆及び周辺海域の魚類 I （1984）
ミツイホシエソ	*Opostomias mitsuii*	**53**,177	**49**,117	東北海域・北海道オホーツク海域の魚類（1983）
ミツクリエナガチョウチンアンコウ	*Cryptsaras couesii*	15,**205**,242	27,**136**,146	著者
ミツクリザメ	*Mitsukurina owstoni*	208,**311**	**139**,181	スリナム・ギアナ沖の魚類（1983）
ミツボシカスベ	*Amblyraja badia*	218,**321**	140,**184**	東北海域・北海道オホーツク海域の魚類（1983）
ミツマタヤリウオ	*Idiacanthus antrostomus*	**55**,68,152	**52**,57,103	著者
ミツマタヤリウオの仔魚	*Idiacanthus antrostomus* (larva)	156	105	Kawaguchi & Moser 1984
ミドリフサアンコウ	*Chaunax abei*	338	191	九州・パラオ海嶺ならびに土佐湾の魚類（1982）
ミナミイトヒキイワシ	*Bathypterois longifilis*	186	125	ニュージーランド海域の水族（1990）
ミナミサギフエ	*Centriscops humerosus*	98	72	ニュージーランド海域の水族（1990）
ミナミシンカイエソ	*Bathysaurus ferox*	187	125	ニュージーランド海域の水族（1990）
ミナミダラ	*Micromesistius australis*	354	200	ニュージーランド海域の水族（1990）
ミナミハリダシエビス	*Aulotrachichthys sajademalensis*	28	33	九州・パラオ海嶺ならびに土佐湾の魚類（1982）

ム

和名	学名	通し番号	ページ数	写真の出典、提供者
ムカシクロタチ	*Scombrolabrax heterolepis*	266	156	九州・パラオ海嶺ならびに土佐湾の魚類（1982）
ムカシシマ	*Pleuroscopus pseudodorsalis*	341	192	ニュージーランド海域の水族（1990）
ムスジソコダラ	*Caelorinchus hexafasciatus*	**19**,240	**31**,146	九州・パラオ海嶺ならびに土佐湾の魚類（1982）
ムツエラエイ	*Hexatrygon longirostra*	323	184	沖縄舟状海盆及び周辺海域の魚類 I （1984）
ムテカツビラメ	*Apterygopectus milfordi*	298	173	ニュージーランド海域の水族（1990）
ムネエソ	*Sternoptyx diaphana*	43	45	著者
ムネダラ	*Albatrossia pectoralis*	308	178	著者
ムラサキギンザメ	*Hydrolagus purpurescens*	268	157	東北海域・北海道オホーツク海域の魚類（1983）
ムラサキシャチブリ	*Ateleopus purpureus*	270	158	沖縄舟状海盆及び周辺海域の魚類 II （1985）
ムラサキヌタウナギ	*Eptatretus okinoseanus*	121	89	沖縄舟状海盆及び周辺海域の魚類 I （1984）
ムラサキホシエソ	*Echiostoma barbatum*	**174**,269	**116**,158	九州・パラオ海嶺ならびに土佐湾の魚類（1982）

モ

和名	学名	通し番号	ページ数	写真の出典、提供者
モノグナサス ナイジェリ	*Monognathus nigeli*	**99**,136	**75**,96	Bertelsen & Nielsen 1987

和名	学名	通し番号	ページ数	写真の出典、提供者（説明図を除く）	
ヤエギス	*Caristius macropus*	**193**	**127**	東北海域・北海道オホーツク海域の魚類（1983）	ヤ
ヤセトクビレ	*Freemanichthys thompsoni*	**247**	**148**	著者	
ヤセハダカエソ	*Stemonosudis molesta*	**228,276**	**143,160**	東北海域・北海道オホーツク海域の魚類（1983）	
ヤバネウナギ	*Cyema atrum*	**114**	**86**	Zugmayer 1911	
ヤマトシビレエイ	*Torpedo tokionis*	**77,285**	**63,164**	東北海域・北海道オホーツク海域の魚類（1983）	
ヤリエソ	*Coccorella atlantica*	**147,231**	**101,143**	沖縄舟状海盆及び周辺海域の魚類 Ⅰ（1984）	
ヤリトカゲハダカ	*Astronesthes trifibulatus*	**60**	**52**	ニュージーランド海域の水族（1990）	
ヤリヒゲ	*Caelorinchus multispinulosus*	**21,241**	**31,146**	沖縄舟状海盆及び周辺海域の魚類 Ⅰ（1984）	
ヤリホシエソ属の一種	*Leptostomias* sp.	**62**	**53**	スリナム・ギアナ沖の魚類（1983）	
ヤワラゲンゲ	*Lycodapus microchir*	**199,278**	**131,160**	著者	
ユキフリソデウオ	*Zu cristatus*	**330**	**186**	著者	ユ
ユメアンコウ	*Oneirodes bulbosus*	**5**	**23**	著者	
ユメソコグツ	*Coelophrys brevicaudata*	**295**	**170**	沖縄舟状海盆及び周辺海域の魚類 Ⅰ（1984）	
ヨコエソ	*Gonostoma gracile*	**100,222**	**75,141**	九州・パラオ海嶺ならびに土佐湾の魚類（1982）	ヨ
ヨロイホソナガゲンゲ	*Lycodonus mirabilis*	**293**	**166**	グリーンランド海域の水族（1995）	
ラシオグナサス アンフィランファス	*Lasiognathus amphirhamphus*	**12**	**25**	Pietsch & Orr 2007	ラ
ラブカ	*Chlamydoselachus anguineus*	**210,312**	**139,181**	ニュージーランド海域の水族（1990）	
リノフリネ アルボリファ（雄）	*Linophryne arborifer*	**181**	**119**	Bertelsen 1951	リ
リュウキュウインキウオ	*Paraliparis meridionalis*	**279**	**161**	北海道大学所蔵アルコール漬標本	
リュウグウノツカイ	*Regalecus russellii*	**180,327**	**117,185**	著者	
リュウグウハダカ	*Polymetme elongata*	**34**	**40**	沖縄舟状海盆及び周辺海域の魚類 Ⅰ（1984）	
リング	*Genypterus blacodes*	**355**	**200**	ニュージーランド海域の水族（1990）	
ローソクモグラアンコウ	*Gigantactis elsmani*	**8**	**24**	東北海域・北海道オホーツク海域の魚類（1983）	ロ
ワニガレイ	*Kamoharaia megastoma*	**88**	**68**	九州・パラオ海嶺ならびに土佐湾の魚類（1982）	ワ
ワニトカゲギス	*Stomias affinis*	**36**	**42**	九州・パラオ海嶺ならびに土佐湾の魚類（1982）	

学名索引

学名	和名	通し番号	ページ数	写真の出典、提供者（説明図を除く）
A				
Abythites lepidogenys	フサイタチウオ	76	61	著者
Albatrossia pectoralis	ムネダラ	308	178	著者
Aldrovandia affinis	トカゲギス	92,286	71,165	九州・パラオ海嶺ならびに土佐湾の魚類（1982）
Alepisaurus ferox	ミズウオ	113,229	84,143	著者
Alepocephalus owstoni	ハゲイワシ	260	155	沖縄舟状海盆及び周辺海域の魚類 I（1984）
Allocyttus niger	クロマトウダイ	358	202	ニュージーランド海域の水族（1990）
Allocyttus verrucosus	オオメマトウダイ	131	94	東北海域・北海道オホーツク海域の魚類（1983）
Amblyraja badia	ミツボシカスベ	218,**321**	140,**184**	東北海域・北海道オホーツク海域の魚類（1983）
Anacanthobatis borneensis	イトヒキエイ	219,**320**	140,**183**	沖縄舟状海盆及び周辺海域の魚類 I（1984）
Anoplogaster cornuta	オニキンメ	90,104	69,76	著者
Anotopterus pharao	ニシミズウオダマシ	79	67	グリーンランド海域の水族（1995）
Antigonia capros	ヒシダイ	252	151	九州・パラオ海嶺ならびに土佐湾の魚類（1982）
Antimora microlepis	カナダダラ	18	30	東北海域・北海道オホーツク海域の魚類（1983）
Apristurus fedorovi	アラメヘラザメ	**184**,209,313	**121**,139,181	東北海域・北海道オホーツク海域の魚類（1983）
Apterygopectus milfordi	ムテカツビラメ	298	173	ニュージーランド海域の水族（1990）
Argyropelecus aculeatus	トガリムネエソ	32	39	九州・パラオ海嶺ならびに土佐湾の魚類（1982）
Argyropelecus gigas	オオホウネンエソ	33	40	ニュージーランド海域の水族（1990）
Astronesthes lucifer	トカゲハダカ	37	42	沖縄舟状海盆及び周辺海域の魚類 I（1984）
Astronesthes trifibulatus	ヤリトカゲハダカ	60	52	ニュージーランド海域の水族（1990）
Ateleopus japonicus	シャチブリ	332	188	九州・パラオ海嶺ならびに土佐湾の魚類（1982）
Ateleopus purpureus	ムラサキシャチブリ	270	158	沖縄舟状海盆及び周辺海域の魚類 II（1985）
Atheresthes evermanni	アブラガレイ	300,359	173,202	東北海域・北海道オホーツク海域の魚類（1983）
Aulotrachichthys sajademalensis	ミナミハリダシエビス	28	33	九州・パラオ海嶺ならびに土佐湾の魚類（1982）
Avocettina infans	クロシギウナギ	116,258,287	87,154,165	東北海域・北海道オホーツク海域の魚類（1983）
B				
Bajacalifornia megalops	ウケグチイワシ	259	154	著者
Barathronus maculatus	ミスジオクメウオ	139,201,**214**	96,131,**139**	沖縄舟状海盆及び周辺海域の魚類 I（1984）
Barbourisia rufa	アカクジラウオダマシ	255	152	著者
Bathygadus antrodes	アナダラ	306	177	遠藤広光氏
Bathylagus euryops	オオメソコイワシ	123	92	グリーンランド海域の水族（1995）
Bathymicrops regis	バシミクロプス レギス	137	96	Koefoed 1927
Bathypterois guentheri	ナガズエエソ	175,194	116,127	沖縄舟状海盆及び周辺海域の魚類 I（1984）
Bathypterois longifilis	ミナミイトヒキイワシ	186	125	ニュージーランド海域の水族（1990）
Bathyraja abyssicola	チヒロカスベ	216,**318**	140,**183**	著者
Bathyraja lindbergi	コマンドルカスベ	185,217,**319**	121,140,**183**	著者
Bathyraja matsubarai	マツバラエイ	220,**267**,**324**	140,**157**,**184**	著者
Bathyraja minispinosa	スベスベカスベ	78	63	東北海域・北海道オホーツク海域の魚類（1983）
Bathyraja violacea	キタノカスベ	215	140	著者
Bathysaurus ferox	ミナミシンカイエソ	187	125	ニュージーランド海域の水族（1990）
Benthalbella dentata	ツマリデメエソ	159	106	東北海域・北海道オホーツク海域の魚類（1983）
Benthalbella linguidens	デメエソ	145,**157**,225	100,**106**,142	東北海域・北海道オホーツク海域の魚類（1983）
Beryx decadactylus	ナンヨウキンメ	250	150	九州・パラオ海嶺ならびに土佐湾の魚類（1982）
Beryx splendens	キンメダイ	352	198	九州・パラオ海嶺ならびに土佐湾の魚類（1982）
Borostomias antarcticus	キョクヨウフタツボシエソ	61	53	グリーンランド海域の水族（1995）
Bothrocara hollandi	ノロゲンゲ	198	130	東北海域・北海道オホーツク海域の魚類（1983）
Bothrocara zestum	シロゲンゲ	337	189	東北海域・北海道オホーツク海域の魚類（1983）
Bregmaceros japonicus	サイウオ	190	126	沖縄舟状海盆及び周辺海域の魚類 I（1984）
Brotulotaenia nigra	オビアシロ	292	166	ニュージーランド海域の水族（1990）
Bufoceratias wedli	クロツノアンコウ	87	68	沖縄舟状海盆及び周辺海域の魚類 I（1984）
C				
Caelorinchus gilberti	オニヒゲ	27,**305**	33,**176**	著者
Caelorinchus hexafasciatus	ムスジソコダラ	19,240	31,146	九州・パラオ海嶺ならびに土佐湾の魚類（1982）
Caelorinchus jordani	キュウシュウヒゲ	24,239	32,146	沖縄舟状海盆及び周辺海域の魚類 I（1984）

学名	和名	通し番号	ページ数	写真の出典、提供者（説明図を除く）
Caelorinchus matsubarai	マトウヒゲ	307	178	九州・パラオ海嶺ならびに土佐湾の魚類（1982）
Caelorinchus multispinulosus	ヤリヒゲ	21,241	31,146	沖縄舟状海盆及び周辺海域の魚類　Ⅰ（1984）
Caelorinchus oliverianus	オオメギンソコダラ	128	93	ニュージーランド海域の水族（1990）
Caelorinchus parallelus	ソロイヒゲ	25	33	沖縄舟状海盆及び周辺海域の魚類　Ⅰ（1984）
Caelorinchus smithi	キシュウヒゲ	23,236	32,146	九州・パラオ海嶺ならびに土佐湾の魚類（1982）
Careproctus cyclocephalus	ダルマコンニャクウオ	248	149	著者
Careproctus cypselurus	アイビクニン	273	159	東北海域・北海道オホーツク海域の魚類（1983）
Careproctus dentatus	オオバンコンニャクウオ	144	98	著者
Careproctus rhodomelas	バラビクニン	334	188	九州・パラオ海嶺ならびに土佐湾の魚類（1982）
Careproctus roseofuscus	トビビクニン	335	189	著者
Careproctus rotundifrons	ヒメコンニャクウオ	274	159	篠原現人氏
Caristius macropus	ヤエギス	193	127	東北海域・北海道オホーツク海域の魚類（1983）
Cataetyx platyrhynchus	オオソコイタチウオ	75,138	61,96	沖縄舟状海盆及び周辺海域の魚類　Ⅰ（1984）
Caulophryne jordani	ヒレナガチョウチンアンコウ	192	126	著者
Centriscops humerosus	ミナミサギフエ	98	72	ニュージーランド海域の水族（1990）
Ceratias holboelli	ビワアンコウ	3,202	22,135	著者
Cetostoma regani	ホソミクジラウオ	141,166	97,112	東北海域・北海道オホーツク海域の魚類（1983）
Chaenophryne longiceps	スベスベラクダアンコウ	83	67	グリーンランド海域の水族（1995）
Chascanopsetta crumenalis	ペリカンザラガレイ	108	80	九州・パラオ海嶺ならびに土佐湾の魚類（1982）
Chascanopsetta lugubris lugubris	ザラガレイ	109,297	81,172	沖縄舟状海盆及び周辺海域の魚類　Ⅱ（1985）
Chascanopsetta prognathus	ウケグチザラガレイ	110	81	沖縄舟状海盆及び周辺海域の魚類　Ⅰ（1984）
Chauliodus macouni	ヒガシホウライエソ	35	40	著者
Chauliodus sloani	ホウライエソ	52,86,101	49,68,75	著者
Chaunax abei	ミドリフサアンコウ	338	191	九州・パラオ海嶺ならびに土佐湾の魚類（1982）
Chiasmodon bolangeri	スキバクロボウズギス	112	84	グリーンランド海域の水族（1995）
Chirostomias pliopterus	キロストミアス プリオプテラス	54	49	Regan & Trewavas 1930
Chlamydoselachus anguineus	ラブカ	210,312	139,181	ニュージーランド海域の水族（1990）
Chlorophthalmus albatrossis	アオメエソ	16,223,346	30,142,197	沖縄舟状海盆及び周辺海域の魚類　Ⅰ（1984）
Chlorophthalmus borealis	マルアオメエソ	230	143	九州・パラオ海嶺ならびに土佐湾の魚類（1982）
Clidoderma asperrimum	サメガレイ	303	174	著者
Coccorella atlantica	ヤリエソ	147,231	101,143	沖縄舟状海盆及び周辺海域の魚類　Ⅰ（1984）
Coelophrys brevicaudata	ユメソコグツ	295	170	沖縄舟状海盆及び周辺海域の魚類　Ⅰ（1984）
Coloconger japonicus	バケフサアナゴ	291	166	沖縄舟状海盆及び周辺海域の魚類　Ⅰ（1984）
Coryphaenoides acrolepis	イバラヒゲ	310	179	著者
Coryphaenoides filifer	キタノソコダラ	309	178	著者
Coryphaenoides longifilis	ヒモダラ	191	126	東北海域・北海道オホーツク海域の魚類（1983）
Coryphaenoides rupestris	シロダラ	350	198	グリーンランド海域の水族（1995）
Cryptopsaras couesii	ミツクリエナガチョウチンアンコウ	15,205,242	27,136,146	著者
Crystallichthys matsushimae	アバチャン	336	189	著者
Cyclothone atraria	オニハダカ	221	141	宮正樹氏
Cyema atrum	ヤバネウナギ	114	86	Zugmayer 1911
Cyttopsis roseus	カゴマトウダイ	251	151	九州・パラオ海嶺ならびに土佐湾の魚類（1982）
Danaphryne nigrifilis	ダナラクダアンコウ	4	23	グリーンランド海域の水族（1995）
Dasycottus setiger	ガンコ	333	188	著者
Deania calcea	ヘラツノザメ	212,317	139,182	沖縄舟状海盆及び周辺海域の魚類　Ⅰ（1984）
Desmodema lorum	オキフリソデウオ	326	185	著者
Desmodema polystictum	フリソデウオ	331	187	著者
Diaphus knappi	ナミダハダカ	70	58	九州・パラオ海嶺ならびに土佐湾の魚類（1982）
Dibranchus japonicus	ソコグツ	283	164	東北海域・北海道オホーツク海域の魚類（1983）
Diretmus argenteus	フチマルギンメ	129	94	ニュージーランド海域の水族（1990）
Diretomoides parini	ナカムラギンメ	271	158	東北海域・北海道オホーツク海域の魚類（1983）

D

	学名	和名	通し番号	ページ数	写真の出典、提供者（説明図を除く）
E	Ebinania vermiculata	アカドンコ	**143**,342	**98**,192	著者
	Echiostoma barbatum	ムラサキホシエソ	**174**,269	**116**,158	九州・パラオ海嶺ならびに土佐湾の魚類（1982）
	Ectreposebastes imus	クロカサゴ	167	113	沖縄舟状海盆及び周辺海域の魚類 Ⅱ（1985）
	Embassichthys bathybius	シモフリガレイ	302	174	著者
	Epigonus denticulatus	ハゲヤセムツ	135	95	九州・パラオ海嶺ならびに土佐湾の魚類（1982）
	Eptatretus okinoseanus	ムラサキヌタウナギ	121	89	沖縄舟状海盆及び周辺海域の魚類 Ⅰ（1984）
	Etelis coruscans	ハマダイ	345	196	九州・パラオ海嶺ならびに土佐湾の魚類（1982）
	Etmopterus lucifer	フジクジラ	**29**,213,316	**38**,139,182	東北海域・北海道オホーツク海域の魚類（1983）
	Etmopterus princeps	フトカラスザメ	207	139	九州・パラオ海嶺ならびに土佐湾の魚類（1982）
	Eumecichthys fiskii	テングノタチ	329	186	著者
	Eurypharynx pelecanoides	フクロウナギ	66,81,**107**	55,67,**79**	グリーンランド海域の水族（1995）
	Eustomias bifilis	ホソヒゲホシエソ	63,82,**169**	53,67,**116**	九州・パラオ海嶺ならびに土佐湾の魚類（1982）
	Eustomias orientalis	ダイニチホシエソ	59	52	藍澤正宏氏
	Eustomias sp.	イヌホシエソ	64	53	藍澤正宏氏
	Eustomias sp.	ダイニチホシエソ類の一種の仔魚	119	88	Kawaguchi & Moser 1984
	Evermannella bulbo	テンガイヤリエソ	**148**,233	**102**,143	ニュージーランド海域の水族（1990）
F	Freemanichthys thompsoni	ヤセトクビレ	247	148	著者
G	Genypterus blacodes	リング	355	200	ニュージーランド海域の水族（1990）
	Gigantactis elsmani	ローソクモグラアンコウ	8	24	東北海域・北海道オホーツク海域の魚類（1983）
	Gigantactis microphthalmus	ギガンタクティス ミクロフィザルムス（雄）	183	119	Bertelsen 1951
	Gigantactis perlatus	アンドンモグラアンコウ	7	24	著者
	Gigantactis vanhoeffeni	シダアンコウ	9	25	著者
	Gigantura chuni	ボウエンギョ	89,**149**,232	69,**102**,143	Norman 1963より略写
	Gonostoma gracile	ヨコエソ	100,**222**	75,**141**	九州・パラオ海嶺ならびに土佐湾の魚類（1982）
	Grammatostomias flagellibarba	グラマトストミアス フラジェリバルバ	195	129	Roule & Angel 1933
	Gyrinomimus sp.	オオアカクジラウオ	85,**164**	68,**112**	著者
H	Halargyreus johnsonii	カラスダラ	261	155	東北海域・北海道オホーツク海域の魚類（1983）
	Halicmetus reticulatus	アミメフウリュウウオ	284	164	沖縄舟状海盆及び周辺海域の魚類 Ⅰ（1984）
	Hexatrygon longirostra	ムツエラエイ	323	184	沖縄舟状海盆及び周辺海域の魚類 Ⅰ（1984）
	Himantolophus groenlandicus	チョウチンアンコウ	2,243	**22**,146	著者
	Hoplichthys haswelli	エンマハリゴチ	246	148	ニュージーランド海域の水族（1990）
	Hoplostethus atlanticus	オレンジラフィ	357	202	ニュージーランド海域の水族（1990）
	Hoplostethus crassispinus	マルヒウチダイ	168	113	沖縄舟状海盆及び周辺海域の魚類 Ⅱ（1985）
	Hydrolagus purpurescens	ムラサキギンザメ	268	157	東北海域・北海道オホーツク海域の魚類（1983）
	Hymenocephalus striatissimus	スジダラ	22,73,200,237	32,60,131,146	沖縄舟状海盆及び周辺海域の魚類 Ⅰ（1984）
	Hymenogadus gracilis	オニスジダラ	235	146	沖縄舟状海盆及び周辺海域の魚類 Ⅰ（1984）
I	Icelus canaliculatus	クロコオリカジカ	262	155	東北海域・北海道オホーツク海域の魚類（1983）
	Icosteus aenigmaticus	イレズミコンニャクアジ	142	97	著者
	Idiacanthus antrostomus	ミツマタヤリウオ	55,68,**152**	52,57,**103**	著者
	Idiacanthus antrostomus (larva)	ミツマタヤリウオの仔魚	156	105	Kawaguchi & Moser 1984
	Idiacanthus fasciola	ナンヨウミツマタヤリウオ	40	43	九州・パラオ海嶺ならびに土佐湾の魚類（1982）
	Ipnops murrayi	チョウチンハダカ	160	107	Mead 1964
	Isistius brasiliensis	ダルマザメ	**122**,315	**90**,182	仲谷一宏氏
K	Kamoharaia megastoma	ワニガレイ	88	68	九州・パラオ海嶺ならびに土佐湾の魚類（1982）
L	Laemonema longipes	イトヒキダラ	188	125	東北海域・北海道オホーツク海域の魚類（1983）
	Lasiognathus amphirhamphus	ラシオグナサス アンフィランファス	12	25	Pietsch & Orr 2007
	Leptostomias sp.	ヤリホシエソ属の一種	62	53	スリナム・ギアナ沖の魚類（1983）

学名	和名	通し番号	ページ数	写真の出典、提供者（説明図を除く）
Lestidium prolixum	ナメハダカ	277	160	沖縄舟状海盆及び周辺海域の魚類 I（1984）
Linophryne algibarbata	ニシオニアンコウ	11,**65**	25,**53**	著者
Linophryne arborifer	リノフリネ アルボリファ（雄）	181	119	Bertelsen 1951
Linophryne coronata	ヒガシオニアンコウ	10,179,**196**,203	25,117,**129**,135	グリーンランド海域の水族（1995）
Linophryne lucifer	アクマオニアンコウ	105	77	グリーンランド海域の水族（1995）
Liparis ochotensis	イサゴビクニン	263	156	著者
Lophiomus setigerus	アンコウ	351	198	沖縄舟状海盆及び周辺海域の魚類 I（1984）
Lophotus capellei	アカナマダ	**234**,325	**145**,185	著者
Lycenchelys albomaculatus	シロブチヘビゲンゲ	**264**,290	**156**,165	東北海域・北海道オホーツク海域の魚類（1983）
Lycenchelys melanostomias	オホーツクヘビゲンゲ	165	112	東北海域・北海道オホーツク海域の魚類（1983）
Lycodapus microchir	ヤワラゲンゲ	199,278	131,160	著者
Lycodonus mirabilis	ヨロイホソナガゲンゲ	293	166	グリーンランド海域の水族（1995）
Macropinna microstoma	デメニギス	146	101	藤井英一氏
Macrorhamphosodes uradoi	フエカワムキ	344	193	九州・パラオ海嶺ならびに土佐湾の魚類（1982）
Macruronus novaezelandiae	ホキ	347	197	ニュージーランド海域の水族（1990）
Malacocephalus nipponensis	ニホンマンジュウダラ	26,**71**	33,**60**	九州・パラオ海嶺ならびに土佐湾の魚類（1982）
Malacocottus zonurus	コブシカジカ	132	94	東北海域・北海道オホーツク海域の魚類（1983）
Malacosteidae larva	ホウキボシエソ類の一種の仔魚	120	88	Moser 1981
Malacosteus niger	オオクチホシエソ	**51**,84	**47**,68	グリーンランド海域の水族（1995）
Malthopsis luteus	フウリュウウオ	282	163	沖縄舟状海盆及び周辺海域の魚類 I（1984）
Melanocetus johnsoni	ペリカンアンコウ	1,**91**	**22**,69	東北海域・北海道オホーツク海域の魚類（1983）
Melanocetus murrayi	クロアンコウ	103,140,204	**76**,97,135	沖縄舟状海盆及び周辺海域の魚類 I（1984）／遠藤広光氏
Melanocetus murrayi	クロアンコウ（雄）	182	119	Bertelsen 1951
Melanolagus bericoides	ネッタイソコイワシ	**124**,155	**92**,104	グリーンランド海域の水族（1995）
Melanolagus bericoides (larva)	ネッタイソコイワシの仔魚	154	104	Ahlstrom et al 1984
Melanostigma atlanticum	クログチコンニャクハダカゲンゲ	**97**,281	**72**,161	グリーンランド海域の水族（1995）
Melanostomias macrophotus	カリブカンテントカゲギス	50,57,**176**	47,52,**117**	スリナム・ギアナ沖の魚類（1983）
Melanostomias melanops	シロヒゲホシエソ	44,**58**,171	46,**52**,116	九州・パラオ海嶺ならびに土佐湾の魚類（1982）
Melanostomias pollicifer	ナミダホシエソ	**49**,173	**47**,116	九州・パラオ海嶺ならびに土佐湾の魚類（1982）
Merluccius australis	ニュージーランドヘイク（メルルーサ）	348	197	ニュージーランド海域の水族（1990）
Micromesistius australis	ミナミダラ	354	200	ニュージーランド海域の水族（1990）
Mitsukurina owstoni	ミツクリザメ	208,**311**	139,**181**	スリナム・ギアナ沖の魚類（1983）
Monognathus nigeli	モノグナサス ナイジェリ	**99**,136	**75**,96	Bertelsen & Nielsen 1987
Monomitopus kumae	クマイタチウオ	72	60	沖縄舟状海盆及び周辺海域の魚類 I（1984）
Myctophum aurolaternatum (larva)	ヒカリハダカの仔魚	153	104	Moser & Ahlstrom 1974
Myctophum spinosum	イバラハダカ	69	57	九州・パラオ海嶺ならびに土佐湾の魚類（1982）
Nansenia ardesiaca	ギンザケイワシ	95	72	沖縄舟状海盆及び周辺海域の魚類 I（1984）
Nansenia groenlandica	グリーンランドサケイワシ	125	93	グリーンランド海域の水族（1995）
Nemichthys scolopaceus	シギウナギ	115	86	九州・パラオ海嶺ならびに土佐湾の魚類（1982）
Neoceratias spinifer	ネオセラティアス スピニファー	206	136	Bertelsen 1951
Neoscopelus microchir	サンゴイワシ	41	44	沖縄舟状海盆及び周辺海域の魚類 I（1984）
Notolepis rissoi	ヒカリエソ	226	142	グリーンランド海域の水族（1995）
Omosudis lowii	キバハダカ	102	76	著者
Oneirodes bulbosus	ユメアンコウ	5	23	著者
Oneirodes macrosteus	ニシユメアンコウ	14	26	グリーンランド海域の水族（1995）
Opostomias mitsuii	ミツイホシエソ	**53**,177	**49**,117	東北海域・北海道オホーツク海域の魚類（1983）
Oreosoma atlanticum	ガクガクギョ	296	170	ニュージーランド海域の水族（1990）
Ostracoberyx dorygenys	マメオニガシラ	133	95	沖縄舟状海盆及び周辺海域の魚類 I（1984）
Parabrotula plagiophthalma	ニセイタチウオ	197	130	木村清志氏

学名	和名	通し番号	ページ数	写真の出典、提供者（説明図を除く）
Paralepis atlantica	クサビウロコエソ	161,227	111,143	東北海域・北海道オホーツク海域の魚類（1983）
Paraliparis copei	ハナグロインキウオ	96	72	グリーンランド海域の水族（1995）
Paraliparis grandis	ヒラインキウオ	280	161	東北海域・北海道オホーツク海域の魚類（1983）
Paraliparis meridionalis	リュウキュウインキウオ	279	161	北海道大学所蔵アルコール漬標本
Petroschmidtia albonotata	ハナゲンゲ	275	159	東北海域・北海道オホーツク海域の魚類（1983）
Photonectes albipennis	ホテイエソ	38,45,56,170	42,46,52,116	沖縄舟状海盆及び周辺海域の魚類 I（1984）
Photonectes gracilis	ヒレナガホテイエソ	48,178	47,117	スリナム・ギアナ沖の魚類（1983）
Photosomias guernei	ホウキボシエソ	39,47	43,46	九州・パラオ海嶺ならびに土佐湾の魚類（1982）
Phycis chesteri	ヒレナガショッカクダラ	189	125	グリーンランド海域の水族（1995）
Physiculus japonicus	チゴダラ	17	30	九州・パラオ海嶺ならびに土佐湾の魚類（1982）
Physiculus rhodopinnis	アカチゴダラ	249	150	九州・パラオ海嶺ならびに土佐湾の魚類（1982）
Pleuroscopus pseudodorsalis	ムカシミシマ	341	192	ニュージーランド海域の水族（1990）
Polyacanthonotus challengeri	ソコギス	288	165	東北海域・北海道オホーツク海域の魚類（1983）
Polymetme elongata	リュウグウハダカ	34	40	沖縄舟状海盆及び周辺海域の魚類 I（1984）
Porogadus miles	コワトゲタライタチウオ	162	111	東北海域・北海道オホーツク海域の魚類（1983）
Poromitra crassiceps	カブトウオ	163	111	東北海域・北海道オホーツク海域の魚類（1983）
Pseudobathylagus milleri	クロソコイワシ	257	154	著者
Pseudoscopelus sagaminus	クロボウズギス	265	156	沖縄舟状海盆及び周辺海域の魚類 II（1985）
Psychrolutes marcidus	ホテイカジカ	339	191	ニュージーランド海域の水族（1990）
Psychrolutes phrictus	ニュウドウカジカ	340	192	東北海域・北海道オホーツク海域の魚類（1983）
Puzanovia rubra	アカゲンゲ	256	152	著者
Regalecus russellii	リュウグウノツカイ	180,327	117,185	著者
Reinhardtius hippoglossoides	カラスガレイ	299,349	173,198	著者
Rhinochimaera pacifica	テングギンザメ	343	193	東北海域・北海道オホーツク海域の魚類（1983）
Rhinoraja longicauda	オナガカスベ	322	184	著者
Rosenblattia robusta	マルトゲスミクイウオ	134	95	ニュージーランド海域の水族（1990）
Ruvettus pretiosus	バラムツ	361	203	著者
Saccogaster sp.	サラサイタチウオ属の一種	74	61	九州・パラオ海嶺ならびに土佐湾の魚類（1982）
Saccopharynx ampullaceus	フウセンウナギ	67,80,111	55,67,82	グリーンランド海域の水族（1995）
Sagamichthys schnakenbecki	クロハナメイワシ	30	38	グリーンランド海域の水族（1995）
Satyrichthys amiscus	ヒゲキホウボウ	244	147	沖縄舟状海盆及び周辺海域の魚類 II（1985）
Satyrichthys engyceros	ソコキホウボウ	245	147	沖縄舟状海盆及び周辺海域の魚類 II（1985）
Scombrolabrax heterolepis	ムカシクロタチ	266	156	九州・パラオ海嶺ならびに土佐湾の魚類（1982）
Scopelarchoides danae	シロデメエソ	151,158	102,106	スリナム・ギアナ沖の魚類（1983）
Scopelosaurus smithii	フデエソ	127,224	93,142	スリナム・ギアナ沖の魚類（1983）
Sebastes iracundus	オオサガ	254,362	152,203	著者
Sebastes mentella	オキアカウオ	360	202	グリーンランド海域の水族（1995）
Sebastolobus macrochir	キチジ	253	151	著者
Seriolella punctata	ギンワレフー	356	200	ニュージーランド海域の水族（1990）
Serrivomer sector	ノコバウナギ	118,294	87,166	九州・パラオ海嶺ならびに土佐湾の魚類（1982）
Sigmops elongatum	オオヨコエソ	31	38	スリナム・ギアナ沖の魚類（1983）
Simenchelys parasiticus	コンゴウアナゴ	94	71	著者
Spiniphryne duhameli	スピニフリネ ズハメリ	6	23	Pietsch & Baldwin 2006
Squaliolus laticaudus	ツラナガコビトザメ	211,314	139,182	九州・パラオ海嶺ならびに土佐湾の魚類（1982）
Squalogadus modificatus	バケダラ	304	177	遠藤広光氏
Stemonosudis molesta	ヤセハダカエソ	228,276	143,160	東北海域・北海道オホーツク海域の魚類（1983）
Stenobrachius leucopsarus	コヒレハダカ	42	44	著者
Sternoptyx diaphana	ムネエソ	43	45	著者
Stomias affinis	ワニトカゲギス	36	42	九州・パラオ海嶺ならびに土佐湾の魚類（1982）
Stylephorus chordatus	スタイルフォルス コルダタス	93,150	71,102	Starks 1908

学名	和名	通し番号	ページ数	写真の出典、提供者（説明図を除く）	
Taeniopsetta ocellata	イトヒキガンゾウビラメ	**301**	**174**	九州・パラオ海嶺ならびに土佐湾の魚類（1982）	**T**
Thaumatichthys axeli	サウマティクチス アクセリ	**13**	**26**	Bertelsen & Struhsaker 1977	
Theragra chalcogramma	スケトウダラ	**353**	**199**	東北海域・北海道オホーツク海域の魚類（1983）	
Thyrsitoides marleyi	ナガタチカマス	**106**	**77**	九州・パラオ海嶺ならびに土佐湾の魚類（1982）	
Torpedo tokionis	ヤマトシビレエイ	**77**,285	**63**,164	東北海域・北海道オホーツク海域の魚類（1983）	
Trachipterus ishikawae	サケガシラ	**328**	**186**	著者	
Trigonolampa miriceps	クロホシエソ	**46**,172	**46**,116	グリーンランド海域の水族（1995）	
Venefica tentaculata	キセルクズアナゴ	**117**,289	**87**,165	東北海域・北海道オホーツク海域の魚類（1983）	**V**
Ventrifossa garmani	サガミソコダラ	**20**,238	**31**,146	沖縄舟状海盆及び周辺海域の魚類 Ⅰ（1984）	
Woodsia nonsuchae	ツマリウキエソ	**126**	**93**	ニュージーランド海域の水族（1990）	**W**
Zenion japonicum	ソコマトウダイ	130,272	94,158	九州・パラオ海嶺ならびに土佐湾の魚類（1982）	**Z**
Zu cristatus	ユキフリソデウオ	**330**	**186**	著者	

著者略歴

尼岡　邦夫（あまおか　くにお）

1936年生まれ。京都大学大学院農学研究科水産学専攻博士課程修了。農学博士。北海道大学名誉教授。日本魚類学会名誉会員。アメリカ魚類・爬虫類学会外国名誉会員。専門は魚類学、魚類分類学。

主な著書

『日本産魚類大図鑑』（編著、東海大学出版会）

『日本の海水魚』（編著、山と渓谷社）

『九州－パラオ海嶺ならびに土佐湾の魚類』
（編著、日本水産資源保護協会）

『東北海域・北海道オホーツク海域の魚類』
（編著、日本水産資源保護協会）

『ニュージーランド海域の水族』
（編著、海洋水産資源開発センター）

『グリーンランド海域の水族』
（編著、海洋水産資源開発センター）

『魚のエピソード　魚類の多様性生物学』
（編著、東海大学出版会）

『魚類の個体発生と系統分離学』
（共著、アメリカ魚類・爬虫類学会）

『北日本魚類大図鑑』（共著、北日本海洋センター）

『漁業目的のための FAO 種査定の指針、中・西部太平洋海域の現存海洋資源、ヒラメ科、ダルマガレイ科』（共著、FAO）

深海魚
─暗黒街のモンスターたち─

2009年03月24日　初版第1刷発行
2014年08月06日　初版第7刷発行

著者　尼岡邦夫

企画　加藤　洋　長部良司
イラスト　角　慎作
ブックデザイン　渡邊　正

DTP　株式会社　明昌堂

編集　山口美生

発行者　木谷仁哉
発行所　株式会社　ブックマン社
〒101-0065
東京都千代田区西神田3-3-5
TEL　03-3237-7777
FAX　03-5226-9599
http://www.bookman.co.jp

印刷・製本　図書印刷株式会社

PRINTED IN JAPAN
乱丁・落丁本はお取替えいたします。
本書の一部あるいは全部を無断で複写複製及び転載することは、法律で認められた場合を除き、著作権の侵害となります。
定価はカバーに表示してあります。

Deep-sea fishes -Monsters of underworld-
Kunio AMAOKA
2009 Published by BOOKMAN-SHA Co. Ltd.
3-3-5 Nishikanda, Chiyoda-ku, Tokyo, Japan

©BOOKMAN-sha 2009
ISBN978-4-89308-708-9